NumPy
数据处理详解

Python机器学习和数据科学中的高性能计算方法

[日] 吉田拓真 尾原 飒 ———— 著 陈欢 ———— 译

中国水利水电出版社
www.waterpub.com.cn

·北京·

内 容 提 要

Python 因其简单易学、功能强大、开发效率高、拥有强大的第三方库等优点，使其成为学习人工智能的首选编程语言。《NumPy 数据处理详解——Python 机器学习和数据科学中的高性能计算方法》就从 Python 中经常使用的 NumPy 库的基础知识入手，讲解了实用的高速数据处理方法。大数据时代，NumPy 因其包含大量的数学函数，能够处理多维数组，而且处理速度堪比 C 语言，所以 NumPy 也成为机器学习和数据科学领域数据处理不可或缺的库。全书详细介绍了 NumPy 基础知识、NumPy 与数组操作、NumPy 数学函数的应用和 NumPy 机器学习编程方法，特别适合机器学习工程师、数据科学家、人工智能开发相关人员系统学习 NumPy 使用方法，或将此书作为案头手册，随时翻阅查看。

图书在版编目（CIP）数据

NumPy 数据处理详解：Python 机器学习和数据科学中的高性能计算方法 /（日）吉田拓真，（日）尾原飒著；陈欢译 . — 北京：中国水利水电出版社，2021.9（2022.9重印）

ISBN 978-7-5170-9414-2

Ⅰ . ① N… Ⅱ . ①吉… ②尾… ③陈… Ⅲ . ①软件工具—程序设计 Ⅳ . ① TP311.56

中国版本图书馆 CIP 数据核字 (2021) 第 026897 号

北京市版权局著作权合同登记号　图字:01-2020-7345

现場で使える！ Numpy データ処理入門
(Genba de Tsukaeru! Numpy Data Shori Nyumon: 5591-3)
©2018 Takuma Yoshida , So Ohara
Original Japanese edition published by SHOEISHA Co.,Ltd.
Simplified Chinese Character translation rights arranged with SHOEISHA Co.,Ltd.
in care of JAPAN UNI AGENCY, INC. through Copyright Agency of China
Simplified Chinese Character translation copyright © 2021 by Beijing Zhiboshangshu Culture
Media Co.,Ltd.

书　　名	NumPy 数据处理详解 NumPy SHUJU CHULI XIANGJIE	
作　　者	［日］吉田拓真　尾原飒　著	
译　　者	陈欢　译	
出版发行	中国水利水电出版社	
	（北京市海淀区玉渊潭南路1号D座 100038）	
	网址：www.waterpub.com.cn	
	E-mail：zhiboshangshu@163.com	
	电话：（010）62572966-2205/2266/2201（营销中心）	
经　　售	北京科水图书销售有限公司	
	电话：（010）68545874、63202643	
	全国各地新华书店和相关出版物销售网点	
排　　版	北京智博尚书文化传媒有限公司	
印　　刷	北京富博印刷有限公司	
规　　格	148mm×210mm　32开本　16印张　492千字	
版　　次	2021年9月第1版　2022年9月第3次印刷	
印　　数	6001—8000册	
定　　价	128.00元	

对于从现在开始想要在研究和开发中学习机器学习等数据科学的读者，本书是一本有助于掌握和学习基础知识的书籍。

笔者经营着一家专门提供机器学习相关服务的公司，为了让公司的新员工和实习生更好地学习和工作，本公司特别为他们准备了独创的专用培训教材。当我们将这一教材在网上公开后，迅速引起了一定程度的反响。此外，翔泳社的宫腰先生也向我咨询了本书写作和出版的相关事宜，在他的鼓励和帮助下本书才有幸得以问世。

作为学习数据科学的前提条件，读者需要具备一定程度的统计学和线性代数等知识。此外，在实际的系统开发工作中，还需要具备对数据进行加工和运用复杂算法的设计和实现能力。鉴于上述情况，笔者认为对初学者来说，从NumPy的基础知识部分开始学习是最好的选择。

通过学习本书，相信大家一定能体会到NumPy强大的表现能力，很多情况下只需要简短的几行代码就可以轻松地实现很多实用功能。然而，对于不具备相关知识的读者来说，即使仔细阅读了NumPy的代码也可能完全无法理解那些看上去就像魔法一样的源代码。如果是这种情况，读者很可能会陷入如下的困境中：

- 具有数据科学相关理论知识的读者，在参考GitHub等网站中公开的源代码并将其落实到实际程序中时，完全无法理解代码实际是如何执行的。
- 对于具有一定编程能力的读者，也可能因为并不理解NumPy特有的源代码，导致学习过程受挫。

但是，通过事先对NumPy的基础知识进行学习，在实际的开发工作中就能具有如下的优势：

- 只要掌握了计算公式，在实现代码时就会倍感轻松。
- 在学习数据科学的理论知识时，通过阅读在GitHub中公开的源代码，可以帮助自己理解算法的细节。

此外，NumPy还常常作为Python库的基础（base）软件库使用。例如，在数据分析中常用的Pandas库就是以NumPy中的ndarray为基础构建而成的。因此，在进行数据分析时可以使用其中一些方便的函数和数据结构。此外，Scikit-Learn、SciPy以及从事深度学习的人经常使用的Keras等库中也有很多使用NumPy中ndarray的案例。也就是说，NumPy是我们在使用Python学习数据科学时，最开始就会遇到的软件库，它在实际的开发工作中起着举足轻重的作用，是一个非常重要的工具。

对于接下来将要学习机器学习和数据科学的读者，以及那些在学习过程中遇到了挫折的读者，只要通过阅读本书并掌握这些基础知识，就一定能够理解数据科学的理论知识，并具备编程开发的实战能力。

如果本书能够在实际工作中帮助到大家，那将是笔者莫大的荣幸。

吉田拓真　尾原　飒

Advance Notice 本书的阅读对象及必备的基础知识

本书面向广大从事数据科学和机器学习技术的研究和开发人员，是以 NumPy 为核心讲解数据处理方法的专业书籍。在学习本书时，读者需要具备以下相关知识。

- 基础的 Python 语言编程经验。
- 高中数学知识（矩阵、向量、微分）。

此外，还涉及 NumPy 官方网站中所公开的 NumPy v1.14 Manual 内的各种函数的使用方法及其参数和返回值的定义。

Structure 本书的结构

本书共分 4 章。

第 1 章 讲解开发环境的准备和 NumPy 的基础知识。

第 2 章 讲解 NumPy 中用于数组操作的函数的相关知识。

第 3 章 讲解 NumPy 中提供的数学函数的相关知识，并进行数据处理的实践操作。

第 4 章 在使用 NumPy 从零开始学习机器学习算法的同时，运用前面介绍过的函数构建神经网络和强化学习模型。

About the Sample 关于本书示例程序及其执行环境

本书中各个章节所出现的代码均在如表 1 所列的环境中经过测试，可以顺利执行。

此外，本书是基于macOS环境进行讲解的。

表1　执行环境

项 目	内 容	项 目	内 容
OS	mac OS Sierra版本 10.12.6/ Windows 10	Pandas	0.23.4
Python	3.5.3	SciPy	1.1.0
NumPy	1.14.3	gym	0.18.0
matplotlib	2.2.2	开发环境	IPython（7.0.1版本）
PySide2	5.11.2		

ⓘ 注意事项

Windows（64位版本）的输出结果

　　本书中的输出结果是基于macOS系统的。在Windows系统中，即使是64位版本的系统，int类型也被限制为32位，因此相关的输出结果部分可能有所不同。

● 关于本书的配套文件及联系方式

本书中所介绍的Python示例文件，可通过下面的方式下载：

（1）扫描右侧的二维码，或在微信公众号中直接搜索"人人都是程序猿"，关注后输入numpy42并发送到公众号后台，即可获取资源的下载链接。

（2）将链接复制到计算机浏览器的地址中，按Enter键即可下载资源。注意，在手机中不能下载，只能通过计算机浏览器下载。

（3）如果对本书有什么意见或建议，请直接将信息反馈到2096558364@QQ.com邮箱，我们将根据你的意见或建议及时做出调整。

● 注意事项

本书配套文件的相关权利归作者及翔泳社所有，未经许可不得擅自分发，不可转载到其他网站上。

本书配套文件可能在无提前通知的情况下停止发布，感谢您的理解。

● 免责声明

本书及配套文件的内容是基于截至2018年9月的相关的法律。

本书及配套文件中所记载的URL可能在未提前通知的情况下发生变更。

本书及配套文件中提供的信息虽然在本书出版时力争做到描述准确，但是无论是作者本人还是出版商都对本书的内容不做任何保证，也不对读者基于本书的示例或内容所进行的任何操作承担任何责任。

本书及配套文件中所记载的公司名称、产品名称都是各个公司所有的商标和注册商标。

本书中所刊登的示例程序、脚本代码、执行结果及屏幕图像都是基于经过特定设置的环境中所重现的参考示例。

● 关于著作权

本书及配套文件的著作权归作者和株式会社翔泳社所有。禁止用于除个人使用以外的任何用途。未经许可，不得通过网络分发、上传。对于个人使用者，允许自由修改或使用源代码。商业用途相关的应用，请告知翔泳社。

株式会社翔泳社　编辑部

目　录

第1章 NumPy基础

NumPy 是用于处理多维数组的数值运算库，不仅可用于机器学习，还可以用于图像处理、语言处理等任务。如果是在数据科学领域工作的读者，通过学习 NumPy，一定会使自身日常研究和开发的基础能力得到飞跃性的提升。

如果是编程的初学者、Web 开发工程师或者是计划加入研究行列的人，本书也同样适用。在编写过程中，笔者尽量使用便于初学者理解、清晰而友好的方式对必备的知识进行细致讲解。

对于时间充裕的读者，建议从本书开头循序渐进地学习。即使在学习过程中感觉有困难，在学习完本书之后，也一定能非常流畅地读懂用 Python 和 NumPy 编写的程序代码。对于水平比较高的读者，可以单独挑选那些还未理解的部分进行重点学习，相信也会有所收获的。笔者坚信本书一定可以帮助广大读者提升自身的编程开发能力。最后衷心祝愿大家能够通过本书，进入机器学习和数据科学的世界展翅翱翔。

1.1 NumPy 的基础与安装方法

> 首先学习 NumPy 环境的构建方法，让自己的计算机也可以执行 NumPy 开发的程序。

🔷 1.1.1　NumPy 入门

用户推荐算法（根据用户个人的喜好，为使用服务的用户提供推荐内容时所使用的算法）、语音识别和机器翻译等使用计算机科学实现的服务，在世界范围内得到了越来越广泛的应用。在阅读本书的读者中，或许有一部分人正是出于这一原因，准备开始着手这方面技术的研究和软件开发工作。

在这一背景之下，笔者感觉到越来越多的人开始使用拥有非常庞大且丰富的数据收集、数据分析、计算机科学、数据可视化和数值计算相关的软件库的Python语言进行研究和开发工作。

本章将对Python中使用的NumPy这一用于数值计算的工具的使用方法进行讲解。在其官方网站上，对NumPy进行了如下定义。

```
NumPy is the fundamental package for scientific
computing with Python.
```

NumPy是Python中进行科学计算所必备的基础软件库。以 Pandas 和 Scikit-Learn 为首，很多第三方软件库都是基于NumPy 实现的。此外，还有一些模仿其函数接口的软件库，因此，无论是进行哪个领域的开发工作，掌握 NumPy 的运用方法都非常必要。

当读者完成了本书的阅读后，将会掌握如下几方面的知识。

- 什么是NumPy。
- NumPy能用来做什么。
- NumPy的基础知识和一般使用方法。

● Python 的安装方法

相信在读者中，还有从来没有使用过Python进行编程的人。因此，首先对 Python 的安装方法及简单的使用方法进行介绍。

● Python 2 与 Python 3

Python 编程语言有版本2和版本3两个主要的版本分支系统。

Python 2是比较老的设计，仍然有一部分用户在使用版本2的Python进行软件开发。需要注意的是，这两种版本的Python是无法完全兼容的。

本书将以目前最流行的Python 3版本作为主要的编程语言进行讲解。

🔷 1.1.2　Python 的安装

● macOS

在macOS中，Python 2是作为标准功能默认安装的，然而，Python 3并没有被包括在内。

由于本书使用的是Python 3，因此需要先对其进行安装。

推荐使用Homebrew安装Python 3。在终端窗口中，执行下列命令即可完成Homebrew 的安装。

［终端窗口］

```
$ /usr/bin/ruby - e "$(curl - fsSL https://raw.
githubusercontent.com/Homebrew/install/master/install)"
```

更详细的内容请参考官方网站中的说明。

使用上述命令即可完成 Homebrew 的安装，然后执行下列命令安装 Python 3。

```
$ brew install python3
```

● Windows

　　在Python官方网站的Python Releases for Windows网页中，显示了可以用于下载的 Windows 版的 Python 安装程序的一览表。

　　从列表中选择自己需要的版本进行下载，建议下载在Windows x86-64名称后添加了executable installer字样的安装包。

　　只要是3.5之后的版本，都可以顺利执行本书中的代码。

　　双击下载完毕后的文件即可启动安装程序，然后根据安装画面中的提示完成 Python 的安装。

> (!) **注意事项**
>
> ### Windows 平台
>
> 　　安装程序默认是关闭Add Python to environment variables这一选项的，请在安装时打开这一选项，否则每次执行pip.exe时都必须先移到 pip 的安装目录内才能执行操作。

● Ubuntu

　　在 Ubuntu 中，Python 2 和 Python 3 都是作为标准功能进行默认安装的，可以直接使用。

　　虽然Python 3的版本会有所不同，但是执行本书中的代码是没有问题的。

● Python 的启动

　　在终端窗口中，执行下列命令即可启动Python 的解释器。

[终端窗口]

```
$ python
```

● 简单的辅导

下面试着进行简单的计算，代码如下。

```
>>> 1 + 2
3
>>> 1 - 2
-1
>>> 3 * 4
12
>>> 5 / 2
2.5
```

在Python编程语言中，可以使用变量进行计算。

下面将数值5代入名为x的变量中进行计算。

```
>>> x = 5
>>> x + 2
7
>>> 3 * x
15
```

使用print函数进行数值的显示。

```
>>> print(x)
5
```

接下来，看一下有关元组和列表的操作。

类似(a, b, c,…)这样，在()中使用逗号将数值隔开的表达式称为元组；而像[a, b, c,…]这样，在[]中使用逗号将数值隔开的表达式则称为列表。

```
>>> type((1, 2, 3))          # 使用type函数对数据类型进行确认
<class 'tuple'>
>>> type([1, 2, 3])
<class 'list'>
>>> (1, 2, 3, 4, 5)
(1, 2, 3, 4, 5)
>>> a = (1, 2, 3, 4, 5)       # 将元组代入变量a中
```

```
>>> a[0]
1
>>> b = [1, 2, 3, 4, 5]        # 创建列表
>>> b[1]
2
>>> b[4]
5
```

也可以使用字典（Dictionary）保存数据。

```
>>> dic = {'a': 1, 'b': 2, 'c': 3} # 创建字典
>>> dic['a'] # 使用冒号（ : ）左侧称为键（Key）的值引用保存的数据
1
```

使用for关键字可以实现循环处理。

```
>>>for i in range(3):
...    print(i) ──────── 插入四个半角空格（或者Tab制表符）
...
0
1
2
```

最后，让我们尝试一下函数的使用。

可以使用**def function():**语句定义函数。此外，可以使用exit()命令结束解释器的执行。

```
>>>def function(x):
...    return x + 5 ──────── 插入四个半角空格（或者Tab制表符）
...
>>> function(3)
8
```

● IPython的安装

本书中的代码并不是直接使用Python本身执行的，而是采用比Python的交互式界面更易于使用的IPython执行代码。此外，下面的命令是以macOS的终端程序中的执行为例进行说明的。

如果使用IPython，就可以利用其中强大的缩进补全和缩进调整等功能简化编程操作。

示例代码本身直接使用Python也是可以执行的，但是从便于浏览和输入的角度来说，笔者强烈建议使用IPython执行示例代码。在终端窗口中执行下列命令即可完成IPython的安装操作。

［终端窗口］

```
$ pip install ipython
```

可以使用如下命令启动IPython。

［终端窗口］

```
$ ipython
```

完成到这一步，就可以开始NumPy的安装了。

1.1.3　NumPy的安装方法

完成Python的安装之后，就可以开始安装NumPy了。

● 何谓NumPy

NumPy是Numerical Python的简称，是Python中专门用于数值计算的软件库，其特点是可以实现高性能的数值计算。

NumPy中最常用的类是被称为**ndarray**的用于操作多维数组的类。NumPy数组在其官方文档中大多简称为数组。

Python是一种动态类型的编程语言，其灵活性和编写代码的快捷性是广为人知的。但是，也存在处理速度一般比Java和C慢的缺点。而实际上，NumPy正是提供从Python中调用使用C语言或FORTRAN语言所编写的静态类型数据运算的软件库。通过导入NumPy，可以在Python中实现高性能的数据运算处理。

对于这个特殊的NumPy类型**ndarray**，在刚开始接触时难免会有些不习惯其中的概念。有些初学者认为最好能允许使用Python本身的列表处理，对于这一意见，笔者表示理解，不过，刚开始接触时，只需要将ndarray类理解为统一类型的数据的容器就足够了，因此不需要有太大的思想负担。

关于ndarray类，将在第2章中进行讲解。

可以毫不夸张地说，正是由于NumPy软件库的存在，Python才能像现在这样频繁地被用于计算机科学领域中。

● 环境的搭建

在Python开发环境中，经常会使用名为pip的软件包管理系统。下面将对使用pip和不使用pip的两种不同的安装方法进行讲解。

● NumPy 的安装：使用 pip 进行安装的方法

如下所示，输入pip命令就可以实现对NumPy的安装操作。

［终端窗口］

```
$ pip install numpy
```

如果安装时需要指定版本号，可以使用 **pip install<软件库名称>==** **<版本号>** 格式的命令。如果需要安装的NumPy的版本号是1.14.3，可以使用如下命令进行安装。

［终端窗口］

```
$ pip install numpy==1.14.3
```

● 无法使用 pip 进行安装时

在如下版本的Python中，pip命令是系统默认安装的Python专用版本管理系统的命令。

- Python 2.7.9之后的版本
- Python 3.4之后的版本

如果pip命令无法使用，建议使用如下命令手动安装pip软件包。使用pip不仅可以非常方便地安装NumPy，在需要使用其他软件包时，使用pip安装也非常简单（此外，在Windows平台上，如果输入sudo命令，会导致系统报错，因此需要去掉sudo再执行easy_installpip命令）。

［终端窗口］

```
$ sudo easy_install pip
```

可以使用如下命令确认pip是否安装成功。

［终端窗口］

```
$ pip

Usage:
  pip <command> [options]

Commands:
  install                   Install packages.
  download                  Download packages.
  uninstall                 Uninstall packages.
  freeze                    Output installed packages in
                            requirements format.
  list                      List installed packages.
  show                      Show information about
                            installed packages.
  check                     Verify installed packages
                            have compatible dependencies.
  search                    Search PyPI for packages.
                            wheel Build wheels from your
                            requirements.
  hash                      Compute hashes of package
                            archives.
  completion                A helper command used for
                            command completion.
  help                      Show help for commands.

  （略）
  --no-cache-dir            Disable the cache.
  --disable-pip-version-check
                            Don't periodically check
```

```
                                    PyPI to determine whether a
                                    new version of pip is
                                    available for download.
                                    Implied with --no-index.
```

执行pip命令后，如果看到上述的输出信息，则说明安装成功了。

此外，也可以使用pyenv对Python的版本和项目中所使用的软件包进行管理，感兴趣的读者可以自行查阅相关资料。

● 不使用pip的安装方法

在Ubuntu或Debian系统中，可以使用如下命令进行安装。

[终端窗口]

```
$ sudo apt-get install python-numpy python-scipy ➡
python-matplotlib ipython ipython-notebook ➡
python-pandas python-sympy python-nose
```

如果是macOS系统，可以同样使用Homebrew安装。输入如下命令，除了NumPy之外，还会同时安装SciPy和Matplotlib这些软件库。

[终端窗口]

```
$ brew tap homebrew/science && brew install python ➡
numpy scipy matplotlib
```

📝 **MEMO**

Windows平台中软件包的安装

在Windows系统中，可以使用如下命令安装SciPy和Matplotlib等第三方软件库。

[命令行窗口]

```
> pip install scipy
> pip install matplotlib
```

其他的安装方法在SciPy的官方网站中有介绍，感兴趣的读者可以到网站中检索相关信息。

🔮 1.1.4　NumPy 入门教程

接下来体验一下NumPy的实际运用。另外，这里所涉及的功能不需要完全理解。

● 使用NumPy

从IPython中执行操作。

[终端窗口]

```
$ ipython
```

首先，需要导入NumPy模块才能使用NumPy。作为惯例，将NumPy导入为np模块（以下在文中说明NumPy对象或方法时，统一使用np）。

```
In [1]: import numpy as np
```

接下来，创建称为**ndarray**的NumPy数组。

```
In [2]: a = np.array([1, 2, 3])
```

这样就完成了数组的创建。然后对数组进行加法和乘法运算。

```
In [3]: a * 3
Out[3]: array([3, 6, 9])

In [4]: a + 2
Out[4]: array([3, 4, 5])
```

从上面的代码中可以看到，通过对数值进行加法或乘法运算，就能实现对数组中所有的元素进行计算。

如果对 Python 的列表对象进行乘法运算，就会像下面这样增加元素的数量，而 **ndarray** 则会对其中的每个元素进行计算。

```
In [5]: [1, 2, 3] * 3
Out[5]: [1, 2, 3, 1, 2, 3, 1, 2, 3]
```

另外，类似这种虽然仅仅是与一个数进行加法运算，实际上却是对整个数组产生作用的行为，以及对于不同形状的数组进行运算时，自动对数据进行扩展的处理称为广播。

```
In [6]: b = np.array([2, 2, 0])
```

接下来，将尝试在数组之间进行运算处理。

```
In [7]: a + b
Out[7]: array([3, 4, 3])

In [8]: a / b
（错误信息）RuntimeWarning: divide by zero ➡
encountered in true_divide
Out[8]: array([ 0.5,  1. ,  inf])

In [9]: a * b
Out[9]: array([2, 4, 0])
```

由于在上述代码中，用0去除其他元素，结果导致运行时产生错误。在数组之间使用 * 进行运算，就会在两个数组的每个元素之间进行乘法运算并输出结果。这种矩阵乘积称为哈达玛积。

如果要对矩阵的内积进行计算，可以使用 **np.dot** 函数。

```
In [10]: np.dot(a, b)
Out[10]: 6
```

● 创建各种数组

接下来，尝试使用函数创建各种不同类型的数组。首先，根据指定数量创建连续数值的数组。

```
In [11]: np.arange(10)
Out[11]: array([0, 1, 2, 3, 4, 5, 6, 7, 8, 9])
```

接下来，指定元素之间的间隔。创建0~10，间隔为2的数组。

```
In [12]: np.arange(0, 10, 2) # (起点，终点，间隔)
Out[12]: array([0, 2, 4, 6, 8])
```

相信到这里很多读者都会发现一个问题，那就是NumPy的 **arange**
函数指定为终点的值不会被包含在数组中。接下来，将指定的范围划分
为15等分。使用 **linspace** 函数。

```
In [13]: np.linspace(0, 10, 15) # 0~10划分为15等分
Out[13]:
array([ 0.        ,  0.71428571,  1.42857143,  2.14285714,
        2.85714286,  3.57142857,  4.28571429,  5.        ,
        5.71428571,  6.42857143,  7.14285714,  7.85714286,
        8.57142857,  9.28571429, 10.        ])
```

接下来，将尝试创建二维数组。使用如下方法就可以创建二维
数组。

```
In [14]: c = np.array([[1, 2, 3], [4, 5, 6]]) ➡
# 创建二维数组

In [15]: c
Out[15]:
array([[1, 2, 3],
       [4, 5, 6]])
```

形状的表示方法与线性代数中的矩阵相同，如2×3，如果用元组
表示就是 **(2, 3)**。数组的形状可以使用 **数组.shape** 语句进行确认。

```
In [16]: c.shape
Out[16]: (2, 3)
```

还可以创建三维数组。

```
In [17]: d = np.array([[[1, 2, 3], [4, 5, 6], ➡
[7, 8, 9], [10, 11, 12]],
    ...:                    [[13,14,15],[16,17,18],➡
[19,20,21],[22,23,24]]])
    ...:

In [18]: d
Out[18]:
array([[[ 1,  2,  3],
        [ 4,  5,  6],
        [ 7,  8,  9],
        [10, 11, 12]],

       [[13, 14, 15],
        [16, 17, 18],
        [19, 20, 21],
        [22, 23, 24]]])
```

如果查看这个数组的形状，会得到如下输出。

```
In [19]: d.shape
Out[19]: (2, 4, 3)
```

查看这种数组的方法有很多，一种方法就是将其转换为两个4×3的矩阵，并排放置进行查看。

这里就需要引入坐标轴（axis）的概念。例如，使用求和函数 **np.sum**。

```
In [20]: np.sum(c)
Out[20]: 21
```

如果需要知道每行数据的和，可以使用如下方式指定坐标轴（axis）。

```
In [21]: np.sum(c, axis=1)
Out[21]: array([ 6, 15])
```

此外，也可以对数组的形状进行修改。接下来，尝试使用 **reshape** 函数。

```
In [22]: c.reshape(3, 2)
Out[22]:
array([[1, 2],
       [3, 4],
       [5, 6]])

In [23]: c.reshape(6, 1)
Out[23]:
array([[1],
       [2],
       [3],
       [4],
       [5],
       [6]])
```

此外，也可以对矩阵进行转置。创建转置矩阵的方法有几种。例如，可以使用**数组.T**语句，也可以使用**transpose**函数。

```
In [24]: c.T
Out[24]:
array([[1, 4],
       [2, 5],
       [3, 6]])

In [25]: np.transpose(c)
Out[25]:
array([[1, 4],
       [2, 5],
       [3, 6]])
```

接下来，将尝试创建随机数。**np.random**类提供了各种各样创建随机数的函数。例如，**randn**返回的是服从标准正态分布的随机值；而**rand**则返回0 ~ 1的随机数。

```
In [26]: np.random.randn()
Out[26]: 0.6997180437271691

In [27]: np.random.rand()
Out[27]: 0.18949769193370825
```

如果在参数中指定形状，就可以创建出使用随机数填充的任意形状的数组。

```
In [28]: np.random.randn(2, 3)
Out[28]:
array([[ 1.20237976, -0.44950657, -0.16855251],
       [-0.01254958, -1.25817186,  1.82414593]])
```

● 索引与切片

如果需要将数组中特定的值单独提取出来，就需要使用到索引和切片。切片功能的行为比较特别，使用时需要注意。

首先，尝试使用索引。先从一维数组开始处理。

```
In [29]: a
Out[29]: array([1, 2, 3])

In [30]: a[0]
Out[30]: 1

In [31]: a[2]
Out[31]: 3

In [32]: a
Out[32]: array([1, 2, 3])

In [33]: a[1] = 3

In [34]: a
Out[34]: array([1, 3, 3])

In [35]: a[1] = 2

In [36]: a
Out[36]: array([1, 2, 3])
```

从上述代码中可以看出，开头元素的索引值是0。

另外，如果使用索引功能，也可以对数组中特定的值进行修改。

接下来看一下二维数组的处理。

```
In [37]: c
Out[37]:
array([[1, 2, 3],
       [4, 5, 6]])

In [38]: c[0, 0]
Out[38]: 1

In [39]: c[0, 2]
Out[39]: 3

In [40]: c[1, 2]
Out[40]: 6
```

开头的数字指定的是纵轴方向的索引，其后的数字指定的是横轴方向的索引。

接下来是切片。切片是在需要一次性提取多个元素时使用的功能。下面创建一个新的数组**d**并进行切片。

```
In [41]: d = np.array([0, 5, 2, 7, 1, 9])

In [42]: d[1:5]
Out[42]: array([5, 2, 7, 1])

In [43]: d[1:3]
Out[43]: array([5, 2])
```

切片是按照【**起点：终点**】的形式进行指定的，需要注意的是，指定为终点的值是不包含在内的。

此外，还可以使用【**起点：终点：间隔**】的形式进行指定。

```
In [44]: d[0:5:2]
Out[44]: array([0, 2, 1])

In [45]: d[::-1]
Out[45]: array([9, 1, 7, 2, 5, 0])
```

d[::-1] 是在需要对数组进行翻转时非常方便的用法，建议加强记忆。

● 广播

广播是NumPy中具有代表性的功能之一，一旦掌握了其用法，会极大简化程序的开发工作。

刚开始接触时，对其中有些部分可能难以理解，但是广播是NumPy中简化运算处理、加快运算速度的关键功能。广播会自动地对数组的形状进行匹配，并对数组进行适当的扩展。

后面将对广播的功能进行详细讲解，但是刚开始让大家直接看一下使用了广播功能的代码会更容易理解一些。

```
In [46]: a
Out[46]: array([1, 2, 3])

In [47]: c
Out[47]:
array([[1, 2, 3],
       [4, 5, 6]])

In [48]: a + c
Out[48]:
array([[2, 4, 6],
       [5, 7, 9]])

In [49]: a * c
Out[49]:
array([[ 1,  4,  9],
       [ 4, 10, 18]])
```

数组a在进行了两次重复之后，与数组c进行加法运算。在具体的处理中，需要将数组c的每行数据与a中的元素相加，不需要使用for语句就能完成这一处理。数组a根据数组c的形状被自动扩展（在这里是对行方向上的数据进行一次重复），然后再进行普通的加法运算。

● NumPy的高性能计算

如果使用NumPy，究竟运算速度能达到多快呢？接下来，通过与普通Python代码的执行速度进行对比来弄清楚这个问题。

```
In [50]: import time                    # 导入用于处理时间的模块

In [51]: def calculate_time():
    ...:     a = np.random.randn(100000)
    ...:     b = [a]                     # 转换为列表
    ...:     start_time = time.time()    # 设置开始时间
    ...:     for _ in range(1000):
    ...:     sum_1 = np.sum(a)
    ...:     print("Using NumPy\t %f sec" % (time.➡
    ...:     time()-start_time))
    ...:     start_time = time.time()    # 再次设置开始时间
    ...:     for _ in range(1000):
    ...:     sum_2 = sum(b)
    ...:     print("Not using NumPy\t %f sec" % (time.➡
    ...:     time()-start_time))
    ...:

In [52]: calculate_time()
Using NumPy      0.063821 sec
Not using NumPy        0.094761 sec
```

从上述代码的执行结果中可以看到，NumPy代码的执行速度要比普通Python代码的实现快1.5倍。如果继续增大数组尺寸，会得到如下结果。这里使用IPython的"**%timeit**"命令统计时间。

```
In [53]: a = np.random.randn(10000000)

In [54]: %timeit np.sum(a)
6.32 ms ± 180 µs per loop (mean ± std. dev. of 7 runs, ➡
100 loops each)

In [55]: %timeit sum(a)
1.1 s ± 15.7 ms per loop (mean ± std. dev. of 7 runs, ➡
1 loop each)
```

从上述代码的执行结果中可以看到非常明显的性能差异。熟练运用NumPy可以极大地提高程序的执行速度，因此，在需要对程序的执行性能进行优化时，使用NumPy来实现是非常方便的。

✐ 读书笔记

1.2 多维数据结构ndarray的基础

NumPy是以多维数组为基本数据结构进行操作的软件库。因此，NumPy没有使用Python的列表，而是使用NumPy自己实现的名为ndarray的这一独特的数据结构进行更为高效的运算。

在学习NumPy的过程中，只要理解了ndarray的相关知识，就能编写出高性能、更加节省内存空间的代码。

通常，由于NumPy是专门针对科学计算所设计的软件库，因此在需要进行大规模数据的运算以及高性能计算时，往往会将NumPy作为首选。

本节作为基础知识部分，将对ndarray的相关知识进行讲解。在其他相关书籍和网络上，使用数组表示ndarray的情况比较多。

🔷 1.2.1 ndarray

● 定义

首先看一下官方网站上对ndarray的定义。

官方站点：The N-dimensional array

官方站点的网页中，对ndarray的描述如下。

```
An ndarray is a (usually fixed-size) multidimensional
container of items of the same type and size.
```

将这句话翻译成中文就是：

```
ndarray是由多个具有相同类型和尺寸的元素所组成的（通常具有固定的尺寸）
多维的容器。
```

简要地说，**ndarray**就是用于对包含同样属性同样大小的元素的多维数组进行处理的一个Python类。实际上，**ndarray**就是**N-dimensional**

array的缩写，即N维数组的简称。

　　这里所说的"相同属性相同大小的元素"这一点是很关键的。这实际上表示保存在**ndarray**中的元素必须是相同的类型、尺寸大小相同的数据。

　　ndarray不像Python的列表那样具有允许同时保存不同类型数据的灵活性，而且数组的大小也是不可变的。

　　ndarray类的特点可以总结为如下几点。

- 只能存储具有相同数据类型的元素。
- 每个维度中的元素数量必须是固定的。
- 基于C语言实现，并经过了大量优化的矩阵运算，可以实现高性能的数据处理。

　　如果使用**ndarray**替代Python的列表，就可以很方便地使用其中所提供的用于操作多维数组的属性和方法。

1.2.2 属性

　　本节将对**ndarray**所包含的属性（attributes）进行介绍。使用**（实例变量名）.（属性）**形式的语句就可以获取**ndarray**实例中所包含的属性的值（见表1.1）。

表1.1　属性

属　性	说　明
T	返回经过转置的矩阵。当 ndim<2 时返回原有数组
data	用于表示数组中的数据从哪里开始的 Python 缓冲区对象
dtype	ndarray 中元素的类型
flags	关于 ndarray 中的数据在内存中的保存方式（内存布局）的信息
flat	将 ndarray 转换为一维数组的迭代器
imag	ndarray 中的虚数部分（imaginary part）
real	ndarray 中的实数部分（real part）
size	ndarray 中所包含元素的数量
itemsize	保存在内存中的每个元素所需的以字节为单位的内存容量

续表

属 性	说 明
nbytes	该 ndarray 中所有元素所占内存空间的总字节数
ndim	ndarray 中所包含的维数
shape	使用元组表示的 ndarray 的形状
strides	使用元组表示的在各个维度方向上要移动到下一个接邻的元素时所需移动的字节数
ctypes	用于操作 ctypes 模块的迭代器
base	ndarray 的基类对象（用于表示引用的是哪里的内存数据）

通过属性访问对象的信息并不会导致数组（ndarray）的内容发生变化。例如，使用.T属性显示转置矩阵并不会导致原有数据发生变化。

那么，究竟怎样显示属性呢？下面通过实际的代码进行确认。

首先是**T**、**data**和**dtype**属性。**data**是 Python 的缓冲区对象，表示的是数组中的数据是从哪个地方开始的。**dtype**是 ndarray 中数据的数据类型。

关于**dtype**，将在1.7节中进行介绍。

```
In [1]: import numpy as np          # 导入NumPy模块

In [2]: a = np.array([1, 2, 3])     # 生成ndarray实例

In [3]: type(a)                     # 确认对象的类
Out[3]: np.ndarray

In [4]: b = np.array([[1, 2, 3], [4, 5, 6]]) ➡
# 创建2 - dimensional array(二维数组)

In [5]: a
Out[5]: array([1, 2, 3])

In [6]: b                           # 分别显示所得到的结果如下
Out[6]:
array([[1, 2, 3],
       [4, 5, 6]])

In [7]: b.T                         # 进行转置
```

```
Out[7]:
array([[1, 4],
       [2, 5],
       [3, 6]])
```

```
In [8]: a.T                          # 因为a.ndim<2，所以没有变化
Out[8]: array([1, 2, 3])
```

```
In [9]: a.data                       # 显示内存中的地址
Out[9]: <memory at 0x106f54888>
```

```
In [10]: a.dtype                     # 显示数据的类型
Out[10]: dtype('int64')
```

接下来是用于显示内存布局相关信息的**.flags**属性和用于转换一维数组的迭代器**.flat**属性。使用**.flat[n]**语句可以显示将ndarray转换为一维数组后其中第n个元素的内容。

```
In [11]: a.flags
Out[11]:
  C_CONTIGUOUS : True
  F_CONTIGUOUS : True
  OWNDATA : True
  WRITEABLE : True
  ALIGNED : True
  UPDATEIFCOPY : False
```

```
In [12]: b.flags              # 可以获取各种信息
Out[12]:
  C_CONTIGUOUS : True
  F_CONTIGUOUS : False
  OWNDATA : True
  WRITEABLE : True
  ALIGNED : True
  UPDATEIFCOPY : False
```

```
In [13]: a.flat[1]            # 显示将a转换为一维数组后其中的第一个元素
Out[13]: 2
```

```
In [14]: b.flat[4]    # 显示将b转换为一维数组后其中的第四个元素
Out[14]: 5
```

接下来，使用**.real**属性和**.imag**属性对复数元素（complex）的实部和虚部分别进行显示。

```
In [15]: c = np.array([1.-2.6j,2.1+3.j, 4.-3.2j])  ➡
# 创建以复数为元素的ndarray实例

In [16]: c.real        # 显示实数部分
Out[16]: array([ 1. ,  2.1,  4. ])

In [17]: c.imag        # 显示虚数部分
Out[17]: array([-2.6,  3. , -3.2])
```

接下来是用于显示元素数量的**.size**属性和按照字节序对每个元素所占的内存空间大小进行表示的**.itemsize**属性，以及表示二者乘积的数组元素所占的总内存空间大小的**.nbytes**属性。

```
In [18]: a.size        # 元素的数量
Out[18]: 3

In [19]: b.size
Out[19]: 6

In [20]]: a.itemsize   # 按字节序显示每个元素的字长
                       # 在某些环境中可能是4

Out[20]: 8

In [21]: b.itemsize    # 在某些环境中可能是4
Out[21]: 8

In [22]: c.size, c.itemsize
Out[22]: (3, 16)

In [23]: a.nbytes      # 按字节序显示数组的长度，在某些环境中可能是12

Out[23]: 24
```

```
In [24]: b.nbytes                      # 在某些环境中可能是24
Out[24]: 48

In [25]: c.nbytes
Out[25]: 48

In [26]: a.size * a.itemsize == a.nbytes  # 这个等式成立
Out[26]: True
```

接下来是用于表示维度和形状（shape）的 .ndim 属性和 .shape 属性。有关维度的内容，将在1.5节中进行介绍。

有关 shape 的内容，将在1.6节中进行介绍。

```
In [27]: a.ndim                        # 显示维数
Out[27]: 1

In [28]: b.ndim
Out[28]: 2

In [29]: a.shape                       # 显示形状
Out[29]: (3,)

In [30]: b.shape                       # 显示形状
Out[30]: (2, 3)
```

接下来是 .strides 属性。这个属性表示的是在各个维度方向上，如果要移动到相邻的一个元素上，相应地在内存中需要移动多少个字节的距离。关于这个属性的详细讲解，请参考1.2.3小节的内容。

```
In [31]: d = np.array([[[2,3,2],[2,2,2]],[[4,3,2],➡
[5,7,1]]])                             # 生成三维数组

In [32]: d.shape, d.ndim               # 显示形状和维数
Out[32]: ((2, 2, 3), 3)

In [33]: a.strides # 在各个维度方向上 (axis=0,axis=1,…
# axis=ndim-1) 移动到下一个元素所需移动的字节数。在某些环境下可能
# 为 (4,)
```

```
Out[33]: (8,)
```

```
In [34]: b.strides    # .ndim=2，在某些环境下可能为 (12, 4)
Out[34]: (24, 8)
```

```
In [35]: c.strides    # .ndim=3
Out[35]: (16,)
```

```
In [36]: d.strides    # .ndim=3在某些环境下可能为 (24,12,4)
Out[36]: (48, 24, 8)
```

接下来是**.ctypes**属性和**.base**属性。**.ctypes**属性是使用ctypes模块进行操作时所需要的迭代器。**.base**属性是当数组是**view**时，用于表示原有数组的**view**。

此外，有关副本（**copy**）和视图（**view**）的内容，请参考1.8节的讲解。

```
In [37]: a.ctypes.data    # 使用ctypes模块的操作
Out[37]: 140421253863024
```

```
In [38]: a.base    # a的基类数组在什么地方
```

```
In [39]: e = a[:2]
```

```
In [40]: e.base
Out[40]: array([1, 2, 3])
```

```
In [41]: e.base is a
Out[41]: True
```

```
In [42]: a.base is e.base
Out[42]: False
```

🔲 1.2.3　内存布局

为了提升使用NumPy进行矩阵运算的性能，需要知道ndarray中的元素在内存中具体是如何存储的。一旦知道了在ndarray的内部是如何

对用于存储数组数据的内存空间进行管理的，就能极大地加深对
NumPy的理解。

使用ndarray类生成的实例在内存中是以一维数组的形式进行存储
的。其中作为登记信息的一部分，用于描述数据的类型、数组的形状
（shape）等，以一维数组的形式保存的，用于指定读取元素数据方式的
数据称为元数据。

在这些元数据的后面，是以数据形式保存的数组元素的值。其中，
数据的排列方式大致可以分为两类。

一类是称为行主序（row-major）的排列方式，另一类是称为列主
序（column-major）的排列方式。前者是C语言中所使用的数据排列
方式，后者是FORTRAN和MATLAB等语言所使用的排列方式。

之前介绍的属性中包括**.flags**属性，其中包含如下部分。

```
C_CONTIGUOUS : True
F_CONTIGUOUS : False
```

其中，**C_CONTIGUOUS**用于表示是否可以使用行主序进行读取；
F_CONTIGUOUS表示是否可以使用列主序进行读取。NumPy的参数
中，有一个参数是**order**，基本上设置为C就表示使用行主序进行存储；
设置为F就表示使用列主序进行存储。

这两种存储方式的区别在于数据是从哪个维度方向上开始存储的。
行主序是从低维度开始存储（坐标轴的编号由小到大）；列主序则是从
高维度开始存储（坐标轴的编号由大到小）。

下面将使用二维数组的例子进行讲解。例如，假设现有如下 2×3
的二维数组。

$$A = \begin{pmatrix} a_{11} & a_{12} & a_{13} \\ a_{21} & a_{22} & a_{23} \end{pmatrix}$$

如果是二维数组，使用行主序（**order='C'**）就意味着沿着列的方
向依次对元素进行存储，如图1.1所示。

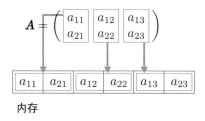

图 1.1 行主序（order='C'）

而使用列主序（**order='F'**），则是沿着行的方向依次对元素进行存储，如图1.2所示。

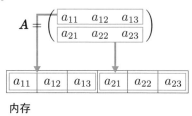

图 1.2 列主序 (order='F')

在二维数组中，列方向可以使用**axis=1**进行指定，行方向可以使用**axis=0**进行指定。虽然坐标轴的编号发生了变化，但是大小顺序依然是保持不变的。这就是数组中的数据在内存中进行存储所使用的方式。

1.2.4 步长

在列的方向上展开处理，使用的是行主序存储数据，因此每个元素之间只需要很小的内存空间距离即可。但是，如果使用列主序进行存储，由于是在行的方向上进行保存，存储时是以列为单位移动的，因此所需的字节数也更多，无法实现高效的运算。

在使用字节数表示访问每个元素时，这个在内存空间中所需移动的距离的属性称为**步长（strides）**。

步长是ndarray的属性之一，通过这个属性值，就可以知道元素之间的距离。下面将尝试分别使用列主序和行主序保存同一个数组对象。

```
In [43]: a = np.random.randn(100,100)

In [44]: b = np.array(a, order='C') # 行主序

In [45]: c = np.array(a, order='F') # 列主序

In [46]: b.strides, c.strides # 从步长上看，二者是相反的
Out[46]: ((800, 8), (8, 800))

In [47]: np.allclose(b, c) # 确认数组的元素是否完全相同
Out[47]: True
```

接下来，将使用切片功能指定每隔100个元素进行读取操作，并对程序的执行速度进行统计。这样操作，在内存中对数值进行读取时，为了读取相邻的元素的值，需要跳转的字节数也会相应增加，因此程序的执行速度也会随之降低。

```
In [48]: x = np.ones((100000,)) ➡
# 将所有的元素都初始化为1

In [49]: y = np.ones((100000*100,))[::100] ➡
# 每隔100个元素进行读取

In [50]: x.strides ➡
# 为了移动到相邻的下一个元素，需要跳转8个字节的距离
Out[50]: (8,)

In [51]: y.strides ➡
# 为了移动到相邻的下一个元素，需要跳转800个字节的距离
Out[51]: (800,)

In [52]: x.shape, y.shape
Out[52]: ((100000,), (100000,))

In [53]: %timeit x.sum()                  # 很明显这个速度更快
51.9 µs ± 2.28 µs per loop (mean ± std. dev. of 7 ➡
runs, 10000 loops each)
```

```
In [54]: %timeit y.sum()
1.24 ms ± 201 µs per loop (mean ± std. dev. of 7 ➡
runs, 1000 loops each)
```

如果之后还要进行多次运算，为了防止执行速度下降，应当避免使用**view**进行计算，创建**copy**进行计算效率可能会更高。

```
In [55]: y_copy = np.copy(np.ones((100000*100,))[::100])
```

```
In [56]: y_copy.strides
Out[56]: (8,)
```

```
In [57]: %timeit y_copy.sum()
60.9 µs ± 16 µs per loop (mean ± std. dev. of 7 ➡
runs, 10000 loops each)
```

🔵 1.2.5　广播

ndarray的一大特点是对广播功能的支持。如果能熟练运用广播功能，可以大幅简化需要编写的代码。更详细的内容请参考1.3节。

广播是在进行计算处理时，程序自动地对数组进行适当扩展的一种非常方便的功能。例如，在对下面的数组a中的所有元素进行加1计算时，只要使用下面这样非常简单的表达式即可实现。

```
a += 1
```

此时，程序会自动对数组使用广播功能（无论a是包含多少个维度的数组）。甚至可以对二维数组与一维数组进行加法运算。

```
In [58]: a = np.array([1, 2, 3])
```

```
In [59]: b = np.array([[1, 1, 1],[2, 4, 1]])   # 二维数组
```

```
In [60]: b + a                                 # 使用广播功能
Out[60]:
array([[2, 3, 4],
       [3, 6, 4]])
```

MEMO

参考资料

- numpy.ndarray-NumPy v1.14 Manual - NumPy and SciPy Documentation

  URL https://docs.scipy.org/doc/numpy-1.14.0

- The N - dimensional array(ndarray) - NumPy v1.14 Manual - NumPy
  and SciPy Documentation

  URL https://docs.scipy.org/doc/numpy-1.14.0/reference/arrays.ndarray.
  html

读书笔记

1.3 广播

在**NumPy**中，即使是在数组的维数或形状不一致的情况下，程序员也不需要自己动手编写对数组进行匹配处理的代码来实现数组之间的计算处理，而只需要使用广播功能(broadcasting)即可解决。

广播是根据4条非常简单的规则，对形状或维数不同的NumPy数组是否能展开计算进行判断并处理的。

本节将对广播功能的原理及其优点进行讲解。

🔷 1.3.1　何谓广播

例如，对两个数组中的元素进行加法运算时，可能会遇到这两个数组的形状（shape）不一致的问题。所谓广播，就是对这种情况中的数组形状进行调整，使其能够进行计算的一种非常方便的功能。

请参考如下代码。

```
In [1]: import numpy as np

In [2]: np.array([[1, 2, 3]]) + [1]
Out[2]: array([[2, 3, 4]])
```

形状为（**1，3**）的二维NumPy数组与包含一个元素的一维列表之间是可以进行加法运算的。

正是由于广播功能的存在，所以不再需要手动地以对同一个元素进行反复输入的方式去匹配数组的形状进行计算，从而免去了很大的麻烦。此外，如果使用普通Python代码实现，不但所需编写的代码长度更长，而且执行速度也甚至会比完全交给NumPy去处理更慢。此外，对比内存使用量，使用NumPy也更节省内存空间。

🔷 1.3.2　广播的运行机制

如果理解了广播功能背后非常简单的规则，在阅读代码时就能迅速领会代码的意图，编写代码时也能快捷地完成实现。官方网站的文档中，对广播功能的规则进行了介绍。

Broadcasting - NumPy v1.14 Manual - NumPy and SciPy Documentation

● 规则1：在作为广播对象的数组中，如果维数（ndim)不同，在其shape的开头加入1以对形状进行调整。

　　假设现在要对**np.array([[1, 2]])**和**np.array([3, 4])**进行加法运算。此时，两个数组维数是不同的。**np.array([[1, 2]])**的shape是（**1，2**），维数（**ndim**）为**2**。与此相对，**np.array([3, 4])**的shape是（**2，**），其**ndim**为**1**。

```
In [3]: a = np.array([[1, 2]])

In [4]: a.shape
Out[4]: (1, 2)

In [5]: b = np.array([3, 4])

In [6]: b.shape
Out[6]: (2,)
```

　　通过对规则进行分析可知，**np.array([3, 4])**的shape开头处会被加入1。也就是说，在其形状被转换为（**1，2**）后再进行计算。

```
In [7]: a + b
Out[7]: array([[4, 6]])
```

　　由**np.array([3, 4])**被转换为**np.array([[3, 4]])**后再进行计算。

● 规则2：能用于运算处理的数组是每个维度的元素数量与最大数量相等或刚好为1的数组。

　　接下来，考虑一下符合使用广播功能所要求的条件。NumPy的广播规则中要求，只有当每个维度的元素数量与最大数量相等，或者刚好为1时，才允许使用广播功能。

也就是说，如果是在具有如下形状的数组之间进行运算，就允许使用广播功能。

```
(1, 4, 3) ⇔ (2, 4, 3)
(2, 4, 1) ⇔ (2, 4, 3)
(2, 1, 3) ⇔ (2, 4, 3)
(2, 1, 1) ⇔ (2, 4, 3)
(1, 1, 1) ⇔ (2, 4, 3)
```

此外，如果结合规则1，对于如下维数不同的情况，只要在开头加入1就能进行计算了。

```
(1, 3) ⇔ (2, 4, 3)
→ (1, 1, 3) ⇔ (2, 4, 3)

(1,) ⇔ (2, 4, 3)
→ (1, 1) ⇔ (2, 4, 3)
→ (1, 1, 1) ⇔ (2, 4, 3)
```

● 规则3：结果中所输出的数组的形状，会根据每个维度中元素数量的最大值进行调整。

在计算所输出的结果中，使用各个维度中元素数量的最大值。因此，将（**1, 1, 3**）与（**4, 2, 1**）进行广播处理时，输出的形状使用的是每个维度的最大值，因而得到（**4, 2, 3**）这样的结果，如图1.3所示。

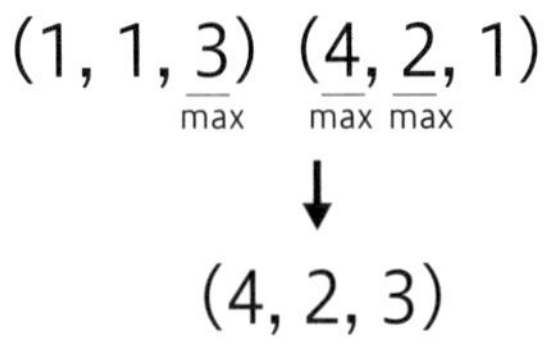

$$\underbrace{(1,}_{\text{max}} \underbrace{1,}_{\text{max}} \underbrace{3)}_{} \underbrace{(4,}_{\text{max}} \underbrace{2,}_{\text{max}} \underbrace{1)}_{}$$

$$\downarrow$$

$$(4, 2, 3)$$

图 1.3　计算的输出结果

● 规则4：对于元素数量为1的维度所在的轴，使用相同的值进行重复填充。

根据上述规则，就可以知道执行广播处理时所需要满足的条件，以及结束广播之后得到的数组的形状会如何变化。然而，如果两个数组中元素的总数不相等，又应当如何对元素的值进行补充呢？

对于这种情况，NumPy的广播机制的处理方式是重复使用对象轴以外的元素进行填充。

例如，将一个3×2的二维数组与元素数量为2的一维数组进行加法运算，首先会将一维数组的行数据复制3次，将其转换成二维数组然后再进行运算。

请参考如下示例，首先对一个一维数组和一个二维数组进行加法运算。

```
In [8]: a = np.array([1, 2])

In [9]: b = np.array([[3, 4],[2, 3]])

In [10]: a
Out[10]: array([1, 2])

In [11]: b
Out[11]:
array([[3, 4],
       [2, 3]])

In [12]: a.shape
Out[12]: (2,)

In [13]: b.shape
Out[13]: (2, 2)
```

这里，当程序执行 **a+b** 语句时，广播功能就会被使用。程序内部采用如图1.4所示的方式进行相应的转换。需要注意的一点是，数组 **a** 不是在列方向上进行扩展的，而是在行方向上进行扩展（见图1.4）。

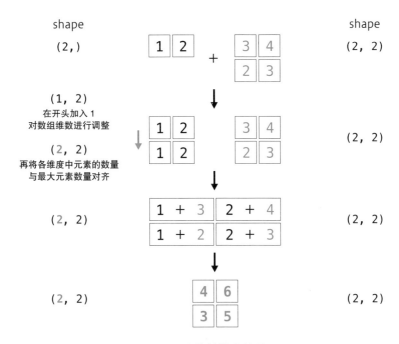

图 1.4　计算的输出结果

　　因此，a 的形状（shape）就从 **(2,)**，经过在形状的开头处加 1，对维数进行匹配后，变成了 **(1, 2)**，然后再在行方向上对元素进行复制，最终完成对数组的扩展。在完成了这一步之后，只需要对数组间的元素进行加法运算就可以了。请执行上述代码，确认会产生如下所示的结果。

```
In [14]: a + b
Out[14]:
array([[4, 6],
       [3, 5]])
```

　　可以看到，程序输出的结果与分析是一致的。

　　接下来，继续看一个稍微复杂的三维数组的示例。下面的代码将对 3 个数组的和进行求解。

```
In [15]: a = np.array([[2], [1]])
```

```
In [16]: b = np.array([5])
```

```
In [17]: c = np.array([[[1, 2, 3], [4, 5, 6]],[[7, 8, ➡
9], [10, 11, 12]]])

In [18]: a
Out[18]:
array([[2],
       [1]])

In [19]: b
Out[19]: array([5])

In [20]: c
Out[20]:
array([[[ 1,  2,  3],
        [ 4,  5,  6]],

       [[ 7,  8,  9],
        [10, 11, 12]]])
```

首先，对这几个数组的**shape**进行确认。

```
In [21]: a.shape
Out[21]: (2, 1)

In [22]: b.shape
Out[22]: (1,)

In [23]: c.shape
Out[23]: (2, 2, 3)
```

接下来，将根据上述信息，对最终所产生的包含3个数组的和的数组的**shape**进行预测。

首先，使用规则1对数组的维数进行匹配。

a

$(2, 1) \rightarrow (\underline{1}, 2, 1)$

b

$(1,) \rightarrow (\underline{1}, \underline{1}, 1)$

$$c$$
$$(2, 2, 3) \rightarrow (2, 2, 3)$$

其次，再对每个维度中的元素数量进行匹配。根据规则2和规则3，将维数为1的元素根据最大值进行调整。

$$a$$
$$(1, 2, 1) \rightarrow (\underline{2}, 2, \underline{3})$$
$$b$$
$$(1, 2, 1) \rightarrow (\underline{2}, 2, \underline{3})$$
$$c$$
$$(2, 2, 3) \rightarrow (2, 2, 3)$$

根据上述规则进行计算，输出所产生的NumPy数组的**shape**会变为（**2，2，3**）。接下来确认程序执行的结果。

```
In [24]: a + b + c
Out[24]:
array([[[ 8,  9, 10],
        [10, 11, 12]],

       [[14, 15, 16],
        [16, 17, 18]]])
```

从上述结果中可以看到，输出的NumPy数组的shape为（**2，2，3**）。如果对这个shape的匹配方式理解，那么对于理解在何种情况下广播机制会被触发也应当不再是问题了。

1.4 切片

NumPy中的ndarray是用于处理多维数组的数据结构，为了提供便利的多维数据结构的操作功能，其中也提供了对切片处理的支持。

Python的列表可以使用如下方式对特定范围内的数据进行单独提取。

```
In [1]: a = [1, 2, 3, 4, 5]

In [2]: a[1:-1]
Out[2]: [2, 3, 4]
```

使用 :（冒号）可以指定起始位置的索引和终止位置的索引，返回的就是指定范围内的元素。

NumPy中的ndarray的切片功能也是类似的，但是同时也提供了对多维数据的支持。

1.4.1 何谓切片

所谓切片，是指将数组中特定范围内的元素进行单独提取时所使用的功能。既可以将指定范围内的数据单独提取出来，也可以将特定的值代入其中。由于NumPy的切片功能使用起来特别方便，只要掌握了切片的使用方法，在需要提取元素时就不会有任何问题。

1.4.2 切片的使用方法

关于不同的坐标轴（axis）方向

可以给每个维度指定 **start:stop:step**，其含义如下。

- start：起点
- stop：终点
- step：每次间隔多少个元素

例如，从某个维度中第 k 个元素开始到第 l 个元素为止，每隔两个元素进行提取时，使用 **k:l+1:2** 即可将需要的元素单独提取出来。例如，从到 15 为止的连续整数序列中，将 5 ~ 10 以 2 为间隔的数据提取出来，可以使用如下示例代码。

```
In [3]: import numpy as np

In [4]: a = np.arange(15)

In [5]: a
Out[5]: array([ 0,  1,  2,  3,  4,  5,  6,  7,  8,  9, ➡
10, 11, 12, 13, 14])

In [6]: a[5:11:2]
Out[6]: array([5, 7, 9])
```

需要注意的是，最开头的元素的索引值为 0（索引 k 和 l 的位置都是从 0 开始计算的），而且 **stop** 所指定的索引在进行切片时，是没有被包含在处理范围之内的。

此外，如果使用逆序，则是从 –1 开始计算位置。

索引的设置方式可以总结为如图 1.5 所示。

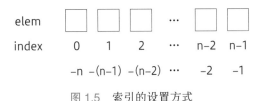

图 1.5　索引的设置方式

如果指定范围是从数组的最开头开始，或者到结尾结束，则不需要指定 **start** 或 **stop** 值。

- 省略 start 值时 :stop:step
- 省略 stop 值时 start::step
- 省略 step 值时 start:stop

如果指定的是整个数组范围，则可以只使用 "："。

其中，**step** 值也可以指定为负数，那样就是指定使用逆序对一定间隔的数据进行提取。特别是指定为 **–1**，可以作为将所有元素进行逆序排列的小技巧使用。

首先，熟悉一下对一维数组进行的切片操作。

```
In [7]: a = np.arange(10)      # 创建包含10个连号数据的数组

In [8]: a
Out[8]: array([0, 1, 2, 3, 4, 5, 6, 7, 8, 9])

In [9]: a[1:5]                 # 1~4
Out[9]: array([1, 2, 3, 4])

In [10]: a[2:8:2]              # 2~7每隔一个
Out[10]: array([2, 4, 6])

In [11]: a[::-1]              # 逆序排列
Out[11]: array([9, 8, 7, 6, 5, 4, 3, 2, 1, 0])

In [12]: a[:3]               # 0~2
Out[12]: array([0, 1, 2])

In [13]: a[4:]              # 4~9
Out[13]: array([4, 5, 6, 7, 8, 9])

In [14]: a[:3],a[3:]        # 将3作为边界划分为两个数组
Out[14]: (array([0, 1, 2]), array([3, 4, 5, 6, 7, 8, 9]))

In [15]: a[::2]            # 指定间隔一个元素
Out[15]: array([0, 2, 4, 6, 8])

In [16]: a[:]             # 指定全范围内的数据
Out[16]: array([0, 1, 2, 3, 4, 5, 6, 7, 8, 9])
```

1.4.3 向高维数据结构扩展

只需要将各个维度中的切片组合起来即可。按坐标轴（axis）编号的升序依次进行指定。在每个维度之间，像 [:, :, :] 用逗号分隔。坐标轴（axis）相关的知识将在1.5节中进行讲解。

◉ 二维数组

首先学习对二维数组进行切片操作。如果在学习的过程中无法理解代码的内容，不要只执行完全部的代码，而应当对每个维度中所作的处理进行观察，看看具体发生了哪些操作，这样会更有助于理解整个过程。

```
In [17]: b = np.arange(20).reshape(4,5)     # 4×5的二维数组

In [18]: b
Out[18]:
array([[ 0,  1,  2,  3,  4],
       [ 5,  6,  7,  8,  9],
       [10, 11, 12, 13, 14],
       [15, 16, 17, 18, 19]])

In [19]: b[1:3, 2:4]          # 将第1~2行，第2~3列提取出来
Out[19]:
array([[ 7,  8],
       [12, 13]])

In [20]: b[:2, 1:]           # 将第0~1行，第1~4列提取出来
Out[20]:
array([[1, 2, 3, 4],
       [6, 7, 8, 9]])

In [21]: b[::2, :]           # 在行方向上每隔一个提取元素
Out[21]:
array([[ 0,  1,  2,  3,  4],
       [10, 11, 12, 13, 14]])

In [22]: b[:, ::2]           # 在列方向上每隔一个提取元素
Out[22]:
array([[ 0,  2,  4],
```

```
       [ 5,  7,  9],
       [10, 12, 14],
       [15, 17, 19]])
```

In [23]: **b[:, ::-1]**   # 逆序
Out[23]:
```
array([[ 4,  3,  2,  1,  0],
       [ 9,  8,  7,  6,  5],
       [14, 13, 12, 11, 10],
       [19, 18, 17, 16, 15]])
```

In [24]: **b[::-1, ::-1]**   # 全部颠倒过来
Out[24]:
```
array([[19, 18, 17, 16, 15],
       [14, 13, 12, 11, 10],
       [ 9,  8,  7,  6,  5],
       [ 4,  3,  2,  1,  0]])
```

● 三维数组

接下来，将对三维数组进行切片操作。整个过程是通过代入数组演示的，应该不难理解。虽然看上去有些复杂，其实本质上与扩展到二维数组并没有不同，三维数组也就是在二维数组上增加了一个维度而已。

In [25]: **c = np.zeros((3, 4, 5))**   # 3×4×5的三维数组

In [26]: **c**
Out[26]:
```
array([[[ 0.,  0.,  0.,  0.,  0.],
        [ 0.,  0.,  0.,  0.,  0.],
        [ 0.,  0.,  0.,  0.,  0.],
        [ 0.,  0.,  0.,  0.,  0.]],

       [[ 0.,  0.,  0.,  0.,  0.],
        [ 0.,  0.,  0.,  0.,  0.],
        [ 0.,  0.,  0.,  0.,  0.],
        [ 0.,  0.,  0.,  0.,  0.]],

       [[ 0.,  0.,  0.,  0.,  0.],
        [ 0.,  0.,  0.,  0.,  0.],
```

```
       [ 0.,   0.,   0.,   0.,   0.],
       [ 0.,   0.,   0.,   0.,   0.]]])

In [27]: c[1:, 1:4, :] = 1
In [28]: c
Out[28]:
array([[[ 0.,   0.,   0.,   0.,   0.],
        [ 0.,   0.,   0.,   0.,   0.],
        [ 0.,   0.,   0.,   0.,   0.],
        [ 0.,   0.,   0.,   0.,   0.]],

       [[ 0.,   0.,   0.,   0.,   0.],
        [ 1.,   1.,   1.,   1.,   1.],
        [ 1.,   1.,   1.,   1.,   1.],
        [ 1.,   1.,   1.,   1.,   1.]],

       [[ 0.,   0.,   0.,   0.,   0.],
        [ 1.,   1.,   1.,   1.,   1.],
        [ 1.,   1.,   1.,   1.,   1.],
        [ 1.,   1.,   1.,   1.,   1.]]])

In [29]: c = np.zeros((3, 4, 5))     # 重置

In [30]: c[:, 1:2, 3:] = 1

In [31]: c
Out[31]:
array([[[ 0.,   0.,   0.,   0.,   0.],
        [ 0.,   0.,   0.,   1.,   1.],
        [ 0.,   0.,   0.,   0.,   0.],
        [ 0.,   0.,   0.,   0.,   0.]],

       [[ 0.,   0.,   0.,   0.,   0.],
        [ 0.,   0.,   0.,   1.,   1.],
        [ 0.,   0.,   0.,   0.,   0.],
        [ 0.,   0.,   0.,   0.,   0.]],

       [[ 0.,   0.,   0.,   0.,   0.],
        [ 0.,   0.,   0.,   1.,   1.],
        [ 0.,   0.,   0.,   0.,   0.],
        [ 0.,   0.,   0.,   0.,   0.]]])

In [32]: c = np.zeros((3, 4, 5))     # 重置
```

```
In [33]: c[:, :, ::2] = 1              # 每两个一次

In [34]: c
Out[34]:
array([[[ 1.,   0.,   1.,   0.,   1.],
        [ 1.,   0.,   1.,   0.,   1.],
        [ 1.,   0.,   1.,   0.,   1.],
        [ 1.,   0.,   1.,   0.,   1.]],

       [[ 1.,   0.,   1.,   0.,   1.],
        [ 1.,   0.,   1.,   0.,   1.],
        [ 1.,   0.,   1.,   0.,   1.],
        [ 1.,   0.,   1.,   0.,   1.]],

       [[ 1.,   0.,   1.,   0.,   1.],
        [ 1.,   0.,   1.,   0.,   1.],
        [ 1.,   0.,   1.,   0.,   1.],
        [ 1.,   0.,   1.,   0.,   1.]]])

In [35]: c = np.zeros((3, 4, 5))        # 重置

In [36]: c[::2, ::2, ::2] = 1

In [37]: c
Out[37]:
array([[[ 1.,   0.,   1.,   0.,   1.],
        [ 0.,   0.,   0.,   0.,   0.],
        [ 1.,   0.,   1.,   0.,   1.],
        [ 0.,   0.,   0.,   0.,   0.]],

       [[ 0.,   0.,   0.,   0.,   0.],
        [ 0.,   0.,   0.,   0.,   0.],
        [ 0.,   0.,   0.,   0.,   0.],
        [ 0.,   0.,   0.,   0.,   0.]],

       [[ 1.,   0.,   1.,   0.,   1.],
        [ 0.,   0.,   0.,   0.,   0.],
        [ 1.,   0.,   1.,   0.,   1.],
        [ 0.,   0.,   0.,   0.,   0.]]])
```

1.5 关于坐标轴和维度

在使用NumPy对多维数组结构ndarray进行操作时，正确理解坐标轴（axis）的知识是必需的。为了对多维数组结构进行恰当的处理，在NumPy的函数参数中经常需要指定axis参数。

在本书中所介绍的，用于计算元素的合计值的np.sum函数、计算元素平均值的np.average函数、查找最大值元素的np.amax等函数中都可以指定axis参数。

虽然这个参数对应的是数组中的坐标轴，但是在实际运用中经常很难理解究竟是对应的哪个轴，哪个维度。

因此，本节将对下列内容进行讲解。

- 什么是维度
- 什么是坐标轴
- 在函数的参数中指定 axis 会发生什么事情

1.5.1 ndarray 的维度

对于NumPy的多维数组ndarray，可以使用**.shape**属性获取其结构信息。使用shape属性可以对用于表示数组形状的元组进行确认。这个元组中的第0个元素对应的是第0个坐标轴（axis），第1个元素对应的是第1个坐标轴（axis）。

```
In [1]: import numpy as np

In [2]: a = np.array([[1, 2, 3], [4, 5, 6]])

In [3]: a.shape
Out[3]: (2, 3)
```

对于上述代码，可以看到**shape**属性中的形状是2×3的结构。关于**shape**的知识，将在1.5.2小节中进行讲解。

ndim属性表示多维数组具有几个维度的结构。也就是说，相当于

shape的元素数量，等于**len(arr.shape)**。

```
In [4]: a.ndim
Out[4]: 2
```

🔷 1.5.2 关于坐标轴

　　axis正如其名，是相当于坐标轴一样的东西。指定坐标轴的方法是将**axis**对应为**shape**的索引。

　　接下来，看一下3×2的矩阵示例。

```
In [5]: a = np.arange(6).reshape((3, 2))

In [6]: a
Out[6]:
array([[0, 1],
       [2, 3],
       [4, 5]])

In [7]: a.shape
Out[7]: (3, 2)
```

　　上述代码中名为a的多维数组是一个3×2的矩阵，因此其**shape**为**(3, 2)**，NumPy的ndarray是在由多个层次的嵌套结构组成的框架中对数据进行保存，这个嵌套结构的框架按照由大到小的顺序对shape的元素进行排列，如图1.6所示。

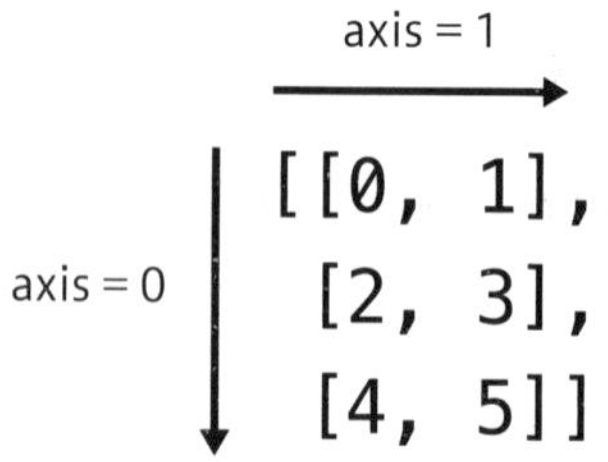

图 1.6　3×2 的矩阵

　　类似**[0, 3, 2]**这样直接保存数值的数组，是如图1.6所示的列方向。

而位于上一层的数组则是行方向。也就是说，坐标轴的顺序是（**行方向，列方向**）。

接下来，尝试将数组扩展为三维数组。由于是创建一个包含多个 3×2 矩阵的新数组，因此新的坐标轴对应的就是 **shape** 的开头元素。为了方便大家理解，下面将创建包含两个 **a** 的数组。

```
In [8]: b = np.array([a, a])

In [9]: b.shape
Out[9]: (2, 3, 2)

In [10]: b
Out[10]:
array([[[0, 1],
        [2, 3],
        [4, 5]],

       [[0, 1],
        [2, 3],
        [4, 5]]])
```

这种情况下，图 1.7 所示为创建包含多个 3×2 数组的多维数组，因此新创建的位于最上层的 **axis** 为 0。

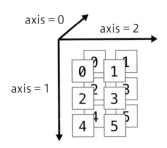

图 1.7　包含 3×2 的多维数组的数组

1.5.3　作为函数参数的 axis

在 NumPy 中，使用 **axis** 参数的函数不在少数。**ndarray.sum** 函数可以指定 **axis** 对元素的合计值进行计算，其结果是按照指定的坐标轴方向对维度进行削减得到的。

以上面的数组 **a** 为示例，

```
b.shape == (2, 3, 2)
```

sum 函数输出的 **shape** 如下所示。

```
b.sum(axis=0).shape == (3, 2)
b.sum(axis=1).shape == (2, 2)
b.sum(axis=2).shape == (2, 3)
```

当参数中指定 **axis=0** 时，程序会对 axis=0 的箭头方向上的元素进行加法运算，如图 1.8 所示。

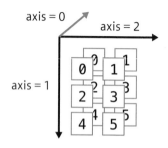

图 1.8　在 axis=0 的箭头方向上将元素相加

在 **axis=0** 轴方向上，由于是相同的值的并列，因此结果就是每个元素值的两倍。

```
In [11]: b.sum(axis=0)
Out[11]:
array([[ 0,  2],
       [ 4,  6],
       [ 8, 10]])

In [12]: b.sum(axis=0).shape
Out[12]: (3, 2)
```

接下来，将对 **axis=1** 的结果进行确认。此时，按照如图 1.9 所示在行方向上对元素进行加法运算。

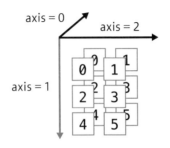

图 1.9 在行方向上将元素相加

那么结果会是怎样的呢？通过下面的代码确认计算结果。

```
In [13]: b.sum(axis=1)
Out[13]:
array([[6, 9],
       [6, 9]])

In [14]: b.sum(axis=1).shape
Out[14]: (2, 2)
```

将行方向上的元素以每个维度为单位相加，结果与预想的完全一致。接下来再对 **axis=2** 进行确认。结果如图 1.10 所示，应该是在列方向上对元素进行相加。

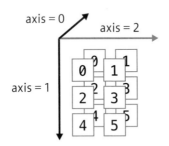

图 1.10 在列方向上将元素相加

```
In [15]: b.sum(axis=2)
Out[15]:
array([[1, 5, 9],
       [1, 5, 9]])
```

```
In [16]: b.sum(axis=2).shape
Out[16]: (2, 3)
```

得到预期的结果了吗？程序在列方向上对每个元素进行了加法运算。

NumPy中的**axis**实际上就是**shape**的索引。请大家一定要熟练掌握NumPy的操作方法。

✏ 读书笔记

1.6 ndarray 的 shape 属性

在NumPy中用于计算的ndarray类是专门用于处理多维数组和矩阵的数据结构。其内部实现机制是针对不同类型的数据，使用存储在连续的内存空间中的一维数组进行处理。

那么，怎样才能知道所指定的多维数组中的元素被存储在一维内存空间的什么地方呢？ndarray类的实例变量shape为解答这一问题提供了所需要的线索。

本节将对变量shape的使用方法进行讲解。

ndarray中的shape表示的是每个维度中元素的个数，使用方法与Python实例类似，使用**arr.shape**形式对属性进行访问即可。

首先尝试获取数组的信息。

```
In [1]: import numpy as np

In [2]: a = np.array([5, 3, 8, 9])

In [3]: a
Out[3]: array([5, 3, 8, 9])

In [4]: a.shape
Out[4]: (4,)
```

如果使用**reshape**函数进行重塑，就可以使**shape**根据指定的参数进行转换。在ndarray的实现代码中，除了**shape**以外不对数组中的元素做任何修改。由于只是改变了**shape**信息，因此代码的执行速度是非常快的。

关于**reshape**函数的知识将在第2章中进行讲解。

如果元素数量相同，经过变换后的**shape**应当与**reshape**函数中所指定的参数完全一致。

```
In [5]: a = np.array([5, 3, 8, 9])

In [6]: b = a.reshape((2, 2))

In [7]: b
Out[7]:
array([[5, 3],
       [8, 9]])

In [8]: b.shape
Out[8]: (2, 2)
```

此外，如果对shape属性进行代入，与使用**reshape**函数对数组进行变形的效果是完全相同的。

```
In [9]: a
Out[9]:
array([5, 3, 8, 9])

In [10]: a.shape
Out[10]: (4,)

In [11]: a.shape = (4, 1)

In [12]: a
Out[12]:
array([[5],
       [3],
       [8],
       [9]])

In [13]: c = np.arange(12).reshape((3, 4))

In [14]: c
Out[14]: array([[ 0,  1,  2,  3],
                [ 4,  5,  6,  7],
                [ 8,  9, 10, 11]])

In [15]: c.shape=(1, 12)
```

```
In [16]: c
Out[16]: array([[ 0,  1,  2,  3,  4,  5,  6,  7,  8,  9, ➡
10, 11]])

In [17]: c.shape = (13,)  # 如果元素数量不正确，则会返回错误
--------------------------------------------------------
（系统显示错误信息）
ValueError: cannot reshape array of size 12 into shape (13,)
```

不过，如果没有特殊理由，笔者建议还是使用 **reshape** 函数进行显式的转换。

● 关于(R,)和(R,1)一类的语法

类似 **(R,)** 的 Python 语法，大家可能不是很熟悉。在 Python 中，对于只包含一个元素的元组使用这种语法形式进行表示。也就是说，一维数组的 **shape** 需要使用类似 **(R,)** 的形式表示。此外，由一维数组转置所得到的纵向量的 **shape** 用 **(R, 1)** 表示。

```
In [18]: a = np.array([1, 2, 3, 4, 5])      # 简单的一维数组

In [19]: a.shape
Out[19]: (5,)

In [20]: b = np.array([[1], [2], [3], [4], [5]]) ➡
# 如果转换为纵向量其 shape 就变为 (R,1)

In [21]: b.shape
Out[21]: (5, 1)
```

1.7 元素数据类型的种类与指定方法

NumPy的多维数组ndarray中，存在一个名为数据类型（dtype）的属性，用于表示元素的数据类型。通过对dtype进行指定，就可以指定元素的数据类型，并对需要保留的内存空间大小进行调整。

本节将重点对dtype进行讲解，并对在NumPy中可以指定的dtype的种类和指定方法，以及其内部对dtype属性的运用方法进行介绍。

1.7.1 需要dtype的理由

正如1.1节中所讲解过的，NumPy的内部是使用C语言来实现对大量的数据进行高速处理的。Python语言本身并不是那么高速的编程语言，因此，矩阵运算和数据处理等操作都是通过C语言实现的。

通过正确地为NumPy数组指定数据类型，可以实现在Python中进行更为高效的数据处理，提高代码的执行效率。

1.7.2 数据类型

首先，总结一下可以在NumPy中使用的数据类型。将NumPy的数据类型按照数学意义进行分类，可以分为带符号整数**int**、浮点数**float**、复数**complex**、无符号整数**uint**、布尔值**bool**等。此外，还可以在位一级上对每个元素所需要保留的内存空间大小进行指定。

按照数据类型分类的结果见表1.2~表1.5所示。

表1.2 int（带符号整数）

数据类型	概　要
int8	8位带符号整数
int16	16位带符号整数
int32	32位带符号整数
int64	64位带符号整数

表1.3 uint（无符号整数）

数据类型	概　要
uint8	8位无符号整数
uint16	16位无符号整数
uint32	32位无符号整数
uint64	64位无符号整数

表1.4　**float**（浮点数、参考MEMO）

数据类型	概　要
float16	16位浮点数
float32	32位浮点数
float64	64位浮点数
float128	128位浮点数

表1.5　bool（布尔值）

数据类型	概　要
bool	使用True或False表示。数据长度为8位

📝 **MEMO**

关于浮点数

　　所谓浮点数，是对某个数值分为符号、尾数和指数3个部分进行表示。尾数部分表示的是小数点后的数值，指数部分表示的是值的大小（阶数）。在计算中使用这种格式表示的数值运算是非常常见的。

　　首先，对每种数据类型具体是如何显示的进行确认。可以使用 **arr.dtype** 获取ndarray的dtype信息。

```
In [1]: import numpy as np

In [2]: a = np.array([0, 1, 2])  ➡
# 首先在什么都不指定的情况下生成数组

In [3]: a.dtype        # 确认数据类型
Out[3]: dtype('int64')

In [4]: b = np.array([0, 1, 2], dtype='int32')  ➡
# 尝试减少位数

In [5]: b.dtype
Out[5]: dtype('int32')

In [6]: b
Out[6]: array([0, 1, 2], dtype=int32)

In [7]: c = np.array([0, 1, 2], dtype='float')  ➡
# float和int的默认位数是64
```

```
In [8]: c          # 与c元素的表示方法为int时不同，数值里会附带小数点
Out[8]: array([ 0.,  1.,  2.])

In [9]: d = np.array([3e50, 4e35], dtype='int64')
# 如果位数太大，无法使用'int'表示时会产生溢出错误
------------------------------------------------------------
（显示错误信息）
OverflowError: Python int too large to convert to C long

In [10]: d = np.array([3e50, 4e35], dtype='float64') ➡
# 如果改成float，就可以成功地生成数组

In [11]: e = np.array([3.5, 4.2, -4.3], dtype='int') ➡
# 即使是使用小数表示的数组，如果数据类型被设置为int，则只有整数部分
# 被保留

In [12]: e
Out[12]: array([ 3,  4, -4])
```

即使是指定**int**或**float**类型的数值到元素中，如果数据类型是**bool**，程序也会强制将指定的数值转换为bool型后再代入元素中。

```
In [13]: f = np.array([0, 3, 0, -1], dtype = 'bool') ➡
# 将0转换为False，如果不是0，则转换为True

In [14]: f
Out[14]: array([False,  True, False,  True], dtype=bool)
```

原则上不推荐在生成了数组之后再进行数据类型的转换操作。

允许通过数据类型指定的位数，可以理解成读取数据时，是以多位为单位对变换之前的数据的位序列进行划分。如果指定的位数改变了，那么返回的数值序列也可能与原先的不同。

同样，改变数据类型也只是改变了数据的读取方法而已，如果将数据类型恢复为原有的类型，就可以再次得到原有的数组。下面通过实际的代码对数据类型的转换处理进行确认。

```
In [15]: g = np.array([0., 1., 2.], dtype='int64')

In [16]: g
```

```
Out[16]: array([0, 1, 2])

In [17]: g.dtype = 'int32'      # 将数据类型转换为int32

In [18]: g
Out[18]: array([0, 0, 1, 0, 2, 0], dtype=int32)

In [19]: g.dtype = 'float64'    # 将数据类型转换为float64

In [20]: g
Out[20]: array([0.e+000, 5.e-324, 1.e-323])

In [21]: g.dtype = 'float32'    # 将位数转换为32

In [22]: g
Out[22]:
array([0.e+00, 0.e+00, 1.e-45, 0.e+00, 3.e-45, 0.e+00], ➡
dtype=float32

In [23]: g.dtype = 'int64'      # 将数据类型恢复为原有类型，则数据的值
                                # 也会恢复

In [24]: g
Out[24]: array([0, 1, 2])
```

接下来，将对这些位数的区别进行确认。8位（bit）=1字节（Byte）。

```
In [25]: h = np.random.randint(10, size=100,dtype='int8')
# 生成100个0~9的整数。数据类型是'int8'

In [26]: i = np.random.randint(10,size=100,dtype='int64')
# 将位数设置为64

In [27]: h.nbytes      # 确认字节数
Out[27]: 100

In [28]: i.nbytes      # 变为h的8倍
Out[28]: 800
```

1.8 副本与视图的区别

在对NumPy数组中的元素进行复制时，可以使用的选项包括副本(copy)和视图(view)两类。如果能够加深对这两个选项的理解，在编写代码时就能够更加注重内存的使用效率和代码的执行速度，减少无意中改变数组中的数据等错误的发生。

下面就通过本节的内容加深对副本和视图相关知识的理解。

1.8.1 副本和视图

副本和视图是两个选项，用于指定现有数组与原有数组之间的关系。这两个选项的特征可以归纳为如下两点。

- 副本：使用与原有数组不同的内存空间，但是数据内容是相同的。
- 视图：与原有数组引用的是同一个内存地址。

由于视图方式是对同一个内存地址进行引用，因此对视图数组中的元素所做的更改也会反映在原有数组的数据中。

```
In [1]: import numpy as np

In [2]: a = np.array([1, 2, 3])

In [3]: d = a.view()            # 创建视图

In [4]: d[0] = 100             # 改变视图中的一个值

In [5]: d
Out[5]: array([100,   2,   3])

In [6]: a                       # 原有数组a中的数据也被改变了
Out[6]: array([100,   2,   3])
```

与此相反，使用副本就不会出现同时被改动的现象。

```
In [7]: c = a.copy()

In [8]: c[1] = 25

In [9]: c
Out[9]: array([100,  25,   3])

In [10]: a
Out[10]: array([100,   2,   3])
```

从内存的使用效率上看，所处理的数组越大，尽量使用视图方式是比较好的，可以节省内存空间，然而，使用视图也可能导致原有数组中的数据发生变化。因此，在需要保证原有数组中数据不会发生变化的情况下，使用副本会比较好。

💎 1.8.2　不同操作方式的区别

NumPy的操作分为副本和视图两种。只有了解了其内部是使用副本还是使用视图生成数据，才可能编写出性能更好的代码。

● 代入

首先介绍针对变量中保存的是数组本身的情况的处理方式。

下面是使用 "=" 进行代入的，而Python中所谓的变量代入实际上保存的是对象的引用。也就是说，被代入的变量并没有变成对象本身，变量中所保存的信息仅仅是用来表示对象实际被保存的位置。

```
In [11]: a = np.array([1, 2, 3])

In [12]: b = a                   # 将a代入b中

In [13]: id(a) == id(b)          # 确认引用的内存地址是否相同
Out[13]: True
```

id是用来返回对象的标识值的函数。

将代入时所使用的**a**替换成**a[:]**。如果是Python的列表对象，这里就会使用副本，而NumPy的ndarray则会使用视图。

```
In [14]: a = np.array([1, 2, 3])

In [15]: c = a[:]              # 换一种语法

In [16]: id(a) == id(c)        # 可以看出引用的是不同的对象
Out[16]: False

In [17]: c[1] = 22             # 修改c的一部分

In [18]: a                     # 对c做的修改也在a中被反映了出来
Out[18]: array([ 1, 22,  3])
```

从上述代码中可以看到，当使用类似**[1: 2]**这样可以在索引中指定引用数据范围的切片语法时，虽然最后产生的对象与原有数组对象是完全不同的对象，但是生成的对象中的元素却是原始数组的视图。当然，由于使用的是切片语法，即使是提取数组中的一部分，最终得到的也是视图。

```
In [19]: d = a[:1]

In [20]: id(d) == id(a)
Out[20]: False

In [21]: d[0] = 11

In [22]: a
Out[22]: array([11, 22, 3])

In [23]: d
Out[23]: array([11])
```

如果要在代入时使用副本，就需要将原始数组的副本进行代入。

```
In [24]: e = a.copy()          # 代入a的副本

In [25]: e.base is a
```

```
Out[25]: False

In [26]: e[2] = 234

In [27]: e
Out[27]: array([ 11, 22, 234])

In [28]: a
Out[28]: array([11, 22, 3])
```

base属性是当对象的基类对象存在时，用来表示这个基类对象的属性。只要对象不是视图，那么**ndarray.base**返回的值就一定是**None**。

```
In [29]: print(a.base)
None
```

需要创建副本时，可以使用**np.ndarray.copy**方法。

```
In [30]: f = a.copy()

In [31]: f.base is a
Out[31]: False
```

○ 运算

关于运算的结果，会根据所使用的语法的不同而出现可以创建出副本的情况和无法创建出副本的情况。

例如，在进行加法运算的情况下。如果代码写成**a=a+1**，结果中就会生成**a**的副本，每个元素加1后得到的新的数组被代入变量**a**中。

```
In [32]: a = np.array([1, 2, 3])

In [33]: c = a                    # 创建作为视图的变量c

In [34]: a = a + 1                # 加1
```

```
In [35]: c                              # 加法运算没有被反映到c中
Out[35]: array([1, 2, 3])

In [36]: a
Out[36]: array([2, 3, 4])
```

作为 **a** 的视图，加法运算的结果并没有被反映到变量 **c** 中。由于 **a** 所引用的对象是新创建的，这就意味着 **a** 和 **c** 的视图引用的对象是不同的。

如果写成 **a+=1** 的形式，结果又会如何呢？这种情况下就不会创建 **a** 的副本，而是直接对数组中的每个值进行加法运算。

```
In [37]: a = np.array([1, 2, 3])

In [38]: c = a

In [39]: a += 1

In [40]: c
Out[40]: array([2, 3, 4])

In [41]: a
Out[41]: array([2, 3, 4])
```

对于四则运算符 +、–、*、/ 及幂运算 **，上述行为都是通用的。

如果要在不创建副本的前提下进行运算操作，还可以使用专门用于计算的函数。加法使用 **add** 函数，减法使用 **subtract** 函数，等等。

关于这些函数，将在 3.1 节中进行讲解。

这些函数的参数中通常都有一个名为 **out** 的参数，如果将原始数组指定到这个参数中，就能直接对数组中的值进行覆盖，有效提升内存的使用效率。由于没有创建副本，因此可以有效提高程序的执行速度。

```
In [42]: a = np.array([1, 2, 3])

In [43]: c = a

In [44]: np.add(a, 1, out=a)
Out[44]: array([2, 3, 4])

In [45]: a
Out[45]: array([2, 3, 4])

In [46]: c
Out[46]: array([2, 3, 4])
```

接下来，对计算速度进行比较。创建两个数组 **X** 和 **Y**，并按照下列公式计算 **A** 的值。

$$A = X * 4 + Y * 3$$

我们将会使用不同的方式对 **A** 进行计算，并使用如下代码中的 **test** 函数对代码的执行时间进行统计。

```
In [47]: def test():
    ...:     import numpy as np
    ...:     import time
    ...:     X = np.ones(100000000, dtype='int8')
    ...:     Y = np.ones(100000000, dtype='int8')
    ...:     a = time.time()
    ...:     for _ in range(100):
    ...:         X = X*4 + Y*3
    ...:         X = np.ones(100000000, dtype='int8')
    ...:     b = time.time()
    ...:     print('X = X*4 + Y*3: {} sec'.format(➡
    ...:     (b-a)/100))
    ...:     a = time.time()
    ...:     for _ in range(100):
    ...:         X *= 4
    ...:         X += Y*3
    ...:         X = np.ones(100000000, dtype='int8')
    ...:     b = time.time()
```

```
...:        print('X *= 4; X += Y*3: {} sec'.format(⇒
           (b-a)/100))
...:        a = time.time()
...:        for _ in range(100):
...:            np.multiply(X, 4, out=X)
...:            np.multiply(Y, 3, out=Y)
...:            np.add(X, Y, out=X)
...:            X = np.ones(100000000, dtype='int8')
...:        b = time.time()
...:        print("using functions: {} sec".format(⇒
           (b-a)/100))
```

执行上述代码，会得到类似下面的执行结果。

```
In [48]: test()
X = X*4 + Y*3: 0.15649971961975098 sec
X *= 4; X += Y*3: 0.11750322103500366 sec
using functions: 0.08618597984313965 sec
```

从上述结果可以看出，使用函数进行计算所需的时间更短。

🔷 1.8.3　数组的扁平化

对数组进行扁平化处理，可以使用 **flatten** 和 **ravel** 这两个函数。其中，**flatten** 函数创建数组经过一维化处理后的副本，并返回这个副本的引用；而 **ravel** 函数则是返回内存地址与原始数组相同的 **view** 对象。

由于 **ravel** 函数不创建副本，因此其执行速度要比创建副本的 **flatten** 函数更快。

关于这两个函数的详细内容，将在 2.18 节和 2.23 节中进行讲解。

```
In [49]: a = np.random.randn(2, 3, 9)
```

```
In [50]: b = a.ravel()
```

```
In [51]: c = a.flatten()

In [52]: a
Out[52]:
array([[[-0.08174386,  0.26572468,  0.567573  ,
         -1.38605284,  0.38670771,  1.18548385,
          0.60952909, -0.73427919,  0.1827606 ],
        [ 1.56150254,  0.78448663,  0.79470278,
         -1.68160908,  1.65006098,  0.30753166,
          0.26845956, -0.61851187,  0.43305801],
        [ 0.46361119, -1.8501969 ,  0.67521371,
          1.5689528 ,  0.76623727,  0.61117491,
          2.10937054, -0.11104958,  0.0083282 ]],

       [[ 0.20375639,  1.95139355, -0.68546597,
          1.08584989,  1.69015733, -0.48769387,
          2.2704154 , -0.70044442,  -0.3769095 ],
        [ 0.12435112, -0.58086285,  1.35984034,
          0.38650113, -0.86224261,  0.21651296,
          1.46182258, -1.05273576, -0.65269428],
        [-0.82453928, -0.47707194,  1.57473802,
         -0.40136323,  2.25313411,  0.31413172,
         -0.37410255, -0.38898   , -0.99284404]]])

In [53]: a[0,0,0] = 129

In [54]: a[0,0,0], b[0], c[0]
Out[54]: (129.0, 129.0, -0.081743863020672075)
```

🔷 1.8.4 fancy indexing

如果指定使用特殊的索引值，通常都会生成副本。

```
In [55]: a = np.random.randint(10, size=100)

In [56]: a
Out[56]:
array([2, 5, 8, 4, 2, 3, 8, 6, 7, 4, 2, 5, 7, 7, 5, 1, 9,
```

```
                 5, 8, 7, 7, 4, 9, 4, 8, 4, 4, 4, 2, 0, 9, 6, 9, 2,
                 9, 5, 6, 8, 9, 6, 0, 9, 2, 6, 4, 9, 8, 7, 5, 7, 1,
                 0, 2, 0, 1, 6, 5, 9, 9, 2, 4, 0, 3, 2, 1, 7, 6, 4,
                 6, 3, 0, 7, 2, 6, 0, 0, 2, 8, 8, 3, 3, 5, 8, 8, 4,
                 7, 9, 7, 7, 8, 1, 2, 3, 0, 2, 7, 8, 2, 3, 1])
```

In [57]: **n = a%3==0**   # 3的倍数的位置上是True

In [58]: **n**
Out[58]:
```
array([False, False, False, False, False,  True, False,
        True, False, False, False, False, False, False,
       False, False,  True, False, False, False, False,
       False,  True, False, False, False, False, False,
       False,  True,  True,  True,  True, False,  True,
       False,  True, False,  True,  True,  True,  True,
       False,  True, False,  True, False, False, False,
       False, False,  True, False,  True, False,  True,
       False,  True,  True, False, False,  True,  True,
       False, False, False,  True, False,  True,  True,
        True, False, False,  True,  True,  True, False,
       False, False,  True,  True, False, False, False,
       False, False,  True, False, False, False, False,
       False,  True,  True, False, False, False, False,
        True, False], dtype=bool)
```

In [59]: **a[n]**   # 将3的倍数的元素提取出来
Out[59]:
```
array([3, 6, 9, 9, 0, 9, 6, 9, 9, 6, 9, 6, 0, 9, 6, 9, 0,
       0, 6, 9, 9, 0, 3, 6, 6, 3, 0, 6, 0, 0, 3, 3, 9, 3,
       0, 3])
```

In [60]: **k = a[n]**

In [61]: **np.may_share_memory(a, k)** # 用于确认内存是否是共享的
函数。详细内容将在1.8.5小节中进行讲解
Out[61]: False

In [62]: **f = a[np.arange(0, 10, 2)]**

In [63]: **np.may_share_memory(a, f)**
Out[63]: False
```
```

🔷 1.8.5　副本和视图的分辨方法

　　如果在每次进行代入时都需要确认结果是副本还是视图，是非常麻烦的事情。不过有更简单的方法可以进行确认。

● 使用 may_share_memory 的分辨方法

　　最简单的方法就是使用 NumPy 中提供的 **may_share_memory** 函数进行判断。使用这个函数可以对参数中所指定的两个数组所引用的内存空间是否是同一个地址进行判断。不过这个判断并不是非常严谨，即使调用结果中返回的是 **True**，也不表示两个数组的内存就一定是共享的，不过通常都可以相信这个函数的执行结果。

　　如果函数返回的结果是 **False**，那么可以完全信任这个结果（虽然这个函数返回 True 可能是错的，但是返回 False 肯定是对的）。这个函数的实现之所以被设计成这样，是因为如果将原本是视图的对象错当成副本对象使用，可能会导致致命性的错误；而相反地，即使将副本对象错误地当作视图对象使用，也不会出现无意中破坏数据结构的错误，因而问题不大。

　　如果需要更为准确的答案，系统还提供了 **share_memory** 函数，推荐使用这个函数进行判断。但是缺点是这个函数的执行时间要比 **may_share_memory** 长一些。

```
In [64]: a = np.array([1, 2, 3])

In [65]: b = a

In [66]: c = b

In [67]: d = a.copy()

In [68]: np.may_share_memory(a, b)   # 如果是True, 则说明b是a的视图
Out[68]: True

In [69]: np.may_share_memory(a, c)   # 这里也返回True
Out[69]: True
```

```
In [70]: np.may_share_memory(a, d)  # 由于d是a的副本,因此返回False
Out[70]: False

In [71]: np.shares_memory(a, b)  # 更严谨的判断使用share_memory函数
Out[71]: True

In [72]: np.shares_memory(a, d)
Out[72]: False
```

● 使用base属性的分辨方法

除此之外,还可以使用**base**属性。当返回结果是原始数组的视图时,**base**属性中包含的就是视图所引用的数组。但是,这个属性只是简单地返回上一个数组,因此,如果视图的**base**与原始数组不同,返回的就只是前一个视图对象而已。

因此,使用这个属性进行判断并不是很方便。

如果仅仅是为了判断结果是副本还是视图,不推荐使用**base**属性进行判断。

> 📋 **MEMO**
>
> 参考
>
> ● 内置函数——Python 3.6.5官方文档
> URL https://docs.python.org/zh-cn/3/library/functions.html#id

第2章　NumPy 与数组操作

　　NumPy的代码与使用其他第三方软件库编写的代码不同，对于没有专门学习过NumPy的人来说，这些代码看上去更像是黑魔法。

　　在第1章中，通过对ndarray的原理和结构的学习，大家现在已经对ndarray数组的操作方法有了一定程度的理解。接下来，只要掌握了本章中所介绍的函数的使用方法，就能够编写出更为简洁的代码，实现更加复杂的处理。当然，如果开发人员对这些函数毫不了解，那么使用NumPy编写程序是绝无可能的事情。对于初学者而言，建议牢记这些基础函数的使用方法，以便为能灵活运用打下基础。如果读者对这部分基础知识已经非常熟悉了，直接跳过本章的学习也是完全没有问题的。

> ⓘ 注意事项
>
> ### 关于Windows平台的输出结果
>
> 　　本书中的示例代码所产生的输出结果都是基于macOS平台的。在Windows平台上，Out的输出结果的末尾有时会显示"，dype=int64)"。另外，与执行速度相关的输出结果也多少会与实际结果有差异。在阅读相关内容时请留意。

2.1 数组形状变换函数

在第1章曾介绍过，NumPy数组中存在名为shape的属性。

本节将对NumPy数组的形状变换函数reshape以及具有类似功能的resize函数进行讲解。

形状变换是在任何情况使用频度都非常高的功能。通过学习本章中所讲解的使用方法，相信一定会对大家理解和运用NumPy有所助益。

接下来，将以NumPy的API文档为参考进行具体的讲解。

2.1.1 np.reshape

首先对平时最为常用的np.reshape进行讲解。

np.reshape

```
np.reshape(a, newshape, order='C')
```

● np.reshape 的参数

np.reshape中所使用的参数见表2.1。

表2.1　np.reshape的参数

参数名	类　型	概　要
a	array_like（类似数组的对象）	变换前的数组
newshape	int或int元组或列表	用于指定数组变换后的shape，如果指定的是int型，则变换后得到包含所指定元素个数的一维数组；如果指定的是元组或者列表类型，则将其作为变换后的shape进行指定
order	'C' 'F' 'A' 中任意一项	根据指定的模式读取索引并对数组进行重塑

● np.reshape 的返回值

np.reshape 返回经过形状变换后得到的 ndarray。

np.reshape 的参数中,第一个参数指定变换前的 ndarray,第二个参数指定数组变换后的形状(shape),最后的第三个参数是类似 FORTRAN 语言中用于指定排序方式的值,一般很少使用。

需要注意的是,在对数组的 shape 进行指定时,如果使用类似(n, –1)这样包含 –1 的形状,函数就会自动匹配元素的数量,输出 n×m 的二维数组。这里的 m 是根据原有数组的元素数量自动匹配得到的值,因此保证了变形前数组元素的数量与变形后的元素数量是一致的。

通过下列代码对这个函数的使用方法进行确认。

```
In [1]: import numpy as np

In [2]: a = np.arange(12)            # 创建一个一维数组

In [3]: a
Out[3]: array([ 0,  1,  2,  3,  4,  5,  6,  7,  8,  9, ➡
10, 11])

In [4]: b = np.reshape(a, (3, 4))    # 变形为 3×4 的二维数组

In [5]: b                            # 确认变形是否成功
Out[5]:
array([[ 0,  1,  2,  3],
       [ 4,  5,  6,  7],
       [ 8,  9, 10, 11]])
```

将原本包含 12 个元素的 ndarray 对象作为第一个参数,第二个参数 **newshape** 指定为 **(3, 4)**,就可以将其转换成 3×4 的多维数组。

变形前的 ndarray 中的元素与变形后的 ndarray 中的元素是共享内存的,因此,如果对变形后的某个值进行修改,会导致变形前的值同时被修改。

```
In [6]: b[0, 1] = 0                  # 更改其中一个元素的值

In [7]: b
```

```
Out[7]:
array([[ 0,  0,  2,  3],
       [ 4,  5,  6,  7],
       [ 8,  9, 10, 11]])
```

```
In [8]: a                           # a中相应元素的值也发生了变化
Out[8]: array([ 0,  0,  2,  3,  4,  5,  6,  7,  8,  9, ➡
10, 11])
```

接下来，看一下第三个参数 order 的使用方法。

```
In [9]: c = np.arange(12)      # 再次创建相同的数组
```

```
In [10]: d = np.reshape(c, (3,4), order='C') ➡
# 通过指定order参数，可以改变元素的排列顺序
```

```
In [11]: d                 # 'C' 为默认设置，因此输出的结果仍然是一样的
Out[11]:
array([[ 0,  1,  2,  3],
       [ 4,  5,  6,  7],
       [ 8,  9, 10, 11]])
```

```
In [12]: d = np.reshape(c, (3, 4), order='F')  # 如果将order
# 设置为'F'，则首先对高维度元素的索引进行变形
```

```
In [13]: d
Out[13]:
array([[ 0,  3,  6,  9],
       [ 1,  4,  7, 10],
       [ 2,  5,  8, 11]])
```

如果变形前的元素数量与变形后的元素数量不一致，就意味着指定的参数不正确，因此会导致 ValueError 这一异常发生。此外，如果指定 –1，函数就会自动根据原有数组的元素数量设置适当的变形值。

```
In [14]: np.reshape(c, (3, 5)) ➡
# 如果变形后的数组的 shape 与元素数量不匹配，就会导致运行时错误发生
----------------------------------------------------------
（显示的错误信息）
```

ValueError: cannot reshape array of size 12 into shape(3,5)

In [15]: **a = np.arange(12)**　　　　　# 再次创建同一数组
In [16]: **np.reshape(a, (3, -1))**　➡
将shape指定为 (n, -1)，就会得到 n×m（m是对数组中元素数量进行
适配得到的值）的数组
Out[16]:
array([[0, 1, 2, 3],
       [4, 5, 6, 7],
       [8, 9, 10, 11]])

In [17]: **np.reshape(a, (-1, 6))**　　　# 尝试设置不同的值
Out[17]:
array([[0, 1, 2, 3, 4, 5],
       [6, 7, 8, 9, 10, 11]])

○ np.arange

　　np.arange 具有与 np.reshape 完全相同的功能。

　　通过下面的代码对其进行确认。

In [18]: **a = np.arange(12).reshape((3, 4))**

In [19]: **a**
Out[19]:
array([[0, 1, 2, 3],
       [4, 5, 6, 7],
       [8, 9, 10, 11]])

In [20]: **b = np.arange(12).reshape((3, -1))** # 也可以使用-1

In [21]: **b**
Out[21]:
array([[0, 1, 2, 3],
       [4, 5, 6, 7],
       [8, 9, 10, 11]])

```
In [22]: c = np.arange(15).reshape((3, 4)) ➡
# 如果元素数量与输出的数组不同，就会导致运行时发生错误
---------------------------------------------------------------
（显示的错误信息）
ValueError: cannot reshape array of size 15 into shape(3,4)
```

🔵 2.1.2　np.resize

接下来介绍与 **np.reshape** 具有相同功能的 **np.resize** 函数。

np.resize

```
np.resize(a, newshape)
```

● np.resize 的参数

np.resize 中所使用的参数见表 2.2。

表 2.2　np.resize 的参数

参数名	类　型	概　要
a	array_like（类似数组的对象）	变换前的数组
newshape	int 或 int 元组	用于指定数组变化后的 shape。如果指定的是 int 型，则变换后得到包含所指定元素个数的一维数组；如果指定的是元组或列表类型，则将其作为变换后的 shape 进行指定

● np.resize 的返回值

np.resize 返回经过形状变换后得到的 ndarray。

np.resize 的变换方式大致上和 np.reshape 是一样的，只不过它的参数中不包含 order。

此外，当变形后的数组与变形前的数组的元素数量不一致时，其行为是不同的。使用 np.reshape 函数进行变换时，变形前与变形后的元素数量不一致，会导致运行时错误发生，而使用 np.resize 函数进行变换时，变形前后的元素数量不一致并不会导致运行时错误发生，程序会强制执行代码。

通过下列代码来看一下执行之后会出现什么样的结果。

```
In [23]: a = np.arange(12)

In [24]: np.reshape(a, (3, 4))    # 首先创建一个 3 × 4 的二维数组
Out[24]:
array([[ 0,  1,  2,  3],
       [ 4,  5,  6,  7],
       [ 8,  9, 10, 11]])

In [25]: np.resize(a, (3, 5))    ➡
# 当数组的尺寸大于元素数量时，原有的元素会被重复使用
Out[25]:
array([[ 0,  1,  2,  3,  4],
       [ 5,  6,  7,  8,  9],
       [10, 11,  0,  1,  2]])

In [26]: np.resize(a, (3, 2))    ➡
# 当数组的尺寸小于元素数量时，原有的元素不会全部被使用
Out[26]:
array([[0, 1],
       [2, 3],
       [4, 5]])
```

另外，使用 np.reshape 进行变换时，变换后与变换前的元素是共享内存的，而使用 np.resize 进行变换时，元素不会共享内存。因此，即使对变形后数组中的某个值进行修改，也不会导致变形前的值同时被修改。

```
In [27]: b = np.resize(a, (3, 4))

In [28]: b[0, 1] = 0              # 修改数组中的元素

In [29]: b
Out[29]:
array([[ 0,  0,  2,  3],
       [ 4,  5,  6,  7],
       [ 8,  9, 10, 11]])

In [30]: a                        # 原有数组中的元素并没有同时被修改
Out[30]: array([ 0,  1,  2,  3,  4,  5,  6,  7,  8,  9, ➡
10, 11])
```

2.1.3　ndarray.resize

和np.reshape一样，np.resize也有同样名称的方法。

ndarray.resize

```
ndarray.resize(newshape, refcheck=True)
```

● ndarray.resize 的参数

ndarray.resize中使用的参数见表2.3。

表2.3　ndarray.resize 的参数

参数名	类　型	概　要
newshape	int 或 int 元组	用于指定数组变换后的shape。如果指定的是int型，则变换后得到包含所指定元素个数的一维数组；如果指定的是元组类型，则将其作为变换后的shape进行指定
refcheck	bool 值	（可以省略）初始值为True。如果值为False，则不检查引用计数器

● ndarray.resize 的返回值

ndarray.resize返回经过形状变换后得到的ndarray。

使用np.resize进行变换时，即使变换前与变换后的元素数量不一致，也会强制执行变形操作，而这里的处理与np.reshape一样，变换前后的元素数量不一致时会导致ValueError这一异常发生。

```
In [31]: a = np.arange(12)          # 创建一个变形前的数组

In [32]: a.resize((3, 4))           # 变形

In [33]: a
Out[33]:
array([[ 0,  1,  2,  3],
       [ 4,  5,  6,  7],
       [ 8,  9, 10, 11]])
```

```
In [34]: a.resize((3, 5))  # 和之前的np.resize函数调用不同，变
```
形后的数组的shape与元素数量不匹配，因此会导致运行时错误发生

（显示的错误信息）
```
ValueError: cannot resize an array that references or ➡
is referenced by another array in this way.  Use the ➡
resize function
```

　　此外，在这个函数中，新增了refcheck选项作为参数。将refcheck指定为False，就会和之前讲解过的resize一样，无论元素数量是否与变形前的一致，都会输出新的shape的数组。

```
In [35]]: a.resize((3, 5), refcheck=False)  ➡
```
将参数refcheck指定为False，程序会自动匹配数组的形状并填充
相应的元素值。但是，对于欠缺的元素使用0值进行填充

```
In [36]: a
Out[36]:
array([[ 0,  1,  2,  3,  4],
       [ 5,  6,  7,  8,  9],
       [10, 11,  0,  0,  0]])
```

```
In [37]: b = np.arange(12)           # 再次创建一个新的数组

In [37]: c = b                       # 将b代入c中

In [38]: c.resize((3, 4))            # 只对c进行变形

In [39]: c
Out[39]:
array([[ 0,  1,  2,  3],
       [ 4,  5,  6,  7],
       [ 8,  9, 10, 11]])
```

```
In [40]: b                # 对数组c所做的改动也会被反映到数组b中
Out[40]:
array([[ 0,  1,  2,  3],
       [ 4,  5,  6,  7],
       [ 8,  9, 10, 11]])
```

2.1.4　np.reshape 与 np.resize 等的区别

最后，将 **np.reshape** 与 **np.resize** 等的区别进行归纳，见表2.4。

表2.4　np.reshape 与 np.resize 等的区别

函数名	变形前后的数组元素数量不一致时的行为	有无参数 order	元素变更的影响
np.reshape	出现运行时错误	有	有
ndarray.reshape	出现运行时错误	有	有
np.resize	匹配变形后的数组的shape进行输出。当变形后数组的尺寸大于元素数量时，将从头开始使用原有的元素进行重复填充	无	无
ndarray.resize	如果设置refcheck=True默认，则会导致错误发生；如果设置refcheck=False，则程序会匹配变形后的shape对元素进行填充。当变形后的元素数量大于原有元素数量时，欠缺的元素会使用0进行填充	无	有

2.2 添加元素到数组末尾的函数

在向Python的列表中添加元素时，可以使用append函数，实际上NumPy软件库中也提供了同样的函数。那么本节将对在NumPy中所使用的append函数的用法进行讲解。

◉ 2.2.1 Python列表的append方法

如果在Python的列表中使用**append**方法，就可以在数组的末尾添加元素。例如，可以像下面这样使用列表中的方法。

```
In [1]: a = [1, 2, 3]

In [2]: a.append(2)

In [3]: a
Out[3]: [1, 2, 3, 2]
```

此外，在Python的列表中还包含名为**extend**的方法。**extend**可以通过指定数组为参数，对指定的数组中的元素与原有列表中的元素进行合并。

```
In [4]: a = [1, 2, 3]

In [5]: a.extend([4, 5, 6])

In [6]: a
Out[6]: [1, 2, 3, 4, 5, 6]
```

另外，在NumPy软件库中，也同样提供了名为np.append的函数，从这个函数只允许指定数组为参数来看，其功能实际上更接近于extend方法。再加上append的内部实现时会对元素数据进行复制，所以实际执行起来的速度比想象中要慢，而且容易造成理解上的混乱，所以在阅读代码和编写代码时需要注意。

2.2.2　np.append

所谓np.append，是指在数组的末尾添加指定的元素，并生成新的数组的函数。

np.append

```
np.append(arr, values, axis=None)
```

● np.append 的参数

np.append 中使用的参数见表2.5。

表2.5　np.append 的参数

参数名	类　型	概　要
arr	array_like（类似数组的对象）	用于指定需要添加元素的数组
values	array_like（类似数组的对象）	用于指定需要添加的元素或数组
axis	int	（可以省略）初始值为None。指定在哪个坐标轴方向上使用append 函数进行运算

● np.append 的返回值

np.append 返回添加了元素之后得到的ndarray。

np.append 的参数中，第一个参数指定原有的数组，第二个参数指定需要添加的元素的数组，第三个参数指定添加数组的坐标轴的参数。如果不指定第三个参数，无论第一个参数和第二个参数指定的数组是什么形状，生成的都是一维数组。

接下来将通过下面的代码进行确认。

```
In [7]: import numpy as np

In [8]: a = np.arange(12)

In [9]: np.append(a, [6, 4, 2])     # 在a的末尾添加元素
Out[9]: array([ 0,  1,  2,  3,  4,  5,  6,  7,  8,  9, ➡
10, 11,  6,  4,  2])
```

```
In [10]: b = np.arange(12).reshape((3, 4))

In [11]: b
Out[11]:
array([[ 0,  1,  2,  3],
       [ 4,  5,  6,  7],
       [ 8,  9, 10, 11]])

In [12]: np.append(b, [1, 2, 3, 4])    ➡
# 如果不指定axis，返回的就是一维数组
Out[12]: array([ 0,  1,  2,  3,  4,  5,  6,  7,  8,  ➡
9, 10, 11,  1,  2,  3,  4])
```

　　如果指定了第三个参数的axis，程序就会按照指定的坐标轴方向对元素进行添加操作。但是，如果添加前的数组与添加后的数组的shape不一致，就会导致运行时产生错误。

```
In [13]: b
Out[13]:
array([[ 0,  1,  2,  3],
       [ 4,  5,  6,  7],
       [ 8,  9, 10, 11]])

In [14]: np.append(b, [[12, 13, 14, 15]], axis=0)
Out[14]:
array([[ 0,  1,  2,  3],
       [ 4,  5,  6,  7],
       [ 8,  9, 10, 11],
       [12, 13, 14, 15]])

In [15]: np.append(b, [12, 13, 14, 15], axis=0)  ➡
# shape不一致时，会导致运行时产生错误
--------------------------------------------------------
（显示的错误信息）
ValueError: all the input arrays must have same number  ➡
of dimensions
```

　　接下来看一下axis的使用方法。

```
In [16]: c = np.arange(12).reshape((3, 4))

In [17]: c
Out[17]:
array([[ 0,  1,  2,  3],
       [ 4,  5,  6,  7],
       [ 8,  9, 10, 11]])

In [18]: d = np.linspace(0, 26, 12).reshape(3, 4) ➡
# 这次创建和 c 一样 shape 的数组

In [19]: d
Out[19]:
array([[  0.        ,   2.36363636,   4.72727273,  ➡
7.09090909],
       [  9.45454545,  11.81818182,  14.18181818,  ➡
16.54545455],
       [ 18.90909091,  21.27272727,  23.63636364,  ➡
26.        ]])

In [20]: np.append(c,d, axis=0) ➡
# 指定 axis 为 0 时, 将在行方向上对元素进行添加
Out[20]:
array([[  0.        ,   1.        ,   2.        ,  ➡
3.        ],
       [  4.        ,   5.        ,   6.        ,  ➡
7.        ],
       [  8.        ,   9.        ,  10.        ,  ➡
11.        ],
       [  0.        ,   2.36363636,   4.72727273,  ➡
7.09090909],
       [  9.45454545,  11.81818182,  14.18181818,  ➡
16.54545455],
       [ 18.90909091,  21.27272727,  23.63636364,  ➡
26.        ]])

In [21]: np.append(c, d, axis=1) ➡
# 指定 axis 为 1 时, 将在列方向上对元素进行添加
```

```
Out[21]:
array([[  0.         ,  1.         ,  2.         ,  ➡
3.         ,
          0.         ,  2.36363636,  4.72727273,
7.09090909],
       [  4.         ,  5.         ,  6.         ,  ➡
7.         ,
          9.45454545, 11.81818182, 14.18181818,
16.54545455],
       [  8.         ,  9.         , 10.         ,  ➡
11.         ,
         18.90909091, 21.27272727, 23.63636364,  ➡
26.         ]])
```

2.2.3　性能对比

　　由于NumPy中的ndarray是以处理多维数组为目的的类，因此会事先确保系统有足够的内存空间供其使用。而如果使用np.append，原先的shape会遭到破坏，而且其内部实现会对元素进行复制，所以有时会导致处理速度减慢。

　　另外，Python的列表是用于存储长度可变元素的向量类型。程序会事先申请比实际所需稍大的内存空间，所以并不会每次都对元素进行复制。

　　接下来将编写同样的代码，对ndarray与Python的列表的性能进行比较。

```
In [22]: def np_append():
    ...:     a = np.array([1, 2, 3])
    ...:     for i in range(10000):
    ...:         a = np.append(a, [i])
    ...:     return a

In [23]: def list_append():
    ...:     a = [1, 2, 3]
    ...:     for i in range(10000):
    ...:         a.append(i)
    ...:     return np.array(a)
```

```
In [24]: %timeit np_append()
10 loops, best of 3: 69.6 ms per loop

In [25]: %timeit list_append()
1000 loops, best of 3: 1.35 ms per loop
```

　　从上面的代码可以看出，Python的列表的性能更高。如果在编写代码时，留心其中数据结构的特点，就能够实现性能提高几倍的高速处理，达到优化程序源代码性能的目的。

✎ 读书笔记

2.3 数组的真假值判断函数

在NumPy中，包含使用ndarray元素对真假值进行判断的np.all和np.any这两个很方便的函数。应当记住这两个函数的使用方法，因为当元素中含有错误的值时，或者在确认执行结果时使用这两个函数，操作将更为简便。

np.all函数在元素全部为True的情况下返回True，np.any函数只要某个元素为True就返回True。只要元素不为0或False，其他元素全部为True。

● 2.3.1 np.all

首先对np.all进行讲解。

np.all

```
np.all(a, axis=None, out=None, keepdims=False)
```

○ np.all 的参数

np.all 中使用的参数见表2.6。

表2.6 np.all 的参数

参数名	类 型	概 要
a	array_like（类似数组的对象）	用于指定输入的数组，或者可以变换成数组的对象
axis	None、int或int元组	（可以省略）初始值为None，用于指定从哪个坐标轴方向上对元素进行访问
out	ndarray	（可以省略）初始值为None，用于指定保存结果的数组
keepdims	bool值	（可以省略）初始值为False，用于指定在输出结果时，对于元素数量为1的维度是否也原样保留。如果指定为True，针对原有的数组自动使用广播机制进行计算

● np.all 的返回值

np.all 返回将 bool 值作为元素的数组。

同样地，在 ndarray 类中也提供了 all 方法，其使用方法也完全是一样的。

关于其中的参数，首先使用 a 指定作为条件的数组，使用 axis 指定条件的搜索范围；然后使用 out 指定保存结果的地方，使用 keepdims 指定输出的结果是否和 a 的维度相同。

指定 keepdims=True，就可以对原有的数组使用广播机制进行计算。

● 指定数组

使用实际的代码确认使用方法。首先，从仅指定数组开始进行尝试。

```
In [1]: import numpy as np

In [2]: a = np.array([
   ...: [1, 1, 1],
   ...: [1, 0, 0],
   ...: [1, 0, 1],
   ...: ])

In [3]: np.all(a)      # a的元素为1时返回True，为0时返回False
Out[3]: False

In [4]: b = np.ones((3, 3))

In [5]: np.all(b)
Out[5]: True

In [6]: np.all(a<2)    # a的元素全部都小于2时返回True
Out[6]: True

In [7]: np.all(b%3<2) # 除以3之后的余数小于2
Out[7]: True
```

然后对 axis 进行指定。

```
In [8]: np.all(a, axis=0)      # 从行的方向上遍历元素
Out[8]: array([ True, False, False])

In [9]: np.all(a, axis=1)      # 从列的方向上遍历元素
Out[9]: array([ True, False, False])

In [10]: a[2,0] = 0

In [11]: a
Out[11]:
array([[1, 1, 1],
       [1, 0, 0],
       [0, 0, 1]])

In [12]: np.all(a, axis=0)
Out[12]: array([False, False, False])
```

最后再指定keepdims=True，对维度进行保留。

```
In [13]: np.all(a, axis=0, keepdims=True) # 指定 keepdims=True
Out[13]: array([[False, False, False]])
```

当然，使用np.ndarray.all也可以实现同样的操作。

```
In [14]: a.all()
Out[14]: False

In [15]: b.all()
Out[15]: True

In [16]: a.all(axis=1)                     # 列方向
Out[16]: array([ True, False, False])

In [17]: (a<2).all()
Out[17]: True

In [18]: a.all(keepdims=True)
Out[18]: array([[False]])
```

🔵 2.3.2　np.any

　　接下来将对np.any进行讲解。np.any的使用方法与np.all完全相同，只不过，其返回的结果是不同的。np.any正如其名称一样，在对象范围内哪怕只有一个元素为True，其返回的结果就是True。

　　同样地，在ndarray中也存在函数np.ndarray.any。

np.any

```
np.any(a, axis=None, out=None, keepdims=False)
```

● np.any 的参数

　　np.any 中使用的参数见表2.7。

表2.7　np.any的参数

参数名	类　型	概　要
a	array_like（类似数组的对象）	用于指定输入的数组，或者可以变换成数组的对象
axis	None、int或int元组	（可以省略）初始值为None，用于指定从哪个坐标轴方向上对元素进行访问
out	ndarray	（可以省略）初始值为None，用于指定保存结果的数组
keepdims	bool值	（可以省略）初始值为False，用于指定在输出结果时，元素数量为1的维度是否也原样保留。如果指定为True，针对原有的数组自动使用广播机制进行计算

● np.any的返回值

　　np.any返回将bool值作为元素的数组。
　　接下来使用实际的代码进行确认。

```
In [19]: a = np.random.randint(10, size=(2, 3))

In [20]: a
Out[20]:
```

```
array([[9, 8, 6],
       [4, 6, 4]])
```

In [21]: **np.any(a==9)** # 查找a的元素中是否包含元素9。因为这里包
                           # 含有元素9，所以返回True
Out[21]: True

In [22]: **np.any(a==5)** # 这种情况下，数值为5的元素一个都没有，所以
                           # 返回False
Out[22]: False

In [23]: **np.any(a%2==0, axis=0)**   # 从行的方向上遍历元素
Out[23]: array([True,   True,   True], dtype=bool)

In [24]: **np.any(a%2==1, axis=1)**   # 从列的方向上遍历元素
Out[24]: array([True, False], dtype=bool)

然后指定keepdims=True，并确认代码的执行结果。

In [25]: **np.any(a%2==1, axis=1, keepdims=True)** ➡
指定keepdims=True，对维度进行保留
Out[25]:
array([[True],
       [False]], dtype=bool)

In [26]: **np.any(a>2, keepdims=True)**
Out[26]: array([[True]], dtype=bool)

由于NumPy的数组（ndarray）是np.ndarray对象，因此针对上述示例代码，其中的np.ndarray.any也可以使用a.any进行调用。还有，即使是a%5==0这一部分，由于其执行结果返回的也是np.ndarray，因此也可以使用同样的方式调用。

In [27]: **(a%5==0).any()**
Out[27]: False

In [28]: **(a>3).any()**
Out[28]: True

In [29]: **b = np.random.randint(10, size=(2, 3))**

```
In [30]: b
Out[30]:
array([[8, 6, 4],
       [3, 0, 4]])

In [31]: (a==b).any(axis=1)
Out[31]: array([False,  True], dtype=bool)

In [32]: (a==b).any(axis=1, keepdims=True)
Out[32]:
array([[False],
       [ True]], dtype=bool)
```

📝 **MEMO**

● numpy.all – NumPy v1.14 Manual - NumPy and SciPy Documentation
URL https://docs.scipy.org/doc/numpy-1.14.0/reference/generated/
numpy.all.html

● numpy.ndarray.all – NumPy v1.14 Manual - NumPy and SciPy
Documentation
URL https://docs.scipy.org/doc/numpy-1.14.0/reference/generated/
numpy.ndarray.all.html

● numpy.any – NumPy v1.14 Manual - NumPy and SciPy Documentation
URL https://docs.scipy.org/doc/numpy-1.14.0/reference/generated/
numpy.any.html

● numpy.ndarray.any – NumPy v1.14 Manual - NumPy and SciPy
Documentation
URL https://docs.scipy.org/doc/numpy-1.14.0/reference/generated/
numpy.ndarray.any.html

NumPy与数组操作

2.4 指定条件获取元素索引的函数

NumPy 中的 ndarray 可以通过使用 np.where 指定条件表达式，获取目标元素的索引。

当需要获取直方图的索引时，或者需要设置阈值对值进行限制时，使用这个函数是非常方便的，记住这个函数的使用方法，在今后的编程实践中一定会有所助益。

2.4.1 np.where

np.where 是用于对满足条件的元素的索引进行返回的函数。

np.where

```
np.where(condition[, x, y])
```

● np.where 的参数

np.where 中所使用的参数见表 2.8。

表 2.8 np.where 的参数

参数名	类　型	概　要
condition	array_like（类似数组的对象）或者 bool 值	用于指定条件或 bool 值
x,y	array_like（类似数组的对象）	（可以省略）对于 condition 指定的条件或 bool 值，如果指定 True，返回 x；如果指定 False，则返回 y。x、y 的 shape 与原有的数组自动对齐。（指定时需要同时对 x、y 进行指定）

● np.where 的返回值

np.where 返回所提取的 ndarray 元素的索引。如果原有的 ndarray 为二维数组，则返回两个按照每个维度保存了索引值的一维数组。

如果指定了 x 和 y，就会返回元素被转换成 x 或 y 的 ndarray。

可以像如下的示例代码一样，在索引部分指定条件，就可以获取目标元素。

```
In [1]: import numpy as np

In [2]: a = np.array([10, 12, 9, 3, 19])

In [3]: a[a<10]
Out[3]: array([9, 3])
```

使用np.where函数，获取的返回值不是数值，而是索引。

2.4.2 条件的指定

基本的使用方法是只对第一个参数中的条件进行指定。可以通过如下的方式在第一个参数中指定条件表达式，实现对满足条件的元素的索引进行获取。

```
In [4]: a = np.arange(20, 0, -2)    # 首先创建一维数组

In [5]: a
Out[5]: array([20, 18, 16, 14, 12, 10, 8, 6, 4, 2])

In [6]: np.where(a < 10)              # 获取小于10的索引
Out[6]: (array([6, 7, 8, 9]),)

In [7]: a[np.where(a < 10)]
Out[7]: array([8, 6, 4, 2]) # 可以看到获取的只是小于10的元素的索引
```

接下来将使用多维数组进行尝试。

```
In [8]: a = np.arange(12).reshape((3, 4)) # 指定为3×4的二维数组

In [9]: a
Out[9]:
array([[ 0,  1,  2,  3],
```

```
          [ 4,   5,   6,   7],
          [ 8,   9,  10,  11]])

In [10]: np.where(a % 2 == 0)              # 只取出偶数元素
的索引
Out[10]: (array([0, 0, 1, 1, 2, 2]),
array([0, 2, 0, 2, 0, 2]))
```

上述代码可能会让人有些困惑，实际上取得的同样是索引。即获取的是行和列的索引，可以看到对应的(0，0)或(0，2)是偶数。

2.4.3 使用np.where的三元运算符

np.where可以像Python语言中的三元运算符那样使用。

在第一个参数中对需要提取的元素的条件进行指定，在第二个参数及之后的参数中，对满足条件时的值和不满足条件时的值进行指定。

可以灵活使用x和y，对数组中的一部分元素进行转换。

在指定了条件之后，再对满足条件时和不满足条件时所需返回的值进行指定，就会返回将该返回值作为元素的新的数组。

```
In [11]: np.where(a%2==0, 'even', 'odd')
# 偶数返回even，奇数返回odd
Out[11]:
array([['even', 'odd', 'even', 'odd'],
       ['even', 'odd', 'even', 'odd'],
       ['even', 'odd', 'even', 'odd']], dtype='<U4')

In [12]: np.where(a%2==0, 'even')
# 如果只设置True，就会导致运行时产生错误
---------------------------------------------------------
（显示的错误信息）
ValueError: either both or neither of x and y should be
given

In [13]: np.where(a%2==0, 'even', 'odd')
# 偶数返回even，奇数返回odd
Out[13]:
```

```
array([['even', 'odd', 'even', 'odd'],
       ['even', 'odd', 'even', 'odd'],
       ['even', 'odd', 'even', 'odd']],dtype='<U4')

In [14]: b = np.reshape(a, (3, 4))

In [15]: c = b ** 2

In [16]: c
Out[16]:
array([[  0,   1,   4,   9],
       [ 16,  25,  36,  49],
       [ 64,  81, 100, 121]])

In [17]: np.where(b%2==0, b, c)  # 只有奇数元素被转换成了c中的元素
Out[17]:
array([[  0,   1,   2,   9],
       [  4,  25,   6,  49],
       [  8,  81,  10, 121]])
```

最后对广播进行介绍。在最后的参数中，如果指定类似数组或元组这样可以迭代的值，在循环时就会使用通过迭代得到的数值进行替换。

```
In [18]: np.where(b%2==0, b, (10, 8, 6, 4)) ➡
# 运用广播机制，使用(10, 8, 6, 4)重复的值
Out[18]:
array([[  0,   8,   2,   4],
       [  4,   8,   6,   4],
       [  8,   8,  10,   4]])
```

2.5 最大值、最小值的筛选函数

从NumPy中的ndarray等集合元素中取得最大值时，需要使用np.amax函数或ndarray的ndarray.max方法。

如果掌握了下面这些使用方便的函数，在今后的研究或开发实践中，编写代码将变得更加容易，因此，建议大家牢记这些函数的使用方法。本节将对下列内容进行讲解。

- np.amax 的使用方法
- ndarray.max 的使用方法
- np.amin 的使用方法
- np.ndarray.min 的使用方法

amax、max和amin、min函数只有返回值是不同的，而使用方法是完全相同的。

2.5.1 np.amax

np.amax 函数的使用方法如下。

np.amax

```
np.amax(a, axis=None, out=None, keepdims=np.NoValue)
```

● np.amax 的参数

np.amax 函数中所使用的参数见表2.9。

表2.9 np.amax 的参数

参数名	类　型	概　要
a	array_like（类似数组的对象）	用于指定需要取得最大值的数组
axis	int	用于指定需要求取最大值的坐标轴方向。什么都不指定，将返回整个数组中的最大值

参数名	类　型	概　要
out	array_like（类似数组的对象）	（可以省略）初始值为None，指定用于保存返回值的数组或变量
keepdims	bool值	（可以省略）初始值为No Value，指定为True，将保留和原有数组相同的维度

● np.amax 的返回值

np.amax 对数组中的最大值进行返回。指定 axis，就会对最大值的数组进行返回。

可以按照如下方式使用函数。如果开始就指定了 ndarray，就会返回最大的元素。

```
In [1]: import numpy as np

In [2]: np.amax(np.array([1, 2, 3, 2, 1]))
Out[2]: 3
```

如果在第二个参数中指定 axis，就可以取得包含最大元素的 ndarray。

```
In [3]: arr = np.array([1, 2, 3, 4]).reshape((2, 2,))

In [4]: np.amax(arr, axis=0)
Out[4]: array([3, 4])

In [5]: np.amax(arr, axis=1)
Out[5]: array([2, 4])
```

在 keepdims 中指定 True，程序就会尝试保持原有的维度不变。

```
In [6]: np.amax(arr, keepdims=True)
Out[6]: array([[4]])
```

2.5.2　ndarray.max

ndarray 提供了与 amax 函数几乎完全相同的 ndarray.max 方法。

ndarray.max

```
np.ndarray.max(axis=None, out=None, keepdims=False)
```

⊚ ndarray.max 的参数

ndarray.max 方法中所使用的参数见表2.10。

表2.10　ndarray.max 的参数

参数名	类　型	概　要
axis	int	（可以省略）初始值为 None，用于指定需要求取最大值的坐标轴方向。如果是默认设置，返回的就是整个数组中的最大值
out	array_like（类似数组的对象）	（可以省略）初始值为 None，指定用于保存返回值的数组或变量
keepdims	bool值	（可以省略）初始值为 No Value，指定为 True，将保留和原有数组相同的维度

⊚ ndarray.max 的返回值

ndarray.max 对数组中的最大值进行返回。如果指定 axis，就会返回包含最大值的数组。

使用方法是写成 **(需要求取最大值的数组).max()** 形式的语句。对于参数，使用 axis 对需要求取最大值的坐标轴方向进行指定；使用 out 对用于保存返回值的数组或变量进行指定。

接下来，将在不指定任何参数的情况下，对执行结果进行确认。

```
In [7]: a = np.random.rand(20)        # 使用 rand 创建20个随机数

In [8]: a
Out[8]:
array([ 0.4079889 ,  0.42521661,  0.01628929,  ➡
0.50168737,  0.45866707,
        0.99267926,  0.13282352,  0.64414644,  ➡
0.57907025,  0.17062755,
        0.23940831,  0.2237168 ,  0.12609827,  ➡
0.3453716 ,  0.28070336,
        0.85881079,  0.1385899 ,  0.58527288,  ➡
0.49337656,  0.15560073])
```

```
In [9]: a.max()
Out[9]: 0.99267926168679588
In [10]: a = a.reshape((4, 5))

In [11]: a
Out[11]:
array([[ 0.4079889 ,  0.42521661,  0.01628929,  ➡
0.50168737,  0.45866707],
       [ 0.99267926,  0.13282352,  0.64414644,  ➡
0.57907025,  0.17062755],
       [ 0.23940831,  0.2237168 ,  0.12609827,  ➡
0.3453716 ,  0.28070336],
       [ 0.85881079,  0.1385899 ,  0.58527288,  ➡
0.49337656,  0.15560073]])

In [12]: a.max()
Out[12]: 0.99267926168679588
```

接下来将尝试对参数axis进行指定。

```
In [13]: a.max(axis=0) # 继续使用a求取最大值。首先求取每行的最大值
Out[13]: array([ 0.99267926,  0.42521661,  0.64414644,  ➡
0.57907025,  0.45866707])

In [14]: a.max(axis=1)                # 接着求取每列的最大值
Out[14]: array([ 0.50168737,  0.99267926,  0.3453716 ,  ➡
0.85881079])

In [15]: b = np.random.rand(30).reshape((2, 3, 5)) ➡
# 之后再使用三维数组进行尝试

In [16]: b
Out[16]:
array([[[ 0.81056237,  0.31374358,  0.3555333 ,  ➡
0.3677503 ,  0.10169583],
        [ 0.59097585,  0.33384972,  0.16766927,  ➡
0.11515705,  0.39226259],
        [ 0.90469703,  0.69470498,  0.84976873,  ➡
0.48029518,  0.26157859]],
```

```
        [[ 0.84307243,  0.55213584,  0.39988459,  ➡
0.76043728,  0.4109189 ],
        [ 0.61920673,  0.01330184,  0.77007339,  ➡
0.66456173,  0.53900658],
        [ 0.22458252,  0.38850737,  0.21106619,  ➡
0.54401199,  0.71752816]]])
```

```
In [17]: b.max(axis=0)  # 求取两个二维数组的元素中的最大值
Out[17]:
array([[ 0.84307243,  0.55213584,  0.39988459,  ➡
0.76043728,  0.4109189 ],
        [ 0.61920673,  0.33384972,  0.77007339,  ➡
0.66456173,  0.53900658],
        [ 0.90469703,  0.69470498,  0.84976873,  ➡
0.54401199,  0.71752816]])
```

```
In [18]: b.max(axis=1)      # 求取各个二维数组的行方向上的最大值
Out[18]:
array([[ 0.90469703,  0.69470498,  0.84976873,  ➡
0.48029518,  0.39226259],
        [ 0.84307243,  0.55213584,  0.77007339,  ➡
0.76043728,  0.71752816]])
```

```
In [19]: b.max(axis=2)      # 求取各个二维数组的列方向上的最大值
Out[19]:
array([[ 0.81056237,  0.59097585,  0.90469703],
        [ 0.84307243,  0.77007339,  0.71752816]])
```

只要元素中有一个元素包含 **NaN** 属性（参考 MEMO），程序就会将 **NaN** 作为最大值进行返回。

如果不想将 **NaN** 作为最大值进行返回，就需要使用 nanmax 函数。

 MEMO

关于 NaN

所谓 NaN，是指无法使用某个类型进行显示的数值，或者不存在有效的数值时所使用的特殊值，是 Not a Number 的简称。

```
In [20]: b = np.arange(10, dtype=np.float)

In [21]: b[3] = np.NaN                        # 将NaN代入

In [22]: b.max()
Out[22]: nan

In [23]: np.nanmax(b) ➡
# 使用nanmax，就会返回除NaN之外的元素中的最大值
Out[23]: 9.0
```

接下来，将对np.amin和ndarray.min进行讲解。正如在前面所介绍的，amax、max和amin、min只是返回值不同，它们的使用方法是完全一样的，因此在这里只进行简单说明。

🔷 2.5.3　np.amin

np.amin 函数的使用方法如下。

np.amin

```
np.amin(a, axis=None, out=None, keepdims=np.NoValue)
```

● np.amin 的参数

np.amin 函数中所使用的参数见表2.11。

表2.11　np.amin 的参数

参数名	类　型	概　要
a	array_like（类似数组的对象）	用于指定需要取得最小值的数组
axis	int	（可以省略）初始值为None，用于指定需要求取最小值的坐标轴方向。如果是默认设置，将返回整个数组中的最小值
out	array_like（类似数组的对象）	（可以省略）初始值为None，指定用于保存返回值的数组或变量
keepdims	bool值	（可以省略）初始值为No Value，如果指定为True，将保留和原有数组相同的维度

● np.amin 的返回值

np.amin 返回数组中元素的最小值，如果指定 axis，就会对包含最小值的数组进行返回。

示例代码如下。

```
In [24]: a = np.array([
    ...: [1.2, 1.3, 0.1, 1.5],
    ...: [2.1, 0.2, 0.3, 2.0],
    ...: [0.1, 0.5, 0.5, 2.3]])

In [25]: np.amin(a)          # 不对参数进行特别指定时
Out[25]: 0.1

In [26]: np.amin(a, axis=0)  # 在行方向上逐个对最小值进行提取
Out[26]: array([0.1, 0.2, 0.1, 1.5])

In [27]: np.amin(a, axis=1)  # 在列方向上逐个对最小值进行提取
Out[27]: array([0.1, 0.2, 0.1])

In [28]: np.amin(a, axis=0, keepdims=True) ➡
# 返回的不是一维数组，而是二维数组
Out[28]: array([[0.1, 0.2, 0.1, 1.5]])

In [29]: np.amin(a, axis=1, keepdims=True)
Out[29]:
array([[0.1],
       [0.2],
       [0.1]])

In [30]: a - np.amin(a, axis=1, keepdims=True) ➡
# 指定 keepdims=True，就可以使用广播机制
Out[30]:
array([[1.1, 1.2, 0. , 1.4],
       [1.9, 0. , 0.1, 1.8],
       [0. , 0.4, 0.4, 2.2]])

In [31]: a - np.amin(a, axis=1) ➡
# 如果不指定 keepdims=True，就无法顺利地进行计算
```

```
------------------------------------------------------------
（显示的错误信息）
ValueError: operands could not be broadcast together ➡
with shapes (3,4) (3,)
```

🔶 2.5.4　np.ndarray.min

　　np.ndarray.min 函数的使用方法如下。

np.ndarray.min

```
np.ndarray.min(axis=None, out=None, keepdims=False)
```

● np.ndarray.min 的参数

　　np.ndarray.min 函数中所使用的参数见表 2.12。

表 2.12　np.ndarray.min 的参数

参数名	类　型	概　要
axis	int	（可以省略）初始值为 None，用于指定需要求取最小值的坐标轴方向。如果是默认设置，返回的就是整体数组中的最小值
out	array_like（类似数组的对象）	（可以省略）初始值为 None，指定用于保存返回值的数组或变量
keepdims	bool 值	（可以省略）初始值为 No Value，指定为 True，将保留和原有数组相同的维度

● np.ndarray.min 的返回值

　　np.ndarray.min 返回数组中元素的最小值。指定 axis，就会对包含最小值的数组进行返回。

　　示例代码如下所示。

```
In [32]: a = np.array([
    ...: [1.2, 1.3, 0.1, 1.5],
    ...: [2.1, 0.2, 0.3, 2.0],
    ...: [0.1, 0.5, 0.5, 2.3]])
```

```
In [33]: a.min()        # 首先在不对参数进行指定的情况下提取最小值
Out[33]: 0.1

In [34]: a.min(axis=0)          # 指定坐标轴提取最小值
Out[34]: array([0.1, 0.2, 0.1, 1.5])

In [35]: a.min(axis=1)
Out[35]: array([0.1, 0.2, 0.1])

In [36]: a.min(axis=0, keepdims=True)
Out[36]: array([[0.1, 0.2, 0.1, 1.5]])

In [37]: a.min(axis=1, keepdims=True)
Out[37]:
array([[0.1],
       [0.2],
       [0.1]])
```

2.6 返回数组中最大元素索引的函数

NumPy中的argmax是用于返回包含多维数组中最大值元素的索引的函数。使用np.max函数可以对最大值的元素进行返回，而使用argmax函数是对最大的元素的索引进行返回。

本节将对返回最大值的索引的np.ndarray.argmax和np.argmax这两个函数进行讲解。

2.6.1 np.ndarray.argmax

np.ndarray.argmax的使用方法如下。

np.ndarray.argmax

```
np.ndarray.argmax(axis=None, out=None)
```

○ np.ndarray.argmax 的参数

np.ndarray.argmax方法中所使用的参数见表2.13。

表2.13 np.ndarray.argmax 的参数

参数名	类　型	概　要
axis	int	（可以省略）初始值为None，用于指定需要读取最大值的坐标轴方向
out	array_like（类似数组的对象）	（可以省略）初始值为None，指定用于保存返回的索引值的数组

○ np.ndarray.argmax 的返回值

np.ndarray.argmax对指定数组中的第一个最大值元素的索引进行返回。

如果已经指定了坐标轴，就会返回在沿着该坐标轴方向上检索得到的最大值的索引。

2.6.2　np.argmax

np.argmax 函数的使用方法如下。

np.argmax

```
np.argmax(a, axis=None, out=None)
```

◉ np.argmax 的参数

np.argmax 函数中所使用的参数见表 2.14。

表 2.14　np.argmax 的参数

参数名	类　　型	概　　要
a	array_like（类似数组的对象）	用于指定需要获取最大值的索引的数组
axis	int	（可以省略）初始值为 None，用于指定需要读取最大值的坐标轴方向
out	array_like（类似数组的对象）	（可以省略）初始值为 None，用于指定保存返回的索引值的数组

◉ np.argmax 的返回值

np.argmax 对指定数组中的第一个最大值元素的索引进行返回。如果已经指定了坐标轴，就会返回在沿着该坐标轴方向上检索得到的最大值的索引。

使用方法是，在 np.argmax 函数的第一个参数中指定需要取得最大值的数组。另外，如果是 ndarray.argmax 方法，就像使用方法一样调用即可。

最后一个参数 out 并不会经常使用。如果需要将输出的数组保存到事先创建好的数组中，可以对其进行指定。

首先，将使用一维数组的示例对函数的行为进行确认。

```
In [1]: import numpy as np

In [2]: a = np.random.randint(10, size=10) ➡
# 首先生成一个一维数组
```

```
In [3]: a                    # 对a中的数值进行确认
Out[3]: array([2, 3, 3, 1, 4, 4, 5, 0, 5, 4])

In [4]: np.argmax(a)
Out[4]: 6

In [5]: a.argmax()
Out[5]: 6
```

在上述代码中，程序随机生成的数组所包含的内容为[2，3，3，1，4，4，5，0，5，4]。其中最大值为5，对应的索引分别为6和8，也就是说共出现了两次。在这种情况下，函数返回的是最开始出现的最大值的索引。

接下来将使用多维数组对函数的行为进行确认。如果不指定axis，就会与对一维数组的处理一样，对降维成一维数组的最大值的元素的索引进行返回。

```
In [6]: b = np.random.randint(10, size=(3, 4)) ➡
# 接下来生成一个3×4的二维数组

In [7]: b                    # 对b中的元素进行确认
Out[7]:
array([[4, 9, 1, 5],
       [3, 5, 6, 2],
       [9, 8, 1, 0]])

In [8]: np.argmax(b)    # 虽然需要获取的是二维数组中最大值的索引，但
# 是返回的是降维成一维数组后的索引。因此这里获取的是1
Out[8]: 1

In [9]: b.argmax()      # np.ndarray.argmax的用法也是相同的
Out[9]: 1
```

从上面的代码可以看到，这里所生成的多维数组中的最大值为9。而第一个值为9的元素所对应的索引为1。

接下来对axis进行指定。

```
In [10]: b
Out[10]:
array([[4, 9, 1, 5],
       [3, 5, 6, 2],
       [9, 8, 1, 0]])

In [11]: np.argmax(b, axis=0) ➡
# 指定axis=0（在这种情况下为行）方向上的最大值（因为是从纵向查找最大值
# 的索引，所以元素数量为4个）
Out[11]: array([2, 0, 1, 0])

In [12]: b.argmax(axis=0)    # np.ndarray.argmax的用法也是相同的
Out[12]: array([2, 0, 1, 0])
```

由于这里的数组形状为（3，4），指定 axis=0，就会对行方向上的最大值的索引进行返回。在行方向上查找最大值元素的索引可以得到如下所示的结果。

```
b[?, 0] → 9 (b[2, 0])
b[?, 1] → 9 (b[0, 1])
b[?, 2] → 6 (b[1, 2])
b[?, 3] → 5 (b[0, 3])
```

上述信息中"?"的部分就是需要查找的索引。也就是输出的结果为 array（[2，0，1，0]）。同样地，如果指定 axis=1，就会对列方向上的最大值元素的索引进行返回。

```
In [13]: np.argmax(b, axis=1) # 尝试将axis指定为1。这时需要查找
# 列方向上的最大值（横向上元素中的最大值）
Out[13]: array([1, 2, 0])

In [14]: b.argmax(axis=1)
Out[14]: array([1, 2, 0])
```

接下来对指定三维数组中坐标轴的方法进行确认。

```
In [15]: c = np.random.randint(10, size=(2, 3, 4)) ➡
# 生成一个 2×3×4 的三维数组

In [16]: c                    # 对 c 中的数值进行确认
Out[16]:
array([[[7, 8, 9, 9],
        [5, 3, 8, 6],
        [4, 9, 7, 3]],

       [[1, 3, 4, 3],
        [7, 7, 9, 0],
        [2, 9, 5, 6]]])

In [17]: np.argmax(c, axis=0)
Out[17]:
array([[0, 0, 0, 0],
       [1, 1, 1, 0],
       [0, 0, 0, 1]])
```

在上面的示例中，指定 axis=0，可以得到如下结果。

```
c[?, 0, 0] → 7 (c[0, 0, 0])
c[?, 0, 1] → 8 (c[0, 0, 1])
c[?, 0, 2] → 9 (c[0, 0, 2])
c[?, 0, 3] → 9 (c[0, 0, 3])

c[?, 1, 0] → 7 (c[1, 1, 0])
c[?, 1, 1] → 7 (c[1, 1, 1])
c[?, 1, 2] → 9 (c[1, 1, 2])
c[?, 1, 3] → 6 (c[0, 1, 3])

c[?, 2, 0] → 4 (c[0, 2, 0])
c[?, 2, 1] → 9 (c[0, 2, 1])
c[?, 2, 2] → 7 (c[0, 2, 2])
c[?, 2, 3] → 6 (c[1, 2, 3])
```

尝试对其他的坐标轴进行指定。

```
In [18]: c.argmax(axis=0)
Out[18]:
array([[0, 0, 0, 0],
       [1, 1, 1, 0],
       [0, 0, 0, 1]])

In [19]: np.argmax(c, axis=1)
Out[19]:
array([[0, 2, 0, 0],
       [1, 2, 1, 2]])

In [20]: c.argmax(axis=1)
Out[20]:
array([[0, 2, 0, 0],
       [1, 2, 1, 2]])

In [21]: np.argmax(c, axis=2)
Out[21]:
array([[2, 2, 1],
       [2, 2, 1]])

In [22]: c.argmax(axis=2)
Out[22]:
array([[2, 2, 1],
       [2, 2, 1]])
```

此外，需要查找最小值的索引时，可以使用argmin函数来实现，使用方法和提取最大值的索引完全相同，将在2.6.3小节和2.6.4小节中对其使用方法进行讲解。

2.6.3　np.ndarray.argmin

np.ndarray.argmin 的使用方法如下。

np.ndarray.argmin

```
np.ndarray.argmin(axis=None, out=None)
```

● np.ndarray.argmin 的参数

np.ndarray.argmin 方法中所使用的参数见表2.15。

表2.15 np.ndarray.argmin 的参数

参数名	类　型	概　要
axis	int	（可以省略）初始值为None，用于指定需要读取最小值的坐标轴方向
out	array_like（类似数组的对象）	（可以省略）初始值为None，指定对返回的索引值进行保存的数组

● np.ndarray.argmin 的返回值

对指定数组中的坐标轴方向上的最开始出现的最小值的索引进行返回。

2.6.4　np.argmin

np.argmin 函数的使用方法如下。

np.argmin

```
np.argmin(a, axis=None, out=None)
```

● np.argmin 的参数

np.argmin 函数中所使用的参数见表2.16。

表2.16 np.argmin 的参数

参数名	类　型	概　要
a	array_like（类似数组的对象）	用于指定需要获取最小值的索引的数组
axis	int	（可以省略）初始值为None，用于指定需要读取最小值的坐标轴方向
out	array_like（类似数组的对象）	（可以省略）初始值为None，指定对返回的索引值进行保存的数组

np.argmin 的返回值

对指定数组中的坐标轴方向上的最开始出现的最小值的索引进行返回。

接下来将对示例代码进行确认。

由于axis的详细使用方法已经在2.6.2小节中进行了讲解，因此在这里不再对其进行赘述。

```
In [23]: d = np.array([
   ...: [1.2, 1.5, 2.3, 1.8],
   ...: [0.2, 2.5, 2.1, 2.0],
   ...: [3.1, 3.3, 1.5, 2.1]])

In [24]: d.argmin()              # 首先在不指定参数的情况下执行代码
Out[24]: 4

In [25]: np.argmin(d)            # 同样地执行代码
Out[25]: 4

In [26]: np.unravel_index(np.argmin(d), d.shape) ➡
# 这样调用，返回的就是没有被降为一维数组的索引
Out[26]: (1, 0)

In [27]: np.argmin(d, axis=0)         # 接着对坐标轴进行指定
Out[27]: array([1, 0, 2, 0])

In [28]: np.argmin(d, axis=1)
Out[28]: array([0, 0, 2])

In [29]: d.argmin(axis=1) # ndarray.argmin也可以完成同样的处理
Out[29]: array([0, 0, 2])
```

2.7 切换数组坐标轴顺序的函数

NumPy中的多维数组ndarray中提供了功能非常丰富的数据切换操作，transpose函数就是其中之一。例如，在对数组进行转置时，或者对坐标轴上的数据顺序进行切换时，使用该函数实现是非常方便的。

本节将重点对transpose函数的使用方法进行讲解。

2.7.1 切换坐标轴数据

当听到多维数组的坐标轴这一说法时，可能有些人会感到困惑，这指的是什么呢？NumPy的多维数组的形状是使用类似（2，3，4）这样的元组进行表示的。如果是一个3行4列的矩阵，就可以表示为（3，4），其中第0个轴为3，第1个轴为4。

如果使用常用的转置操作为例子进行说明，转置就像是对这个坐标轴（axis）进行切换。首先，将使用一维的向量进行讲解。

对行向量进行转置操作，就会变成列向量；对列向量进行转置操作，就会变成行向量。在经过转置的矩阵或向量中添加名为t的上标，就表示是经过转置操作后所得到的矩阵或向量。

$$\boldsymbol{a} = \left(a_1, a_2, \cdots, a_n\right), \boldsymbol{a}^{\mathrm{t}} = \begin{pmatrix} a_1 \\ a_2 \\ \vdots \\ a_n \end{pmatrix} \quad \boldsymbol{b} = \begin{pmatrix} b_1 \\ b_2 \\ \vdots \\ b_n \end{pmatrix}, \boldsymbol{b}^{\mathrm{t}} = \left(b_1, b_2, \cdots, b_n\right)$$

然而，在NumPy中，对于n维度向量是行向量还是列向量并没有进行明确区分。因此，即使调用**transpose**函数对向量进行转置，也不会产生任何变化。

使用**transpose**函数对二维数组及更高维度的数组进行转置时，数组中的元素会发生变化。此时矩阵中的行和列会像下面这样进行翻转。

$$A = \begin{pmatrix} a_{11} & a_{12} \\ a_{21} & a_{22} \end{pmatrix}, \quad A^{\mathrm{t}} = \begin{pmatrix} a_{11} & a_{21} \\ a_{12} & a_{22} \end{pmatrix}$$

$$B = \begin{pmatrix} b_{11} & b_{12} & b_{13} \\ b_{21} & b_{22} & b_{23} \end{pmatrix}, \quad B^{\mathrm{t}} = \begin{pmatrix} b_{11} & b_{21} \\ b_{12} & b_{22} \\ b_{13} & b_{23} \end{pmatrix}$$

对原有数组的行和列进行切换，就相当于对0轴和1轴进行切换。在这种情况下，数组会产生如下变化。

$$a(i,j) \rightarrow a^{\mathrm{t}}(j,i)$$

对于三维数组也是同样的，对0轴和1轴进行切换后，数组会产生如下变化。

$$a(i,j,k) \rightarrow a^{\mathrm{t}}(j,i,k)$$

对于这样的转置，可以通过使用np.ndarray.transpose、np.transpose和np.ndarray.T这3个函数中的任意一个实现。

2.7.2　np.ndarray.transpose

首先，将对np.ndarray.transpose函数进行讲解。

● np.ndarray.transpose

np.ndarray.transpose函数可以使用如下形式进行调用。

np.ndarray.transpose

```
np.ndarray.transpose(axes)
```

● np.ndarray.transpose的参数

np.ndarray.transpose中所使用的参数见表2.17。

表 2.17 np.ndarray.transpose 的参数

参数名	类 型	概 要
axes	int 的元组或 n 个并列的 int	（可省略）用于指定经过转置后的坐标轴（axis）的切换方法。不做任何指定，就会返回将坐标轴的顺序经过翻转后所得到的数组

● np.ndarray.transpose 的返回值

np.ndarray.transpose 返回对指定坐标轴进行切换（转置）后得到的数组（ndarray）。

在前面的内容中已经讲解过，对于一维数组使用转置是不会产生任何变化的。使用前面所讲解的另外两个函数对其进行处理，也同样不会产生任何变化。

我们将在参数 axes 中对坐标轴的切换方式进行指定。当需要对三维数组中的第 1 个轴和第 2 个轴进行切换时，就指定为 (0，2，1)；当需要对第 0 个轴和第 2 个轴进行切换时，就指定为 (2，1，0)。

首先使用 np.ndarray.transpose 函数的示例对二维数组的转置进行确认。

```
In [1]: import numpy as np

In [2]: a = np.arange(12).reshape(3, 4)

In [3]: a
Out[3]:
array([[ 0,  1,  2,  3],
       [ 4,  5,  6,  7],
       [ 8,  9, 10, 11]])

In [4]: a.transpose()  # 首先在不指定任何参数的情况下对数组进行转置
Out[4]:
array([[ 0,  4,  8],
       [ 1,  5,  9],
       [ 2,  6, 10],
       [ 3,  7, 11]])

In [5]: a.transpose(1, 0)  # 对坐标轴的顺序进行指定。因为这里只是
# 将坐标轴的顺序进行了颠倒，所以返回的是和上一步骤的执行结果相同的数组
```

```
Out[5]:
array([[ 0,  4,  8],
       [ 1,  5,  9],
       [ 2,  6, 10],
       [ 3,  7, 11]])
```

```
In [6]: a.transpose((1, 0))          # 可以对元组进行指定
Out[6]:
array([[ 0,  4,  8],
       [ 1,  5,  9],
       [ 2,  6, 10],
       [ 3,  7, 11]])
```

```
In [7]: a.transpose(0, 1) ➡
# 指定按原有顺序排列的坐标轴，数组不会产生变化
Out[7]:
array([[ 0,  1,  2,  3],
       [ 4,  5,  6,  7],
       [ 8,  9, 10, 11]])
```

　　然后对一维数组进行确认。即使看上去几乎是一样的，也可以通过使用reshape函数对形状进行变换，实现对数组的转置操作。

```
In [8]: b = np.arange(6)     # 尝试对一维数组进行转置
```

```
In [9]: b
Out[9]: array([0, 1, 2, 3, 4, 5])
```

```
In [10]: b.transpose()               # 没有产生什么变化
Out[10]: array([0, 1, 2, 3, 4, 5])
```

```
In [11]: b.shape ➡
# 在这里对b的shape进行确认，可以看到坐标轴只有一个
Out[11]: (6,)
```

```
In [12]: b = b.reshape((1, 6)) ➡
# 如果像这样对两个坐标轴进行指定，就可以实现转置
```

```
In [13]: b
Out[13]: array([[0, 1, 2, 3, 4, 5]])
```

```
In [14]: b.transpose()
Out[14]:
array([[0],
       [1],
       [2],
       [3],
       [4],
       [5]])
```

最后对三维数组进行确认。

```
In [15]: c = np.arange(24).reshape(4, 3, 2)  ➡
# 4×3×2的三维数组。此外，axis=0的元素数量为4，axis=1的元素数量
# 为3，axis=2的元素数量为2
```

```
In [16]: c
Out[16]:
array([[[ 0,  1],
        [ 2,  3],
        [ 4,  5]],

       [[ 6,  7],
        [ 8,  9],
        [10, 11]],

       [[12, 13],
        [14, 15],
        [16, 17]],

       [[18, 19],
        [20, 21],
        [22, 23]]])
```

```
In [17]: c.transpose()  ➡
#  如果不对参数进行任何指定，就会返回坐标轴的顺序经过转置后的 (2,1,0)
#  数组
Out[17]:
array([[[ 0,  6, 12, 18],
        [ 2,  8, 14, 20],
```

```
       [ 4, 10, 16, 22]],

      [[ 1,  7, 13, 19],
       [ 3,  9, 15, 21],
       [ 5, 11, 17, 23]]])

In [18]: c.transpose(1, 0, 2)      # 尝试对坐标轴的顺序进行指定
Out[18]:
array([[[ 0,  1],
        [ 6,  7],
        [12, 13],
        [18, 19]],

       [[ 2,  3],
        [ 8,  9],
        [14, 15],
        [20, 21]],

       [[ 4,  5],
        [10, 11],
        [16, 17],
        [22, 23]]])
```

2.7.3   np.transpose

接下来将对np.transpose函数进行讲解。基本的使用方法与np.ndarray.transpose大致相同。除了必须在第一个参数中指定需要转置的数组（ndarray）之外，其他地方没有不同。

np.transpose函数可以使用如下形式的语句进行调用。

np.transpose

```
np.transpose(a, axes=None)
```

● np.transpose的参数

np.transpose函数中所使用的参数见表2.18。

表2.18　np.transpose的参数

参数名	类　型	概　要
a	array_like（类似数组的对象）	指定需要转置的数组
axes	int的元组	（可以省略）初始值为None，对转置时坐标轴的顺序进行指定

○ np.transpose 的返回值

np.transpose 返回经过转置后得到的数组（ndarray），使用方法和 np.ndarray.transpose 大致相同，在这里使用代码尝试对其进行确认。

```
In [19]: np.transpose(c)          # 再次对三维数组c进行转置
Out[19]:
array([[[ 0,  6, 12, 18],
        [ 2,  8, 14, 20],
        [ 4, 10, 16, 22]],

       [[ 1,  7, 13, 19],
        [ 3,  9, 15, 21],
        [ 5, 11, 17, 23]]])

In [20]: c.shape
Out[20]: (4, 3, 2)

In [21]: np.transpose(c).shape
Out[21]: (2, 3, 4)

In [22]: np.transpose(c, (1, 0, 2)) # 对坐标轴的顺序进行指定
Out[22]:
array([[[ 0,  1],
        [ 6,  7],
        [12, 13],
        [18, 19]],

       [[ 2,  3],
        [ 8,  9],
        [14, 15],
```

```
        [20, 21]],

       [[ 4,  5],
        [10, 11],
        [16, 17],
        [22, 23]]])
```

In [23]: **np.transpose(c, (1, 0, 2)).shape**   # 对 shape 进行确认
Out[23]: (3, 4, 2)

接下来对一维数组进行确认。

In [24]: **b**
Out[24]: array([0, 1, 2, 3, 4, 5])

In [25]: **np.transpose(b)** ➡
在这里即使是使用与 np.ndarray.transpose 同样的方法进行转置，
数组也不会产生变化
Out[25]: array([0, 1, 2, 3, 4, 5])

In [26]: **b = b.reshape((1, 6))**

In [27]: **b**
Out[27]: array([[0, 1, 2, 3, 4, 5]])

In [28]: **np.transpose(b)** ➡
对 shape 进行变换即可实现转置，和 np.ndarray.transpose 相同
Out[28]:
```
array([[0],
       [1],
       [2],
       [3],
       [4],
       [5]])
```

🔷 2.7.4　np.ndarray.T

最后，将对 np.ndarray.T 进行讲解。np.ndarray.T 是不需要对参数进行指定的 np.ndarray.transpose 函数，可以像属性一样使用。

```
In [29]: a                # 使用T再次分别对a、b、c进行转置
Out[29]:
array([[ 0,  1,  2,  3],
       [ 4,  5,  6,  7],
       [ 8,  9, 10, 11]])

In [30]: a.T
Out[30]:
array([[ 0,  4,  8],
       [ 1,  5,  9],
       [ 2,  6, 10],
       [ 3,  7, 11]])

In [31]: b
Out[31]: array([[0, 1, 2, 3, 4, 5]])

In [32]: b.T
Out[32]:
array([[0],
       [1],
       [2],
       [3],
       [4],
       [5]])

In [33]: c
Out[33]:
array([[[ 0,  1],
        [ 2,  3],
        [ 4,  5]],

       [[ 6,  7],
        [ 8,  9],
        [10, 11]],

       [[12, 13],
        [14, 15],
        [16, 17]],
```

```
      [[18, 19],
       [20, 21],
       [22, 23]]])

In [34]: c.T
Out[34]:
array([[[ 0,  6, 12, 18],
        [ 2,  8, 14, 20],
        [ 4, 10, 16, 22]],

       [[ 1,  7, 13, 19],
        [ 3,  9, 15, 21],
        [ 5, 11, 17, 23]]])
```

In [35]: **a.transpose().shape == a.T.shape** ➡
对经过转置后的 shape 分别进行比较
Out[35]: True

In [36]: **b.transpose().shape == b.T.shape**
Out[36]: True

In [37]: **c.transpose().shape == c.T.shape**
Out[37]: True

2.8 排序函数

本节将对可以按照升序或降序对数据进行排序的常用函数np.sort和np.argsort进行讲解。

排序属于在所有情况下都可能使用到的最基本的算法之一，将在本节中对其使用方法进行讲解。

2.8.1 np.sort

np.sort函数返回的是对数组元素经过升序排列后的数组，np.argsort函数返回的则是经过排序后的数组的索引。

np.sort

```
np.sort(a, axis=-1, kind='quicksort', order=None)
```

● np.sort的参数

np.sort函数中所使用的参数见表2.19。

表2.19 np.sort的参数

参数名	类　型	概　要
a	array_like（类似数组的对象）	用于指定需要排序的数组
axis	int或None	（可以省略）初始值为–1，用于指定需要进行排序的坐标轴方向。如果是默认设置，就会从维度最低的地方开始进行排序
kind	'quicksort' 'mergesort' 'heapsort'中的任意一个	（可以省略）初始值为'quicksort'，用于指定对数据进行排序的算法
order	string或string的列表	（可以省略）初始值为None，如果参数a中指定的数组已经定义了字段，就用于指定是按照哪个字段对元素进行排序

○ np.sort 的返回值

np.sort返回已经对元素进行排序后的数组，其中有4个参数可以进行指定。

第一个参数对需要排序的数组进行指定。

第二个参数axis指定在哪个坐标轴方向上对元素进行排序。如果是默认设置，就会自动指定为维度最低的axis= −1。

大家可能会对第三个参数和第四个参数感到有点陌生，它们分别为kind和order。kind为对排序时使用的算法进行指定的参数，而order则是指定按照哪个字段对元素进行排序的参数。

关于排序的种类，将在2.8.3小节中进行讲解。np.sort 函数的使用方法如下。

```
In [1]: import numpy as np

In [2]: a = np.random.randint(0, 100, size=20)

In [3]: a
Out[3]:
array([29, 54,  0,  8, 71,  6, 69,  9, 96, 52, 91, 86, ➡
       28, 49, 99, 37, 32, 82,  0, 65])

In [4]: np.sort(a)
Out[4]:
array([ 0,  0,  6,  8,  9, 28, 29, 32, 37, 49, 52, 54, ➡
       65, 69, 71, 82, 86, 91, 96, 99])
```

2.8.2　np.argsort

np.argsort 函数用于返回经过排序后的数组的索引。

np.argsort

```
np.argsort(a, axis=-1, kind='quicksort', order=None)
```

○ np.argsort 的参数

np.argsort 函数中所使用的参数见表2.20。

表2.20　np.argsort的参数

参数名	类　型	概　要
a	array_like（类似数组的对象）	用于指定需要排序的数组
axis	int或None	（可省略）初始值为−1，用于指定需要进行排序的坐标轴方向。如果是默认设置，就会从维度最低的地方开始进行排序
kind	'quicksort' 'mergesort' 'heapsort'中的任意一个	（可省略）初始值为'quicksort'，用于指定对数据进行排序的算法
order	string或string的列表	（可省略）初始值为None，如果参数a中指定的数组已经定义了字段，就用于指定是按照哪个字段对元素进行排序

● np.argsort的返回值

在沿着指定的坐标轴方向上完成了对数组的排序操作之后，将数组中元素在原有数组中的索引值作为元素创建一个新的数组并返回。

对np.sort函数和np.argsort函数进行比较，两者之间只有最后的输出结果是不同的，包括参数在内的其他部分都是完全相同的。

因此，首先将这两个函数的共同属性作为重点进行讲解。

np.argsort函数的使用方法如下。

```
In [5]: a = np.array([1, 3, 2])

In [6]: np.argsort(a)
Out[6]: array([0, 2, 1])
```

使用np.argsort函数，对经过排序后的索引进行输出。

◆ 2.8.3　用kind参数指定quicksort、mergesort、heapsort

可以在np.sort函数和np.argsort函数中进行指定的排序算法包括quicksort、mergesort、heapsort这3种。

● quicksort

quicksort算法是基于某个阈值对前后的元素进行互换，反复进行分割的同时实现数据排序的一种方法。这个算法非常实用，而且排序所需花费的平均处理时间也是最少的。如果是对均匀分布的数组进行排序，计算复杂度就为 $O(N \log N)$。

如图2.1~图2.8所示的图片是使用quicksort算法进行排序的示意图。

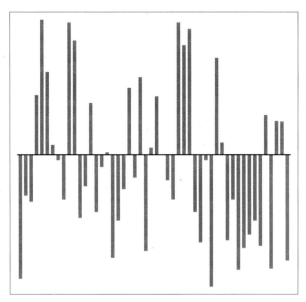

图 2.1　开始分类

基于某个阈值，将小于阈值的元素分类到左侧，将大于阈值的元素分类到右侧（见图2.2~图2.5）。

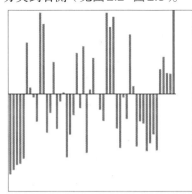

图 2.2　分类中①

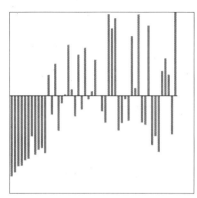

图 2.3　分类中②

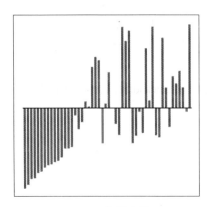

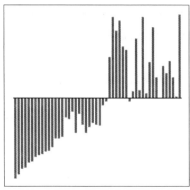

图 2.4　分类中③　　　　　　　　　图 2.5　分类中④

到这里，第一次分类就大致完成了（见图 2.6）。

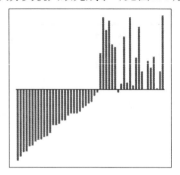

图 2.6　第一次分类完成

接下来再次分别对位于前后的元素进行分割，并重复同样的操作。对元素进行更为细致的分割（见图 2.7~图 2.9）。

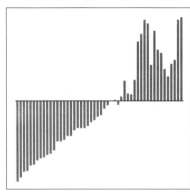

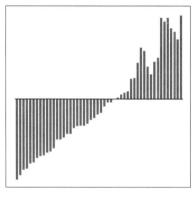

图 2.7　分割①　　　　　　　　　图 2.8　分割②

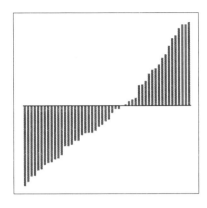

图 2.9　分割③

◉ mergesort

　　mergesort是通过对分割后的数组再次进行分割，并对分割后的数组进行合并的方式实现排序的一种算法。

　　使用这个算法，即使数组不是均匀分布的，也可以在稳定的处理时间内实现对数据的排序。计算复杂度为O（$N \log N$）（见图2.10）。

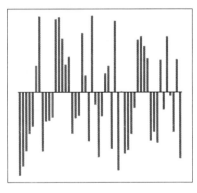

图 2.10　分割④

　　首先将相邻的元素合并成小的集合进行排序（见图2.11）。

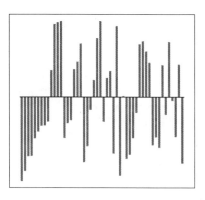

图 2.11　相邻的元素合并排序

然后，将排序后的小集合慢慢地合并成大的集合（见图2.12和图2.13）。

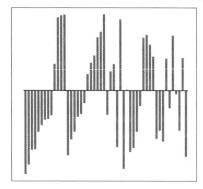

图 2.12　小集合慢慢变成大集合①

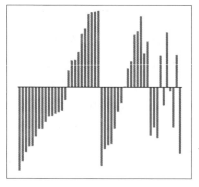

图 2.13　小集合慢慢变成大集合②

可以看到，很多元素已经集合在一起了，还需要继续进行排序（见图2.14和图2.15）。

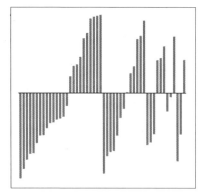

图 2.14　小集合慢慢变成大集合③

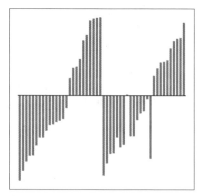

图 2.15　小集合慢慢变成大集合④

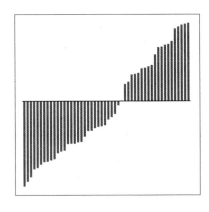

图 2.16　小集合慢慢变成大集合⑤

● heapsort

　　heapsort算法首先将数组中的元素暂时保存在堆树（参见下面的 MEMO）中，然后再从最大的（或最小）的元素开始顺序地对元素进行提取的一种排序算法。所谓的最大堆结构，属于一种二叉树结构，它的每一个父节点的值都必须大于其左右子节点的值。这一算法的计算复杂度为 $O(N \log N)$（见图2.17）。

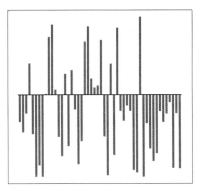

MEMO

关于堆树

　　所谓堆树，是指一种树的结构，它的每一个父节点的值都大于或等于（或小于，或等于）其子节点的值。当父节点的值大于或等于子节点的值时，称为最大堆；当父节点的值小于或等于子节点的值时，称为最小堆。

图 2.17　最大堆结构的示例

　　首先，将创建最大堆的结构（见图2.18~图2.23）。

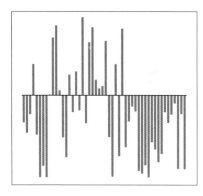

图 2.18　创建最大堆结构①

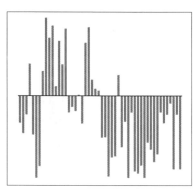

图 2.19　创建最大堆结构②

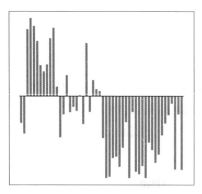

图 2.20　创建最大堆结构③

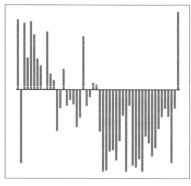

图 2.21　创建最大堆结构④

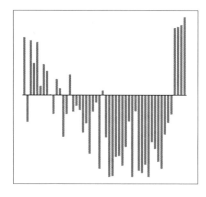

图 2.22　创建最大堆结构⑤

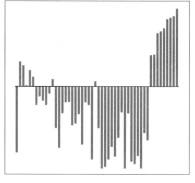

图 2.23　创建最大堆结构⑥

　　如果已经创建成了最大堆结构, 那么根的部分就是最大值, 需要将
最大值排到最右侧。然后再次使用剩余的元素重新创建堆结构, 之后还

是将根的值排到右侧。一直重复进行此项操作（见图2.24~图2.26）。

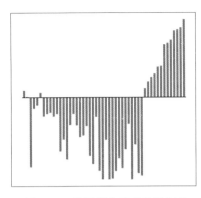

图 2.24　使用剩余元素重新创建
堆结构，并将根的值排到右侧①

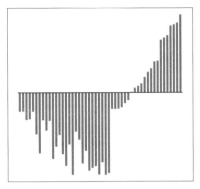

图 2.25　使用剩余元素重新创建
堆结构，并将根的值排到右侧②

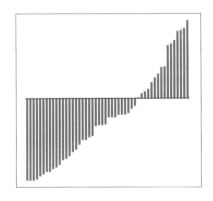

图 2.26　使用剩余元素重新创建堆结构，并将根的值排到右侧③

　　那么应该使用哪一种算法对元素进行排序呢？一般情况下使用
quicksort算法就可以了。如果需要对已经排序后的数组进行处理，或者
是在计算量较大、处理时间较长的情况，可以考虑使用mergesort算法
或heapsort算法。

● 对计算时间进行比较

　　接下来将在现有的执行环境中，对各个算法的实际执行时间进行比
较。分别使用每个算法对长度为n的数组进行排序，并对排序过1000次
的总时间进行记录，最后计算并返回其平均值和最大值。

```
import numpy as np
import time
def sort_comparison(n):
    result1 = np.empty(1000)
    for i in range(1000):
        a = np.random.rand(n)
        time1 = time.time()
        b = np.sort(a, kind='quicksort')
        time1 = time.time()- time1
        result1[i] = time1
    result2 = np.empty(1000)
    for i in range(1000):
        a = np.random.rand(n)
        time1 = time.time()
        b = np.sort(a, kind='mergesort')
        time1 = time.time()-time1
        result2[i] = time1
    result3 = np.empty(1000)
    for i in range(1000):
        a = np.random.rand(n)
        time1 = time.time()
        b = np.sort(a, kind='heapsort')
        time1 = time.time() - time1
        result3[i] = time1
    print ("quicksort average {}, max {}".format(➡
np.average(result1), np.max(result1)))
    print ("mergesort average {}, max  {}".format(➡
np.average(result2), np. max(result2)))
    print ("heapsort average {}, max {}".format(➡
np.average(result3), np.max(result3)))
```

　　请将清单 2.1 中的代码保存到 test.py 文件中。然后使用 exit 命令从
IPython 环境中退出，并在终端窗口中执行如下命令。

[终端窗口]

```
$ python test.py
```

执行完上述命令后，返回 IPython 环境，再按如下方式执行。

```
In [1]: from test import *

In [2]: sort_comparison(100)
quicksort average 1.589488983154297e-05, ➡
max 0.0038650035858154297
mergesort average 1.3976812362670898e-05, ➡
max 0.0047800540924072266
heapsort average 1.337885856628418e-05, ➡
max 5.2928924560546875e-05

In [3]: sort_comparison(1000)
quicksort average 6.856584548950196e-05, ➡
max 0.0009419918060302734
mergesort average 6.935572624206543e-05, ➡
max 0.0001399517059326172
heapsort average 8.155369758605957e-05, ➡
max 0.00017404556274414062

In [4]: sort_comparison(10000)
quicksort average 0.0006785655021667481, ➡
max 0.0014460086822509766
mergesort average 0.0007824172973632812, ➡
max 0.0016520023345947266
heapsort average 0.0010491831302642822, ➡
max 0.002501964569091797

In [5]: sort_comparison(100000)
quicksort average 0.008679111242294311, ➡
max 0.02243709564289844
mergesort average 0.010156460285186767, ➡
max 0.019762039184570312
heapsort average 0.01377375888824463, ➡
max 0.024383068084716797
```

在这里用于排序的数组是随机数生成的数组，从上面的结果可以看出，quicksort 算法可以说是一种既稳定又高效的算法。

　　假设现在需要创建类似下面这样的数组。数组中包括人名、个人编号（ID）及考试分数。

```
In [6]: values = [('Alice', 25, 9.7), ('Bob', 12, 7.6), ➡
('Catherine', 1, 8.6), ('David', 10, 7.6)]

In [7]: dtype = [('name', 'S10'),('ID', int), ('score', float)]

In [8]: a = np.array(values, dtype=dtype)
```

　　如果需要将数组中的考试分数按照升序进行排列，那么就可以使用order参数。使用order参数可以指定需要按照哪个字段进行排序。

```
In [9]: np.sort(a, order='score')
Out[9]:
array([(b'Bob', 12,  7.6), (b'David', 10,  7.6), ➡
(b'Catherine',  1,  8.6),
        (b'Alice', 25,  9.7)],
      dtype=[('name', 'S10'), ('ID', '<i8'), ('score', ➡
'<f8')])

In [10]: np.argsort(a, order='score') ➡
# 当然，也可以使用argsort函数
Out[10]: array([1, 3, 2, 0])
```

　　如果出现了有两个人分数相同的情况，也可以对其指定排序方式。接下来，将按照ID进行排序。

```
In [11]: np.sort(a, order=['score', 'ID'])
Out[11]:
array([(b'David', 10,  7.6), (b'Bob', 12,  7.6), ➡
(b'Catherine',  1,  8.6),
        (b'Alice', 25,  9.7)],
      dtype=[('name', 'S10'), ('ID', '<i8'), ('score', ➡
'<f8')])

In [12]: np.argsort(a, order=['score', 'ID'])
Out[12]: array([3, 1, 2, 0])
```

● 详细的使用示例

下面将尝试对参数进行更加详细的指定。首先，将尝试使用axis参数对需要排序的坐标轴方向进行指定。

```
In [13]: b = np.random.randint(0, 100, size=20) reshape(4,5)
```

```
In [14]: b                # 将b变成二维数组
Out[14]:
array([[44, 27, 50, 58, 47],
       [57, 81, 87, 77, 90],
       [82, 29, 82, 91, 90],
       [10, 97, 62, 34, 59]])
```

```
In [15]: np.sort(b)   # 如果不指定axis，就会在列方向上进行排序
Out[15]:
array([[27, 44, 47, 50, 58],
       [57, 77, 81, 87, 90],
       [29, 82, 82, 90, 91],
       [10, 34, 59, 62, 97]])
```

```
In [16]: np.argsort(b) # argsort也是同样的。显示的索引只是列的编号
Out[16]:
array([[1, 0, 4, 2, 3],
       [0, 3, 1, 2, 4],
       [1, 0, 2, 4, 3],
       [0, 3, 4, 2, 1]])
```

```
In [17]: np.sort(b, axis=0)            # 然后对axis进行指定
Out[17]:
array([[10, 27, 50, 34, 47],
       [44, 29, 62, 58, 59],
       [57, 81, 82, 77, 90],
       [82, 97, 87, 91, 90]])
```

```
In [18]: np.argsort(b, axis=0)
Out[18]:
array([[3, 0, 0, 3, 0],
```

```
         [0, 2, 3, 0, 3],
         [1, 1, 2, 1, 1],
         [2, 3, 1, 2, 2]]])
```

In [19]: **c = np.random.randint(0, 100, size=(2, 4, 5))**

In [20]: **c**
Out[20]:
```
array([[[47, 99, 12,  5,  2],
        [61, 15, 36, 41, 68],
        [21, 83, 92, 61, 63],
        [22, 63, 59, 72, 61]],

       [[25, 48, 99, 25,  5],
        [35, 35, 32, 84, 36],
        [67, 93, 56, 32, 99],
        [31, 90, 57, 43, 73]]])
```

In [21]: **np.sort(c, axis=0)** # 三维数组在axis=0的方向上排序
Out[21]:
```
array([[[25, 48, 12,  5,  2],
        [35, 15, 32, 41, 36],
        [21, 83, 56, 32, 63],
        [22, 63, 57, 43, 61]],

       [[47, 99, 99, 25,  5],
        [61, 35, 36, 84, 68],
        [67, 93, 92, 61, 99],
        [31, 90, 59, 72, 73]]])
```

In [22]: **np.argsort(c, axis=0)** ➡
因为是对元素两两进行排序，因此索引值不是0就是1
Out[22]:
```
array([[[1, 1, 0, 0, 0],
        [1, 0, 1, 0, 1],
        [0, 0, 1, 1, 0],
        [0, 0, 1, 1, 0]],

       [[0, 0, 1, 1, 1],
```

```
        [0, 1, 0, 1, 0],
        [1, 1, 0, 0, 1],
        [1, 1, 0, 0, 1]]])
```

🔷 2.8.5 np.sort 与 np.ndarray.sort

与 np.sort 函数功能类似的还有 np.ndarray.sort 函数。这个函数不是对数组的副本进行排序，而是对数组本身进行排序。

np.ndarray.sort

```
np.ndarray.sort(axis=-1, kind='quicksort', order=None)
```

● np.ndarray.sort 的参数

np.ndarray.sort 函数中所使用的参数见表 2.21。

表 2.21 np.ndarray.sort 的参数

参数名	类　型	概　要
axis	int 或 None	（可省略）初始值为–1，用于指定需要进行排序的坐标轴方向。如果是默认设置，就会从维度最低的地方开始进行排序
kind	'quicksort' 'mergesort' 'heapsort' 中的任意一个	（可省略）初始值为'quicksort'，用于指定对数据进行排序的算法
order	string 或 string 的列表	（可省略）初始值为None，如果指定的数组已经定义了字段，就用于指定是按照哪个字段对元素进行排序

由于是对数组本身进行排序，因此这个函数没有返回值，使用方法与 np.sort 是完全相同的。

接下来将使用实际的代码对其使用方法进行确认。

```
In [23]: a = np.random.randint(0, 100, 20) # 生成20个随机数

In [24]: a
Out[24]:
array([69, 89, 38, 99, 29, 72, 70, 51, 42, 49, 20, 21, ➡
```

```
        16, 37, 66, 51, 59, 92, 26, 42])

In [25]: np.sort(a)                    # 返回经过排序后的数组
Out[25]:
array([16, 20, 21, 26, 29, 37, 38, 42, 42, 49, 51, 51, ➡
       59, 66, 69, 70, 72, 89, 92, 99])

In [26]: a                             # a中的内容没有变化
Out[26]:
array([69, 89, 38, 99, 29, 72, 70, 51, 42, 49, 20, 21, ➡
       16, 37, 66, 51, 59, 92, 26, 42])

In [27]: a.sort()      # 使用ndarray.sort函数对a的元素进行排序

In [28]: a
Out[28]:
array([16, 20, 21, 26, 29, 37, 38, 42, 42, 49, 51, 51, ➡
       59, 66, 69, 70, 72, 89, 92, 99])
```

2.9 数组拼接函数

NumPy中包含了对数组进行拼接的功能。本节将对其中的在 axis=0方向上对数组进行横向拼接的hstack函数和用于在纵向上拼接数组的vstack函数进行讲解。NumPy的ndarray和Python的 list不同，不能使用"+"等运算符进行拼接操作。如果要拼接，需要使用事先提供的函数。

使用hstack函数和vstack函数对数组进行拼接的方法，在实际的编程操作中经常会用到，因此掌握它们的使用方法会对将来编写代码有所助益。

2.9.1　np.hstack

首先，将对 **np.hstack** 函数的使用进行讲解。

np.hstack

```
np.hstack(tup)
```

● np.hstack 的参数

np.hstack 函数中所使用的参数见表2.22。

表2.22　np.hstack 的参数

参数名	类　　型	概　　要
tup	ndarray 的元组	用于指定需要拼接的数组（ndarray）

● np.hstack 的返回值

np.hstack 返回经过拼接后所得到的数组(ndarray)。

如果是对二维数组进行操作，使用 **np.hstack** 就相当于是在水平方向（horizontal）上对数组进行拼接。严格来讲，实际上是在 **axis=1** 的方向上拼接。拼接完成之后，数组的shape的第0个元素作为开头，shape

的第一个元素的数量会增加。

● 基本的拼接方法

下面将使用具体的示例对拼接方法进行确认。

```
In [1]: import numpy as np

In [2]: a = np.arange(12)

In [3]: b = np.arange(2)

In [4]: a
Out[4]: array([ 0,  1,  2,  3,  4,  5,  6,  7,  8,  9,  ➡
10, 11])

In [5]: b
Out[5]: array([0, 1])

In [6]: np.hstack((a, b))              # 进行拼接
Out[6]: array([ 0,  1,  2,  3,  4,  5,  6,  7,  8,  9,  ➡
10, 11,  0,  1])

In [7]: c = np.arange(2).reshape(1, 2)        # 创建二维数组

In [8]: c
Out[8]: array([[0, 1]])

In [9]: np.hstack((a, c))         # 如果和a进行拼接就会发生运行时错误
-----------------------------------------------------------
（显示的错误信息）
ValueError: all the input arrays must have same number  ➡
of dimensions

In [10]: d = np.arange(5).reshape(1, 5)  ➡
# 将shape指定为(1, 5)

In [11]: d
Out[11]: array([[0, 1, 2, 3, 4]])

In [12]: np.hstack((c, d))  # 这样设置，就可以进行拼接
Out[12]: array([[0, 1, 0, 1, 2, 3, 4]])
```

　　如果将shape为**(12,)**的一维数组**a**与shape为**(1,2)**的一维数组**c**在平行方向上进行拼接，由于它们的维数（ndim）是不同的，所以不能直接进行拼接。因此，如果想要拼接数组，数组维数必须是相同的。

　　接下来将对三维数组进行确认。因为是在**axis=1**的方向上进行拼接，所以三维数组，就是在其中所包含的二维数组的行方向上进行拼接。

```
In [13]: e = np.arange(12).reshape(2, 2, 3)
```

```
In [14]: f = np.arange(6).reshape(2, 1, 3) ⇒
# 接下来对三维数组进行拼接
```

```
In [15]: e
Out[15]:
array([[[ 0,  1,  2],
        [ 3,  4,  5]],

       [[ 6,  7,  8],
        [ 9, 10, 11]]])
```

```
In [16]: f
Out[16]:
array([[[0, 1, 2]],

       [[3, 4, 5]]])
```

```
In [17]: np.hstack((e, f))
Out[17]:
array([[[ 0,  1,  2],
        [ 3,  4,  5],
        [ 0,  1,  2]],

       [[ 6,  7,  8],
        [ 9, 10, 11],
        [ 3,  4,  5]]])
```

● 可使用 hstack 函数的数组形状

对可以使用 **np.hstack** 函数进行处理的数组的形状进行确认。可以使用的 shape 总结见表 2.23，供大家参考。

表 2.23　可使用 np.hstack 函数的数组形状

可使用 np.hstack 函数的数组形状的组合	不可使用 np.hstack 函数的数组形状的组合
(1<u>2</u>,), (<u>2</u>,)	(1<u>2</u>,), (2, <u>1</u>)
(2, <u>3</u>), (2, <u>4</u>)	(<u>2</u>, 3), (<u>4</u>, 2)
(2, <u>2</u>), (2, <u>2</u>)	(<u>2</u>, 2), (<u>3</u>, 2)
(1, <u>2</u>, 3), (1, <u>4</u>, 3)	(<u>1</u>, 2, 3), (<u>2</u>, 2, 3)
(2, <u>5</u>, 3, 2), (2, <u>9</u>, 3, 2)	(2, 5, <u>3</u>, 2), (2, 5, <u>9</u>, 2)

如果只是 **axis=1** 的元素数量不同，是可以使用 **np.hstack** 函数实现拼接的。

🔷 2.9.2　np.vstack

np.vstack 函数的使用方法如下。

np.vstack

```
np.vstack(tup)
```

● np.vstack 的参数

np.vstack 函数中所使用的参数见表 2.24。

表 2.24　np.vstack 的参数

参数名	类　型	概　要
tup	ndarray 的元组	用于指定需要拼接的数组（ndarray）

● np.vstack 的返回值

这里的参数和前面讲解过的 **np.hstack** 的参数是完全一样的。

不过这里是在二维的纵向（vertical）上进行拼接。严格来讲，是在

axis=0 方向上拼接。

◉ 基本的拼接

下面将使用如下代码对使用方法进行确认。

```
In [18]: a = np.arange(12).reshape(-1, 1)  ➡
# 包含12个元素的列向量

In [19]: b = np.arange(2).reshape(-1, 1)  ➡
# 包含两个元素的列向量

In [20]: a
Out[20]:
array([[ 0],
       [ 1],
       [ 2],
       [ 3],
       [ 4],
       [ 5],
       [ 6],
       [ 7],
       [ 8],
       [ 9],
       [10],
       [11]])

In [21]: b
Out[21]:
array([[0],
       [1]])

In [22]: np.vstack((a, b))              # 尝试进行拼接
Out[22]:
array([[ 0],
       [ 1],
       [ 2],
       [ 3],
       [ 4],
       [ 5],
       [ 6],
       [ 7],
```

```
        [ 8],
        [ 9],
        [10],
        [11],
        [ 0],
        [ 1]])

In [23]: c = np.arange(2).reshape(1, 2)

In [24]: c
Out[24]: array([[0, 1]])

In [25]: np.vstack((a, c))     # 如果和a进行拼接, 就会发生运行时错误
---------------------------------------------------------------
```
(显示的错误信息)
```
ValueError: all the input array dimensions except for >>
the concatenation axis must match exactly

In [26]: d = np.arange(4).reshape(2, 2) ➡
# 这样设置, 就能创建二维数组

In [27]: c
Out[27]: array([[0, 1]])

In [28]: d
Out[28]:
array([[0, 1],
       [2, 3]])

In [29]: np.vstack((c, d))
Out[29]:
array([[0, 1],
       [0, 1],
       [2, 3]])
```

● 三维数组的拼接

接下来将对三维数组进行确认。在二维数组的基础上, 在新增加的
方向上对数组进行拼接。

```
In [30]: e = np.arange(24).reshape(4, 3, 2)

In [31]: f = np.arange(6).reshape(1, 3, 2)

In [32]: e
Out[32]:
array([[[ 0,  1],
        [ 2,  3],
        [ 4,  5]],

       [[ 6,  7],
        [ 8,  9],
        [10, 11]],

       [[12, 13],
        [14, 15],
        [16, 17]],

       [[18, 19],
        [20, 21],
        [22, 23]]])

In [33]: f
Out[33]:
array([[[0, 1],
        [2, 3],
        [4, 5]]])

In [34]: g = np.vstack((e, f))

In [35]: g                        # 进行拼接
Out[35]:
array([[[ 0,  1],
        [ 2,  3],
        [ 4,  5]],

       [[ 6,  7],
        [ 8,  9],
        [10, 11]],
```

```
        [[12, 13],
         [14, 15],
         [16, 17]],

        [[18, 19],
         [20, 21],
         [22, 23]],

        [[ 0,  1],
         [ 2,  3],
         [ 4,  5]]])
```

In [36]: **g.shape**   # 对 shape 进行确认
Out[36]: (5, 3, 2)

● 可使用 np.vstack 函数的数组形状

　　最后，对可以使用 **np.vstack** 函数进行处理的数组的形状（shape）进行确认。可以使用的 shape 总结在表 2.25 中，供大家参考。

表 2.25　可使用 np.vstack 函数的数组形状

可使用 np.vstack 函数的数组形状的组合	不可使用 np.vstack 函数的数组形状的组合
(1̲2̲,), (2̲,)	(1̲2̲,), (2̲, 1̲)
(2̲, 3), (3̲, 3)	(2̲, 3̲), (2̲, 4̲)
(2̲, 2), (2̲, 2)	(2̲, 2), (2̲, 5̲)
(1̲, 2, 3), (4̲, 2, 3)	(1, 2, 3̲), (1, 2, 1̲)
(2̲, 5, 3, 2), (9̲, 5, 3, 2)	(2, 5, 3, 2), (2, 7̲, 3, 2)

　　如果只是 **axis=0** 的元素数量不同，可以使用 **np.vstack** 函数进行拼接。

2.10 数据可视化函数库

matplotlib是在使用图表进行可视化处理时经常会用到的模块，开发这个模块的目的在于将Python中经常会用到的数据分析软件MATLAB中所提供的图表绘制功能移植到NumPy中。

在本书中，有很多章节都使用了matplotlib进行可视化处理。本节将对matplotlib的使用方法进行讲解。

因matplotlib与NumPy的兼容性非常好，因此在绝大多数情况下都是与NumPy一起使用。

本节将对如下的内容进行讲解。

- matplotlib的安装方法
- matplotlib的简单使用方法

⬡ 2.10.1 matplotlib的安装方法

在前面的章节中已经安装了Python3，所以接下来只要在终端窗口中执行下列命令，即可自动完成对matplotlib的安装[※1]。

[终端窗口]

```
$ pip install matplotlib
```

此外，根据使用环境的不同，还可能需要安装下列软件库。

[终端窗口]

```
$ pip install PySide
$ pip install PySide2
```

⬡ 2.10.2 matplotlib运行环境的准备

接下来将对其使用方法进行简单的讲解。

※1 指定版本安装的方法请参考1.1.3小节。

首先需要导入matplotlib模块。pyplot的作用是为基于面向对象编程的matplotlib软件库提供基于面向过程编程支持的接口。因此，在matplotlib中既可以使用面向对象的编程方式进行图表的绘制，也可以使用面向过程的编程方式进行图表的绘制。

在Jupyter Notebook或IPython中使用时，请不要忘记添加如下代码。

[Jupyter Notebook]

```
%matplotlib inline
```

[IPython]

```
In [1]: import numpy as np

In [2]: import matplotlib.pyplot as plt ➡
# 以plt的形式导入是惯例
```

如果没有使用上述语句，程序就不会在输出结果的画面中显示图表。

2.10.3　正弦曲线的绘制

首先将尝试绘制较为简单的图表，实现对正弦曲线的绘制。

```
In [1]: import numpy as np

In [2]: import matplotlib.pyplot as plt ➡
# 以plt的形式导入是惯例※2

In [3]: X = np.linspace(-10, 10, 1000)
In [4]: y = np.sin(X)          # 计算正弦值

In [5]: plt.plot(X, y) # 绘制图表，使用plot实现点与点之间的平滑连接
```

※2　如果是在macOS的环境中通过pyenv安装了Python，初次导入时可能会出现读取错误。如果遇到这种情况，可以用Framework的形式对其重新进行安装。另外，请先将IPython卸载后再尝试重新安装。

```
Out[5]: [<matplotlib.lines.Line2D at 0x1093f7550>]
```

```
In [6]: plt.show()              # 显示图表
```

使用最后的 **plt.show** 函数调用可以对绘制完的图表进行显示。
最终显示的图表如图 2.27 所示。

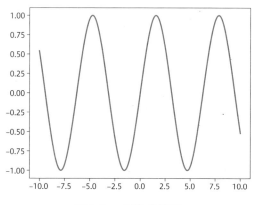

图 2.27　正弦曲线图

● 轴标签和标题的设置

如果只是需要确认大致形状，绘制成类似上面那样的图表就足
够了。

接下来，将对图表进行修饰。首先，使用如下代码加入网格的绘
制，可以使图表中的数值显得更加清晰（见图 2.28）。

```
In [7]: plt.grid(True)
```

```
In [8]: plt.plot(X, y)
Out[8]: [<matplotlib.lines.Line2D at 0x1105a3d30>]
```

```
In [9]: plt.show()
```

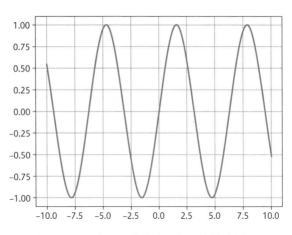

图 2.28 在正弦曲线中添加网格的绘制

接下来，将在图表中添加坐标轴标签和图表标题（见图2.29）。

```
In [10]: plt.title('sine wave')
Out[10]: Text(0.5,1,'sine wave')


In [11]: plt.xlabel('X')                # x轴的标签
Out[11]: Text(0.5,0,'X')


In [12]: plt.ylabel('y')                # y轴的标签
Out[12]: Text(0,0.5,'y')


In [13]: plt.plot(X, y)
Out[13]: [<matplotlib.lines.Line2D at 0x113523160>]


In [14]: plt.show()
```

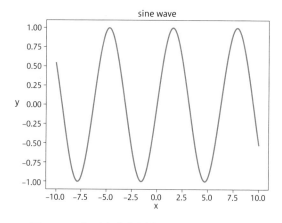

图 2.29 在正弦曲线图中添加轴标签和标题

● 修改显示值的范围

前面已经实现了在图表中添加坐标轴标签和标题。接下来将尝试对 x 轴和 y 轴上的值的范围进行修改（见图 2.30）。

```
In [15]: plt.xlim(-5,5)        # -5~5的范围
Out[15]: (-5, 5)

In [16]: plt.ylim(-0.5, 1.0)   # -0.5~1的范围
Out[16]: (-0.5, 1.0)

In [17]: plt.plot(X, y)
Out[17]: [<matplotlib.lines.Line2D at 0x110da8320>]

In [18]: plt.xlabel('X')
Out[18]: Text(0.5,0,'X')

In [19]: plt.ylabel('y')
Out[19]: Text(0,0.5,'y')

In [20]: plt.title('limited scale')
Out[20]: Text(0.5,1,'limited scale')

In [21]: plt.show()
```

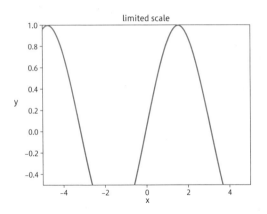

图 2.30　x 轴和 y 轴数值范围修改后的正弦曲线

　　像这样对范围进行设置之后，超出该范围的数值将不会被绘制到图表中。

🔷 2.10.4　各种图表的绘制

　　使用 matplotlib 可以绘制各式各样的图表。

● 散点图的绘制

　　下面是绘制散点图的代码（见图 2.31）。

```
In [22]: x = np.random.randn(1000)   ➡
# 生成1000个服从标准正态分布的随机数

In [23]: y = np.random.randn(1000)

In [24]: plt.scatter(x, y)
Out[24]: <matplotlib.collections.PathCollection at ➡
0x11144ae10>

In [25]: plt.title('scatter')
Out[25]: Text(0.5,1,'scatter')

In [26]: plt.xlabel('x')
Out[26]: Text(0.5,0,'x')
```

```
In [27]: plt.ylabel('y')

In [28]: plt.grid()            # 即使不指定True，也会添加网格

In [29]: plt.show()
```

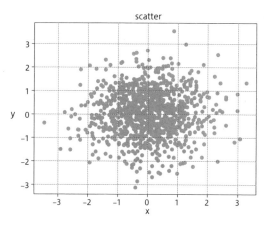

图2.31 散点图

● 直方图的创建

继续创建直方图。

接下来将使用刚刚生成的服从标准正态分布的数值创建直方图（见图2.32）。

```
In [30]: plt.hist(x)          # 创建直方图
Out[30]:
(array([ 2.,  16.,  51., 142., 254., 260., 178., ➡
70.,  21.,   6.]),
 array([-3.45467525, -2.78074918, -2.10682311, ➡
-1.43289703, -0.75897096,
        -0.08504489,  0.58888119,  1.26280726, ➡
1.93673334,  2.61065941,
         3.28458548]),
 <a list of 10 Patch objects>)

In [31]: plt.xlabel('x')
```

```
Out[31]: Text(0.5,0,'x')

In [32]: plt.ylabel('frequency')
Out[32]: Text(0,0.5,'frequency')

In [33]: plt.show()
```

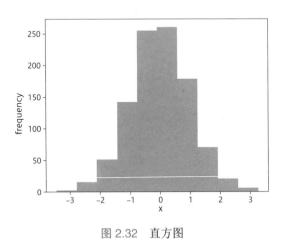

图 2.32　直方图

🔷 2.10.5　多个叠加正弦曲线的绘制

实际上，还可以对多个正弦曲线叠加而成的图表进行绘制。下面将尝试对多个正弦曲线叠加而成的图表进行绘制和显示（见图2.33）。

```
In [34]: x = np.linspace(-10, 10, 1000)

In [35]: y_1 = np.sin(x)

In [36]: y_2 = np.cos(x)

In [37]: plt.plot(x, y_1)
Out[37]: [<matplotlib.lines.Line2D at 0x1121120b8>]

In [38]: plt.plot(x, y_2)
Out[38]: [<matplotlib.lines.Line2D at 0x1121157f0>]
```

```
In [39]: plt.grid()

In [40]: plt.xlabel('x')
Out[40]: Text(0.5,0,'x')

In [41]: plt.ylabel('y')
Out[41]: Text(0,0.5,'y')

In [42]: plt.show()
```

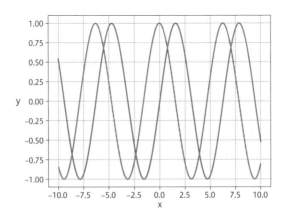

图 2.33　多个叠加正弦曲线的绘制

2.11 生成全零数组的函数

zeros 函数是用于生成以 0 为元素的数组的函数。其中，np.zeros 是用于生成 ndarray 对象并使用 0 对其进行初始化的函数。NumPy 中用于生成数组的函数有很多种，可能会造成大家理解上的困难。

本节将对如下内容进行讲解。

- np.zeros 的使用方法
- np.empty 与 np.zeros_like 的区别

相信大家只要熟练掌握了使用方法，就能看懂代码，并编写出属于自己的程序。

2.11.1　np.zeros

np.zeros 函数，从其名称就可以想象得到，它是用于创建所有元素都为 **0** 的数组的函数。

np.zeros

```
np.zeros(shape, dtype=float, order='C')
```

● np.zeros 的参数

np.zeros 函数中所使用的参数见表 2.26。

表 2.26　np.zeros 的参数

参数名	类型	概　要
shape	int 或 int 元组	用于指定所创建数组的 shape
dtype	数据类型	（可以省略）初始值为 Float，用于指定所创建数组中元素的数据类型，默认设置为 float64
order	'C' 或 'F'	（可以省略）初始值为 'C'，用于指定 'C'/'F' 中的任意一个，默认设置为 'C'，用于指定数组中元素的排列方式

● np.zeros 的返回值

np.zeros 返回形状为指定的形状（**shape**），元素为 **0** 的数组（ndarray）。

在 **np.zeros** 的参数中，第一个参数指定的是需要创建的数组的 **shape**，第二个参数指定的是数据类型（默认设置为 **float64**），第三个参数指定的是 **order**。最后的第三个参数是用于指定使用类似 FORTRAN 的顺序的，不过通常都不需要指定。此外，如果是像在这里所讲解的内容一样，元素全部都是相同的，那么即使指定 **order** 参数，在表面上也是看不出任何差别的。

● 基本的使用方法

那么，接下来将通过实际的代码对这个函数的使用方法进行确认。

```
In [1]: import numpy as np

In [2]: np.zeros(10)                    # 创建一维数组
Out[2]: array([ 0.,   0.,   0.,   0.,   0.,   0.,   0.,   0.,   ➡
0.,   0.])

In [3]: np.zeros(10, dtype=int)         # 将数据类型指定为 int
Out[3]: array([0, 0, 0, 0, 0, 0, 0, 0, 0, 0])

In [4]: np.zeros((3, 4))                # 创建 3 × 4 的二维数组
Out[4]:
array([[ 0.,   0.,   0.,   0.],
       [ 0.,   0.,   0.,   0.],
       [ 0.,   0.,   0.,   0.]])
```

🔷 2.11.2   np.empty 与 np.zeros 的区别

np.empty 是在 NumPy 中进行初始化处理时经常会用到的函数。但是 **np.empty** 函数并不能保证数组中的每个元素的值都为 0。因此，对于不需要将数值初始化为 0 的情况，使用这个函数的代码执行速度会更快，因此对于这类情况，建议不要使用 **np.zeros** 函数，而是使用 **np.empty** 函数。

下面将通过不需要缓存的方式对 **shape** 进行更改，并对代码的执行速度进行测算。

```
In [5]: def zeros():
   ...:         for i in range(10000):
   ...:             _ = np.zeros((1, i))

In [6]: def empty():
   ...:         for i in range(10000):
   ...:             _ = np.empty((1, i))

In [7]: %timeit zeros()
22.5 ms ± 1.24 ms per loop (mean ± std. dev. of 7 runs, ➡
 10 loops each)

In [8]: %timeit empty()
5.35 ms ± 71.2 µs per loop (mean ± std. dev. of 7 ➡
runs, 100 loops each)
```

从上述代码的执行结果中可以看到，使用 **np.empty** 函数的执行速度要高出 3~4 倍。

🎲 2.11.3　np.zeros_like

除了前面介绍的函数，还有名为 **np.zeros_like** 的函数。

np.zeros_like

```
np.zeros_like(a, dtype=None, order='K', subok=True)
```

⬤ np.zeros_like 的参数

np.zeros_like 函数中所使用的参数见表2.27。

表2.27　np.zeros_like的参数

参数名	类　型	概　要
a	array_like（类似数组的对象）	用于指定包含需要创建的数组的shape、dtype的ndar-ray
dtype	数据类型	（可以省略）初始值为float，用于指定所创建数组中元素的数据类型，默认设置为float64
order	'C' 'F' 'A' 'K'中的任意一个	（可以省略）初始值为'K'，用于指定'C' 'F' 'A' 'K'中的任意一个，默认设置为'K'，用于指定数组中数据的排列方式。如果指定'K'，输出的数组就会尽量继承原有数组的排列方式
subok	bool值	（可以省略）初始值为True，当这个参数为True时，就使用参数a的子类的数据类型生成ndarray对象

● np.zeros_like 的返回值

　　np.zeros_like返回具有与a相同的 **shape**，且元素为 **0** 的ndarray对象。

● 生成与原有数组同shape的数组

　　当需要生成与原有ndarray具有相同shape的数组时，对于如下代码，替换成 **np.zeros_like** 函数实现，代码会更加简洁。

```
b = np.zeros(a.shape)
```

　　由于上述代码的目的就是生成与原有ndarray具有相同shape的数组，因此可以像下面这样使用 **np.zeros_like** 实现。

```
b = np.zeros_like(a)
```

2.12 生成全1数组的函数

本节将对生成元素全部为1的数组的函数np.ones进行讲解。
类似功能的函数还包括前面讲解过的np.empty和np.zeros等。
本节将对如下内容进行讲解。

- np.ones 的使用方法
- 与np.ones_like 的区别

2.12.1 np.ones

np.ones是一个没有特殊功能的简单函数，可以很轻易地就学会它的使用方法。

np.ones

```
np.ones(shape, dtype=None, order='C')
```

np.ones 的参数

np.ones 函数中使用的参数见表2.28。

表2.28 np.ones 的参数

参数名	类　型	概　要
shape	int 或 int 元组	用于指定生成数组的 shape
dtype	数据类型	（可以省略）初始值为 float64，用于指定元素的数据类型
order	'C' 或 'F'	（可以省略）初始值为'C'，用于指定数组中数据的保存方式

np.ones 的返回值

np.ones返回具有指定形状（shape）且元素全为1的数组（ndarray）。

在 **np.ones** 函数中包含3个参数，但是必须指定的只有第一个参数，用于指定数组的 **shape**。

其他的两个参数中，**dtype**用于指定元素的数据类型；**order**用于指定数据的保存方式。**order**参数是在指定使用类似FORTRAN的顺序时需要用到的参数，通常不需要指定。

● 基本的使用方法

接下来，将通过实际的代码对这个函数的使用方法进行确认。

```
In [1]: import numpy as np

In [2]: np.ones(3)                # 包含3个元素的一维数组
Out[2]: array([ 1.,  1.,  1.])

In [3]: np.ones((2, 3))           # 2×3的二维数组
Out[3]:
array([[ 1.,  1.,  1.],
       [ 1.,  1.,  1.]])
```

● 数据类型的指定

在这里对数据的类型进行指定。

```
In [4]: np.ones(4, dtype="float32") # 数据类型指定为float32
Out[4]: array([ 1.,  1.,  1.,  1.], dtype=float32)

In [5]: np.ones(4, dtype=np.int8) ➡
# 数据类型指定为int8。还可以使用在NumPy中预先定义好的对象进行指定
Out[5]: array([1, 1, 1, 1], dtype=int8)

In [6]: np.ones((2,3), dtype="complex") # 还可以指定为复数形式
Out[6]:
array([[ 1.+0.j,  1.+0.j,  1.+0.j],
       [ 1.+0.j,  1.+0.j,  1.+0.j]])
```

另外，还有一个功能类似的函数 **np.ones_like**。

np.ones_like

```
np.ones_like(a, dtype=None, order='K', subok=True)
```

● np.ones_like 的参数

np.ones_like 函数中所使用的参数见表 2.29。

表 2.29　np.ones_like 的参数

参数名	类　型	概　要
a	array_like（类似数组的对象）	用于指定包含需要创建的数组的 shape、dtype 的 ndarray
dtype	数据类型	（可以省略）初始值为 None，用于指定所生成数组中元素的数据类型，默认设置为继承 a 的数据类型
order	'C' 'F' 'A' 'K' 中的任意一个	（可以省略）初始值为 'K'，用于指定数组中数据保存的方式。如果指定 'K'，输出的数组就会尽量继承原有数组的保存方式
subok	bool 值	（可以省略）初始值为 True，用于指定是否使用参数 a 的子类的数据类型生成 ndarray

如果需要生成具有与某个数组 **a** 相同 shape 的数组，可以使用 **np.ones** 函数编写如下代码。

```
b = np.ones(a.shape)
```

如果在这里使用 **np.ones_like**，就可以得到更为简洁的代码，代码的可读性也更高。

```
b = np.ones_like(a)
```

● 基本的使用方法

np.ones_like 的基本使用方法如下所示。

```
In [7]: a = np.array([[1, 2, 3],[2, 3, 4]])

In [8]: np.ones_like(a)
Out[8]:
array([[1, 1, 1],
       [1, 1, 1]])

In [9]: b = np.array([2, 3, 4], dtype="int8" )

In [10]: np.ones_like(b)
Out[10]: array([1, 1, 1], dtype=int8)
```

✎ 读书笔记

2.13 生成连续数列或等差数列的函数

使用NumPy生成连续的数组时，经常会使用np.arange函数。本节将对如下内容进行讲解。

- arange 和 Python 内嵌函数 range 的区别
- np.arange 的使用方法

◆ 2.13.1 Python 的 range 函数

在Python中生成连续元素的数组时，经常会使用 **range** 函数。例如，像下面这样使用，会返回一个可生成 0～9 的数值的生成器，再结合列表闭包语法一起使用，可以创建出包含 0～9 元素的列表。

[终端窗口]

```
$ python
```

```
>>> [x for x in range(10)]
[0, 1, 2, 3, 4, 5, 6, 7, 8, 9]
```

需要生成包含这样连续元素的数组（ndarray）时，还可以使用如下Python的 **range** 函数实现。如果需要结束输入状态，请执行 **exit** 命令。

```
>>> import numpy as np
>>> np.array(range(10))
array([0, 1, 2, 3, 4, 5, 6, 7, 8, 9])
```

为了更加简便且高速地生成数组，NumPy还提供了 **np.arange** 函数，用于生成包含连续数列或等差数列的 **ndarray** 对象。

接下来，将对 **np.arange** 的使用方法进行讲解。

◈ 2.13.2　等差数列

在对 **np.arange** 的使用方法进行讲解之前，首先对使用这个函数生成等差数列的方法进行简单的复习。

所谓等差数列，是指项与项之间的差为固定值的数列。

首项是指最开头的项，公差是指项与项之间的差。例如，下面就是一个首项为 5、公差为 2 的等差数列。

```
5, 7, 9, 11, 13, 15, …
```

◈ 2.13.3　np.arange

np.arange 是用于生成连续或等差数列的函数。实现类似功能的函数还包括 **np.linspace**，这两者除了允许指定的元素不同之外，**np.arange** 还可以只设置一个参数就能够轻易地生成数列。

np.arange

```
np.arange([start, ]stop, [step, ]dtype=None)
```

○ np.arange 的参数

np.arange 函数中所使用的参数见表 2.30。

表 2.30　np.arange 的参数

参数名	类　型	概　要
start	int 或 float	（可以省略）初始值为 0，用于指定生成等差数列的首项。不对此项进行指定，就会从 0 开始生成等差数列
stop	int 或 float	用于指定生成等差数列的终点
step	int 或 float	（可以省略）初始值为 1，用于指定生成数列中的每个项与项之间的差（公差）
dtype	数据类型	（可以省略）初始值为 None，用于指定生成数列的数据类型。不对此项进行指定，就会沿用使用 start 或 stop 输入的数据类型

● np.arange 的返回值

np.arange 返回将指定公差（初始值为1)的等差数列作为元素的数组（ndarray）对象。

在 **arange** 的参数中，第一个参数用于指定需要生成的数列的首项（初始值为0)，第二个参数用于指定终点，第三个参数用于指定公差（初始值为1)，第四个参数用于指定数据类型。

此外，虽然除了第二个参数之外，其他参数可以省略不指定，但是在对第三个参数指定公差的同时，需要对第一个参数的首项也进行设置。

● 仅指定某个终点

首先将对只指定第二个参数作为终点的情况进行确认。这个设置在生成从0开始的连续数列时经常会用到，以这种形式使用的情况是最为常见的。

此时返回的是将首项为0、公差为1的等差数列作为元素的 **ndarray**。

```
In [1]: import numpy as np

In [2]: np.arange(5) ➡
# 0～5的等差数列（但是作为参数，指定的5是不包含在数列中的）
Out[2]: array([0, 1, 2, 3, 4])

In [3]: np.arange(-10)     # 指定负数，就会返回没有元素的数组
Out[3]: array([], dtype=int64)

In [4]: np.arange(4.5)     # 即使指定的是float型，也会生成数组
Out[4]: array([ 0.,  1.,  2.,  3.,  4.])
```

接下来尝试对首项进行指定。因为这里不会指定公差，所以公差保持不变，还是1。

```
In [5]: np.arange(1, 8)
Out[5]: array([1, 2, 3, 4, 5, 6, 7])

In [6]: np.arange(2, 10)
```

```
Out[6]: array([2, 3, 4, 5, 6, 7, 8, 9])

In [7]: np.arange(0.5, 5.5)  ➡
# 使用带小数点的值进行设置也可以生成数组
Out[7]: array([ 0.5,  1.5,  2.5,  3.5,  4.5])

In [8]: np.arange(0.55, 5.55)
Out[8]: array([ 0.55,  1.55,  2.55,  3.55,  4.55])
```

○ 指定公差

接下来将尝试对公差进行指定。指定公差时，也必须对首项进行指定。即使公差不是整数，也可以生成数组。

```
In [9]: np.arange(2, 12, 2)    # 首项为2、公差为2、终点为12的等差数列
Out[9]: array([ 2,  4,  6,  8, 10])

In [10]: np.arange(2, 5, 0.2)        # 公差可以不是整数
Out[10]:
array([ 2. ,  2.2,  2.4,  2.6,  2.8,  3. ,  3.2,  3.4, ➡
        3.6,  3.8,  4. ,  4.2,  4.4,  4.6,  4.8])

In [11]: np.arange(5, 2, -1) # 公差可以指定为负数
Out[11]: array([5, 4, 3])

In [12]: np.arange(stop=3, step=1)  ➡
# 如果不指定start，就会发生运行时错误
----------------------------------------------------------
（显示的错误信息）
TypeError: Required argument 'start' (pos 1) not found
```

○ 指定数据类型

最后对数据类型进行指定。

虽然可以直接将数据类型代入dtype参数中，但是如果在dtype中指定 **int**，公差中小数点后的部分会被忽略。此外，首项或终点的值是不受数据类型影响的。

```
In [13]: np.arange(5, dtype='float64')  # 变换成浮点型
Out[13]: array([ 0.,  1.,  2.,  3.,  4.])

In [14]: np.arange(5.0, dtype='int')           # 变换成整数型
Out[14]: array([0, 1, 2, 3, 4])

In [15]: np.arange(0, 5, 0.5, dtype='int') ➡
# 公差中如果出现了小数，小数点后面的部分会被忽略
Out[15]: array([0, 0, 0, 0, 0, 0, 0, 0, 0, 0])

In [16]: np.arange(0, 5, 1.5, dtype='int') ➡
# 与上面一样，出现了小数，小数点后面的部分会被忽略
Out[16]: array([0, 1, 2, 3])
```

✎ 读书笔记

2.14 生成线性等距数列的函数

np.linspace是用于生成线性等距数列的函数。虽然同样的数列也可以使用np.arange函数创建，但是使用np.linspace可以简化代码，便于阅读及理解。

本节将对如下内容进行讲解。

- 复习等差数列
- np.linspace的使用方法
- 与np.arange的区别

● np.linspace与np.arange的区别

本节中将要讲解的 **np.linspace** 是用于生成2.13节中所讲解的等差数列的函数。具有类似功能的还有 **np.arange** 函数，但是两者允许指定的参数是不同的。

使用 **np.linspace** 函数，可以明确地知道这是生成将指定区间 N 等分的数列的代码，这样的代码更便于阅读，因此如果需要生成等距数列，推荐使用这个函数。

np.linspace

```
np.linspace(start, stop, num=50, endpoint=True, ➡
retstep=False, dtype=None)
```

● np.linspace的参数

np.linspace 函数中使用的参数见表2.31。

表2.31　np.linspace 的参数

参数名	类 型	概 要
start	int 或 float	用于指定数列的起点
stop	int 或 float	用于指定数列的终点
num	int	（可以省略）初始值为50，用于指定生成数组（ndarray）的元素数量
endpoint	bool 值	（可以省略）初始值为True，用于指定在生成的数列中是否将 stop 作为其中的元素，如果是 True 就包含 stop，如果是 False 就不包含
retstep	bool 值	（可以省略）初始值为False，用于指定在生成的数列（ndarray）后面是否显示公差，如果是 True 就显示，如果是 False 就不显示
dtype	数据类型	（可以省略）初始值为None，用于指定生成数列（ndarray）的数据类型。不指定 dtype，数据类型一般会自动指定为 float 型

● np.linspace 的返回值

　　np.linspace 返回划分为 num 等份（表2.31中的参数 num 指定分成几等份）的等差数列作为元素的 ndarray 对象。

　　np.linspace 函数中的第一个参数和第二个参数用于指定生成的等差数列的起点和终点，第三个参数 **num** 用于指定数组的长度，第四个参数 **endpoint** 用于指定终点是否将包含在数组的元素中。

　　剩余的 **retstep** 用于指定是否显示公差，**dtype** 用于指定数据类型。

　　这是一个参数比较多的函数，通常情况下只要掌握 **start**、**stop**、**num** 这3个参数就足够了。

　　当 **endpoint = True** 时，公差是使用公式 $\dfrac{stop - start}{num - 1}$ 计算的；当 **endpoint = False** 时，公差则是使用公式 $\dfrac{stop - start}{num}$ 计算的。

● 指定生成的等差数列

　　首先只对 **start**、**stop**、**num** 这3个参数的使用方法进行示范。

```
In [1]: import numpy as np

In [2]: np.linspace(0, 1)          # 首先指定起点为0，终点为1
Out[2]:
array([ 0.        ,  0.02040816,  0.04081633,  ➡
        0.06122449,  0.08163265,  0.10204082,  ➡
        0.12244898,  0.14285714,  0.16326531,  ➡
        0.18367347,  0.20408163,  0.2244898 ,  ➡
        0.24489796,  0.26530612,  0.28571429,  ➡
        0.30612245,  0.32653061,  0.34693878,  ➡
        0.36734694,  0.3877551 ,  0.40816327,  ➡
        0.42857143,  0.44897959,  0.46938776,  ➡
        0.48979592,  0.51020408,  0.53061224,  ➡
        0.55102041,  0.57142857,  0.59183673,  ➡
        0.6122449 ,  0.63265306,  0.65306122,  ➡
        0.67346939,  0.69387755,  0.71428571,  ➡
        0.73469388,  0.75510204,  0.7755102 ,  ➡
        0.79591837,  0.81632653,  0.83673469,  ➡
        0.85714286,  0.87755102,  0.89795918,  ➡
        0.91836735,  0.93877551,  0.95918367,  ➡
        0.97959184,  1.        ])

In [3]: np.linspace(0, 49)  # 注意是生成50个元素，宽度需要调整为1
Out[3]:
array([  0.,   1.,   2.,   3.,   4.,   5.,   6.,  ➡
         7.,   8.,   9.,  10.,  11.,  12.,  13.,  ➡
        14.,  15.,  16.,  17.,  18.,  19.,  20.,  ➡
        21.,  22.,  23.,  24.,  25.,  26.,  27.,  ➡
        28.,  29.,  30.,  31.,  32.,  33.,  34.,  ➡
        35.,  36.,  37.,  38.,  39.,  40.,  41.,  ➡
        42.,  43.,  44.,  45.,  46.,  47.,  48.,  49.])

In [4]: np.linspace(0, 2, 3)          # 将0~2的区间分为3等份
Out[4]: array([ 0.,  1.,  2.])

In [5]: np.linspace(0, -2, 3)          # 使用负数也可以生成数组
Out[5]: array([ 0., -1., -2.])

In [6]: np.linspace(0, 2, num=3)       # 还可以指定num = 3
```

```
Out[6]: array([ 0., 1., 2.])
```

● 指定数组中是否包含终点

接下来将对 **endpoint** 的使用方法进行示范。

```
In [7]: np.linspace(0, 2, num=3, endpoint=False) ➡
# 返回元素中不包含2的ndarray
Out[7]: array([ 0.        , 0.66666667, 1.33333333])
```

```
In [8]: np.linspace(0, 2, num=3, endpoint=True) ➡
# 返回元素中包含2的ndarray，这是默认设置
Out[8]: array([ 0., 1., 2.])
```

下面将尝试对参数 **retstep** 进行指定。可以从下面的代码中看到是否显示公差。

```
In [9]: np.linspace(0, 1, retstep=True) # 显示公差
Out[9]:
(array([ 0.        , 0.02040816, 0.04081633, ➡
         0.06122449, 0.08163265, 0.10204082, ➡
         0.12244898, 0.14285714, 0.16326531, ➡
         0.18367347, 0.20408163, 0.2244898 , ➡
         0.24489796, 0.26530612, 0.28571429, ➡
         0.30612245, 0.32653061, 0.34693878, ➡
         0.36734694, 0.3877551 , 0.40816327, ➡
         0.42857143, 0.44897959, 0.46938776, ➡
         0.48979592, 0.51020408, 0.53061224, ➡
         0.55102041, 0.57142857, 0.59183673, ➡
         0.6122449 , 0.63265306, 0.65306122, ➡
         0.67346939, 0.69387755, 0.71428571, ➡
         0.73469388, 0.75510204, 0.7755102 , ➡
         0.79591837, 0.81632653, 0.83673469, ➡
         0.85714286, 0.87755102, 0.89795918, ➡
         0.91836735, 0.93877551, 0.95918367, ➡
         0.97959184, 1.        ]),
```

```
            0.020408163265306121)

In [10]: np.linspace(0, 2, num=3, retstep=True)
Out[10]: (array([ 0.,  1.,  2.]), 1.0)


In [11]: np.linspace(0, 2, num=3, retstep=False) ➡
# 不显示公差（默认设置）
Out[11]: array([ 0.,  1.,  2.])
```

● 变更数据类型

最后将尝试对参数 **dtype** 进行指定。当需要将数据类型指定为 **float64** 之外的类型时，请对这里的参数进行设置。

```
In [12]: np.linspace(0, 2, num=3) ➡
# 不指定任何数据类型，就是 float 型
Out[12]: array([ 0.,  1.,  2.])


In [13]: a = np.linspace(0, 1, 3)


In [14]: a.dtype              # 确认数据类型
Out[14]: dtype('float64')


In [15]: np.linspace(0, 2, num=3, dtype='int') ➡
# 将数据类型指定为 int 型
Out[15]: array([0, 1, 2])


In [16]: np.linspace(0, 1, num=4, dtype='float32') ➡
# 将数据类型指定为 float32，就是 32 位浮点型
Out[16]: array([ 0.        ,  0.33333334,  0.66666669, ➡
1.         ], dtype=float32)


In [17]: np.linspace(0, 1, num=4, dtype='float64') ➡
# 将数据类型指定为 float64，就是 64 位浮点型
Out[17]: array([ 0.        ,  0.33333333,  0.66666667, ➡
1.         ])
```

2.15 生成单位矩阵的函数

将位于对角线上的元素为1，非对角线上的元素为0的矩阵称为单位矩阵。而NumPy中也提供了专门用于生成单位矩阵的函数。

在NumPy所提供的函数中，使用比较多的是np.eye和np.identity这两个函数，从使用频率上来看，这两个函数并没有太大差别。

本节将对如下内容进行讲解。

- 单位矩阵和正方矩阵
- np.eye与np.identity的区别
- 各个函数的使用方法
- 处理速度的比较

⬡ 2.15.1　单位矩阵与正方矩阵

首先将对一些简单的数学知识进行讲解。

所谓单位矩阵，是指位于矩阵的对角线上的元素全部为1的正方矩阵。

所谓正方矩阵，是指行数与列数相等，大小为$N \times N$的矩阵。

例如，2×3的矩阵就不能称为正方矩阵，而2×2或3×3的矩阵才能称为正方矩阵。下列两个矩阵A和B都属于正方矩阵。

$$A = \begin{pmatrix} a_{11} & a_{12} \\ a_{21} & a_{22} \end{pmatrix}$$

$$B = \begin{pmatrix} b_{11} & b_{12} & b_{13} \\ b_{21} & b_{22} & b_{23} \\ b_{31} & b_{32} & b_{33} \end{pmatrix}$$

综上所述，单位矩阵就是位于对角线上的元素（矩阵的左上角到右下角的对角线上排列的元素）全部为1的$N \times N$的矩阵。

通常情况下，单位矩阵多使用I或E表示。

$$I = \begin{pmatrix} 1 & 0 & \cdots & 0 \\ 0 & 1 & \cdots & 0 \\ \vdots & \vdots & \ddots & \vdots \\ 0 & 0 & \cdots & 1 \end{pmatrix}$$

2.15.2　两个函数的区别

np.identity和**np.eye**这两个函数的区别是：**np.identity**函数生成行数和列数相等的正方矩阵，而**np.eye**函数则可以通过指定行数和列数的方式生成单位矩阵。

其他的不同之处还在于，**np.eye**函数还可以指定元素为1的对角线的位置。

对于生成不需要进行特别指定的单位矩阵，使用**np.identity**函数就足够了，如果要使用一些特殊功能，就可能需要使用**np.eye**函数实现。

接下来，将对这两个函数的使用方法进行讲解。

2.15.3　np.eye

首先对**np.eye**函数进行讲解。

np.eye

```
np.eye(N, M=None, k=0, dtype=float, order='C')
```

np.eye的参数

np.eye函数中所使用的参数见表2.32.

表2.32　np.eye的参数

参数名	类　型	概　要
N	int	用于指定需要生成的单位矩阵的行数
M	int	（可以省略）初始值为None，用于指定需要生成的单位矩阵的列数，如果指定None，就是和N同样的值

参数名	类 型	概 要
k	int	（可以省略）初始值为0，用于指定元素为1的对角线位于矩阵中的哪个位置，k的值为正，对角线就会位于上方的位置；k的值为负，就会位于下方的位置
dtype	数据类型	（可以省略）初始值为float。用于指定需要生成的数组中元素的数据类型
order	{'C'、'F'}中的任意一个	（可以省略）初始值为'C'，用于指定输出结果的数组的值是按行标准（C-style）返回，还是按列标准（F-style）返回

● np.eye的返回值

返回大小为N×M的二维矩阵，并指定位于对角线上的元素全部为1，其他的元素全部为0。

从表2.32中可以看到，可以使用参数**N**和**M**指定矩阵的尺寸，使用参数**k**可以指定元素为1的对角线的位置。另外，使用参数**dtype**可以指定矩阵中元素的数据类型。

此外，通过参数order可以指定值的排列方式。使用参数order后，元素表面上并不会有什么变化。

● 生成简单的单位矩阵

下面将使用实际的代码进行确认。首先是生成简单的单位矩阵。

```
In [1]: import numpy as np

In [2]: np.eye(3)              # 3×3的单位矩阵
Out[2]:
array([[ 1.,  0.,  0.],
       [ 0.,  1.,  0.],
       [ 0.,  0.,  1.]])

In [3]: np.eye(10)
Out[3]:
array([[ 1.,  0.,  0.,  0.,  0.,  0.,  0.,  0.,  0.,  0.],
       [ 0.,  1.,  0.,  0.,  0.,  0.,  0.,  0.,  0.,  0.],
```

```
[ 0.,   0.,   1.,   0.,   0.,   0.,   0.,   0.,   0.,   0.],
[ 0.,   0.,   0.,   1.,   0.,   0.,   0.,   0.,   0.,   0.],
[ 0.,   0.,   0.,   0.,   1.,   0.,   0.,   0.,   0.,   0.],
[ 0.,   0.,   0.,   0.,   0.,   1.,   0.,   0.,   0.,   0.],
[ 0.,   0.,   0.,   0.,   0.,   0.,   1.,   0.,   0.,   0.],
[ 0.,   0.,   0.,   0.,   0.,   0.,   0.,   1.,   0.,   0.],
[ 0.,   0.,   0.,   0.,   0.,   0.,   0.,   0.,   1.,   0.],
[ 0.,   0.,   0.,   0.,   0.,   0.,   0.,   0.,   0.,   1.]])
```

● 指定行数和列数

接下来，将使用参数 N 和参数 M 对矩阵的行数和列数进行指定。

```
In [4]: np.eye(2, 3)          # 2 × 3
Out[4]:
array([[ 1.,   0.,   0.],
       [ 0.,   1.,   0.]])

In [5]: np.eye(5, 4)          # 5 × 4
Out[5]:
array([[ 1.,   0.,   0.,   0.],
       [ 0.,   1.,   0.,   0.],
       [ 0.,   0.,   1.,   0.],
       [ 0.,   0.,   0.,   1.],
       [ 0.,   0.,   0.,   0.]])
```

● 指定对角线的位置

接下来，将对由元素 1 排列而成的对角线的位置进行指定。

```
In [6]: np.eye(5, k=0)        # 若指定 k=0，对角线上的元素不会移动
Out[6]:
array([[ 1.,   0.,   0.,   0.,   0.],
       [ 0.,   1.,   0.,   0.,   0.],
       [ 0.,   0.,   1.,   0.,   0.],
       [ 0.,   0.,   0.,   1.,   0.],
       [ 0.,   0.,   0.,   0.,   1.]])

In [7]: np.eye(5, k=1)                    # 向上方移动一个位置
```

```
Out[7]:
array([[ 0.,   1.,   0.,   0.,   0.],
       [ 0.,   0.,   1.,   0.,   0.],
       [ 0.,   0.,   0.,   1.,   0.],
       [ 0.,   0.,   0.,   0.,   1.],
       [ 0.,   0.,   0.,   0.,   0.]])
```

In [8]: **np.eye(5, k=-1)**   # 向下方移动一个位置

```
Out[8]:
array([[ 0.,   0.,   0.,   0.,   0.],
       [ 1.,   0.,   0.,   0.,   0.],
       [ 0.,   1.,   0.,   0.,   0.],
       [ 0.,   0.,   1.,   0.,   0.],
       [ 0.,   0.,   0.,   1.,   0.]])
```

In [9]: **np.eye(5, k=3)**   # 向上方移动3个位置

```
Out[9]:
array([[ 0.,   0.,   0.,   1.,   0.],
       [ 0.,   0.,   0.,   0.,   1.],
       [ 0.,   0.,   0.,   0.,   0.],
       [ 0.,   0.,   0.,   0.,   0.],
       [ 0.,   0.,   0.,   0.,   0.]])
```

● 指定数据类型

最后对数据类型进行指定。

In [10]: **np.eye(5, dtype=int)**

```
Out[10]:
array([[1, 0, 0, 0, 0],
       [0, 1, 0, 0, 0],
       [0, 0, 1, 0, 0],
       [0, 0, 0, 1, 0],
       [0, 0, 0, 0, 1]])
```

In [11]: **np.eye(5, dtype=complex)**   # 指定为复数类型

```
Out[11]:
array([[ 1.+0.j,   0.+0.j,   0.+0.j,   0.+0.j,   0.+0.j],
       [ 0.+0.j,   1.+0.j,   0.+0.j,   0.+0.j,   0.+0.j],
```

```
       [ 0.+0.j,  0.+0.j,  1.+0.j,  0.+0.j,  0.+0.j],
       [ 0.+0.j,  0.+0.j,  0.+0.j,  1.+0.j,  0.+0.j],
       [ 0.+0.j,  0.+0.j,  0.+0.j,  0.+0.j,  1.+0.j]])
```

● 2.15.4　np.identity

下面将对 **np.identity** 函数进行讲解。

np.identity

```
np.identity(n, dtype=float)
```

○ np.identity 的参数

np.identity 函数中所使用的参数见表2.33。

表2.33　np.identity 的参数

参数名	类　型	概　要
n	int	用于指定需要生成的矩阵的尺寸，最后生成的是n×n的正方矩阵
dtype	数据类型	（可以省略）初始值为float，用于指定元素的数据类型

○ np.identity 的返回值

生成大小为n×n的单位矩阵。

这里的 **np.identity** 函数与 **np.eye** 函数相比，参数更为简单，只需要使用参数 **n** 指定数组的尺寸，使用参数 **dtype** 指定元素的数据类型即可。

○ 创建单位矩阵

接下来，将使用实际的代码创建单位矩阵。

```
In [12]: np.identity(5)      # 首先创建简单的矩阵
Out[12]:
array([[ 1.,  0.,  0.,  0.,  0.],
       [ 0.,  1.,  0.,  0.,  0.],
       [ 0.,  0.,  1.,  0.,  0.],
       [ 0.,  0.,  0.,  1.,  0.],
```

```
      [ 0.,   0.,   0.,   0.,  1.]])

In [13]: np.identity(2)
Out[13]:
array([[ 1.,   0.],
       [ 0.,   1.]])
```

● 指定数据类型

使用参数 **dtype** 对数据类型进行指定。

```
In [14]: np.identity(3, dtype=int)
Out[14]:
array([[1, 0, 0],
       [0, 1, 0],
       [0, 0, 1]])

In [15]: np.identity(4, dtype="float32")
Out[15]:
array([[ 1.,   0.,   0.,   0.],
       [ 0.,   1.,   0.,   0.],
       [ 0.,   0.,   1.,   0.],
       [ 0.,   0.,   0.,   1.]], dtype=float32)
```

● 速度的比较

通过生成大小为 10000×10000 的单位矩阵，对这两个函数的执行速度进行比较。

```
In [17]: %timeit np.eye(10000)
27.3 ms ± 603 µs per loop (mean ± std. dev. of 7 runs, ➡
10 loops each)

In [18]: %timeit np.identity(10000)
27.1 ms ± 822 µs per loop (mean ± std. dev. of 7 runs, ➡
10 loops each)
```

从上述代码的执行结果可以看到，这两个函数以几乎相同的处理速度完成了代码的执行。

因此，从处理速度上看，使用任意一个函数都没有太大差别。

2.16 生成未初始化数组的函数

> NumPy中存在着各种各样的用于生成数组的函数。其中的np.empty函数可以无须对元素值执行初始化处理就能完成数组的创建。
>
> 本节将对如下内容进行讲解。
>
> - np.empty的使用方法
> - 与其他r生成数组函数的对比

🔷 2.16.1 np.empty

在2.11.2小节中已经讲解过，使用**np.empty**函数生成数组时，其生成速度会有所提升，当不需要使用0或1等具体的值对元素进行初始化处理时，可以使用**np.empty**函数。

np.empty

```
np.empty(shape, dtype=float, order='C')
```

⦿ np.empty 的参数

np.empty函数中所使用的参数见表2.34。

表2.34 np.empty的参数

参数名	类　型	概　要
shape	int或int元组	用于指定需要生成的数组的shape
dtype	数据类型	（可以省略）初始值为float，用于指定需要生成的数组中元素的数据类型（dtype）
order	'C'或'F'	（可以省略）初始值为'C'，用于指定数组中数据的保存方式

● np.empty 的返回值

np.empty 返回已经指定形状（**shape**）并且没有经过初始化处理的数组（ndarray）对象。

在 **np.empty** 的参数中，第一个参数用于指定需要生成的数组的 shape，第二个参数用于指定元素的数据类型（dtype），最后一个参数用于指定数组中数据的保存方式。最后一个参数是使用类似 FORTRAN 的顺序进行排列，所以并不会经常使用。

● 未经初始化处理的一维数组与指定数值的二维数组

接下来，将对数值未经过初始化处理的一维数组和指定数值的二维数组的创建方法进行讲解。

```
In [1]: import numpy as np

In [2]: np.empty(10)            # 未经初始化处理的一维数组
Out[2]:
array([ -0.00000000e+000,  -1.49457395e-154,  ➡
        2.26371905e-314,   2.26388775e-314,  ➡
        2.26388851e-314,   2.26388892e-314,  ➡
        2.25992832e-314,   0.00000000e+000,  ➡
        2.24756287e-314,   7.08067556e-309])

In [3]: np.empty((2, 3))        # 2 × 3 的二维数组
Out[3]:
array([[ -0.00000000e+000,   1.29073925e-231,  ➡
         2.24578104e-314],
       [  2.24578779e-314,  -0.00000000e+000,  ➡
        -0.00000000e+000]])
```

● 指定数据类型的数组

下面将对指定数据类型的示例代码进行确认。

```
In [4]: np.empty(5, dtype=np.int8)  # 将 dtype 指定为 int8
Out[4]: array([0, 0, 0, 0, 0], dtype=int8)

In [5]: np.empty(10, dtype=np.bool) # 也可以指定为 bool 值
```

```
Out[5]: array([False, False, False, False, False, ➡
False, False, False, False, False], dtype=bool)

In [6]: np.empty(10, dtype=complex) # 还可以生成复数
Out[6]:
array([ -0.00000000e+000 +1.49457395e-154j,
         2.24484205e-314 +1.48219694e-323j,
         0.00000000e+000 +0.00000000e+000j,
         0.00000000e+000 +1.66093094e-216j,
         2.24652642e-314 +2.26209998e-314j,
         3.92523161e-257 +0.00000000e+000j,
         0.00000000e+000 +1.90024900e+284j,
         0.00000000e+000 +0.00000000e+000j,
         1.49457395e-154 +0.00000000e+000j,
         0.00000000e+000 +2.68678533e+154j])
```

2.16.2 与其他生成数组函数的对比

在这里，将使用 **np.zeros** 和 **np.ones** 作为比较对象，其中 **np.zeros** 生成元素为 0 的数组，**np.ones** 生成元素为 1 的数组。

接下来，将对这两个函数的执行速度进行比较。

```
In [7]: %timeit np.zeros(10000)
4.94 µs ± 105 ns per loop (mean ± std. dev. of 7 runs, ➡
100000 loops each)

In [8]: %timeit np.empty(10000)
1.34 µs ± 14 ns per loop (mean ± std. dev. of 7 runs, ➡
1000000 loops each)

In [9]: %timeit np.ones(10000)
8.6 µs ± 84.1 ns per loop (mean ± std. dev. of 7 runs, ➡
100000 loops each)
```

从上述代码的执行结果可以看到，**np.empty** 函数的处理速度高出了 3 ~ 4 倍。与 **np.ones** 函数相比，两者的性能差异达到了 6 倍之多。

np.empty 函数不仅处理速度快，哪怕是不需要明确进行初始化的地方，为了便于其他人理解代码的意图，建议还是使用 **np.empty** 来明确地表示不需要对数值进行初始化操作。

2.17 随机数生成函数

本节将对如何在NumPy中生成随机数数组的方法进行讲解。

基本上，使用np.random模块中的函数就可以完成大部分的随机数生成操作。

🔷 2.17.1 均匀随机数的生成

所谓均匀随机数，是指在某一范围内返回某个数值的概率都是均匀的一种随机数。

下面将对函数 **np.random.rand** 和 **np.random.randint** 的使用方法进行讲解。使用 **np.random.rand** 可以在 [0,1] 的范围内进行随机数的生成。

如果需要在 [a,b] 的范围内生成随机数，可以使用如下的代码实现。

```
(b - a) * rand() + a
```

np.random.randint 函数是根据参数中所指定的范围（分别代入 low 和 high 中）生成随机的整数。

```
In [1]: import numpy as np

In [2]: np.random.rand()  # 不设置任何数值，返回的就是一个数值
Out[2]: 0.008540556371092634

In [3]: np.random.randint(10)        # 返回0~9内的随机整数
Out[3]: 8

In [4]: np.random.rand(2,3)          # 2×3的随机数数组
Out[4]:
array([[ 0.58919258,  0.28724858,  0.15071801],
       [ 0.17489446,  0.35104423,  0.98827307]])
```

```
In [5]: np.random.randint(10, size=(2,3)) ➡
# 将数组的大小代入size中（默认设置为None）
Out[5]:
array([[3, 9, 2],
       [5, 4, 1]])
```

```
In [6]: np.random.randint(5,10, size=10) ➡
# 返回(5,10)内的随机整数
Out[6]: array([9, 5, 5, 8, 6, 9, 5, 9, 7, 6])
```

```
In [7]: (10-5)*np.random.rand(10) + 5 ➡
# 返回(5,10)内的随机实数
Out[7]:
array([ 8.62241919,  5.07799317,  8.05223236,  ➡
        7.91501649,  8.1365352 ,  5.19681854,  ➡
        9.57140438,  6.18058095,  9.66216214,  ➡
        5.43703069])
```

⬣ 2.17.2 随机数生成的固化

使用**seed**功能（**np.random.seed**）可以对随机数的生成进行固化处理。例如，当需要确认程序是否正常运行时，可以使用这个功能确保程序会从启动开始生成完全相同的随机数，这样更便于调试代码。当需要保证生成的随机数每次都能重现时就可以使用这个功能。

```
In [8]: np.random.seed(seed=21)        # 将seed设置为21
```

```
In [9]: np.random.rand()               # 生成一个随机数
Out[9]: 0.04872488080912729
```

```
In [10]: np.random.seed(21) ➡
# 再次将seed设置为21（即使不用参数指定seed，也可对seed进行设置）
```

```
In [11]: np.random.rand()              # 返回同样的值
Out[11]: 0.04872488080912729
```

```
In [12]: np.random.seed(10)
# 对于数组也可以进行同样的设置，将seed设置为10

In [13]: np.random.rand(20)   # 生成20个随机数
Out[13]:
array([ 0.77132064,   0.02075195,   0.63364823,  ➡
        0.74880388,   0.49850701,   0.22479665,  ➡
        0.19806286,   0.76053071,   0.16911084,  ➡
        0.08833981,   0.68535982,   0.95339335,  ➡
        0.00394827,   0.51219226,   0.81262096,  ➡
        0.61252607,   0.72175532,   0.29187607,  ➡
        0.91777412,   0.71457578])

In [14]: np.random.seed(23)   # 将seed设置为23

In [15]: np.random.rand(20)   # 生成20个随机数
Out[15]:
array([ 0.51729788,   0.9469626 ,   0.76545976,  ➡
        0.28239584,   0.22104536,   0.68622209,  ➡
        0.1671392 ,   0.39244247,   0.61805235,  ➡
        0.41193009,   0.00246488,   0.88403218,  ➡
        0.88494754,   0.30040969,   0.58958187,  ➡
        0.97842692,   0.84509382,   0.06507544,  ➡
        0.29474446,   0.28793444])

In [16]: np.random.seed(10)   # 再将seed设置为10进行确认

In [17]: np.random.rand(20)   # 返回同样的值
Out[17]:
array([ 0.77132064,   0.02075195,   0.63364823,  ➡
        0.74880388,   0.49850701,   0.22479665,  ➡
        0.19806286,   0.76053071,   0.16911084,  ➡
        0.08833981,   0.68535982,   0.95339335,  ➡
        0.00394827,   0.51219226,   0.81262096,  ➡
        0.61252607,   0.72175532,   0.29187607,  ➡
        0.91777412,   0.71457578])

In [18]: np.random.seed(23)   # 同样地，再将seed设置为23进行确认

In [19]: np.random.rand(20)   # 返回同样的值
```

```
Out[19]:
array([ 0.51729788,  0.9469626 ,  0.76545976, ➡
        0.28239584,  0.22104536,  0.68622209, ➡
        0.1671392 ,  0.39244247,  0.61805235, ➡
        0.41193009,  0.00246488,  0.88403218, ➡
        0.88494754,  0.30040969,  0.58958187, ➡
        0.97842692,  0.84509382,  0.06507544, ➡
        0.29474446,  0.28793444])
```

2.17.3 列表的随机提取

接下来，将对事先创建好的列表中的元素进行随机提取，以及对列表中元素的顺序进行随机调换等操作方法进行讲解。

随机提取元素时需要使用 **np.random.choice** 函数。这个函数不仅可以从所给的列表中随机提取元素，还可以给提取的方式添加权重处理，甚至还允许选择是否支持重复提取。

```
In [20]: a = ['Python', 'Ruby', 'Java', 'JavaScript', 'PHP']
# 创建一个列表

In [21]: np.random.choice(a, 3)    # 从列表a中随机提取3个元素
Out[21]:
array(['Python', 'Java', 'Ruby'],
    dtype='<U10')

In [22]: np.random.choice(a, 5, replace=False) # 不重复提取
Out[22]:
array(['Python', 'Java', 'Ruby', 'PHP', 'JavaScript'],
    dtype='<U10')

In [23]: np.random.choice(a, 20, p = [0.8, 0.05, 0.05, ➡
0.05, 0.05])  # 通过将列表传递给p改变提取数值的频率。需要注意p中数
                # 值合计为1
```

```
Out[23]:
array(['Python', 'Python', 'Python', 'Python', ➡
       'Python', 'Python', 'Python', 'Python', ➡
       'Python', 'Python', 'Python', 'Python', ➡
       'Python', 'Python', 'Python', 'Python', ➡
       'Python', 'Python', 'Ruby',   'Python'], ➡
      dtype='<U10')  # 由于给Python设置的是比较高的比重，所以返回的
                     # 是Python出现频率高的列表
In [24]: np.random.choice(5, 10) ➡
# 将整数传递给最初的元素，就等同于返回的是使用np.arange(5)生
# 成的列表。这种情况下，会生成(0~5)内的10个随机整数
Out[25]: array([1, 2, 4, 3, 4, 0, 3, 2, 0, 4])
```

🧊 2.17.4 列表的随机排序

当需要对列表进行随机排序时，可以使用 **np.random.shuffle** 函数。不过，这个函数只能用于随机调换列表中元素的顺序，它并不会创建新的列表，而只是对列表中元素的位置进行变更。

```
In [25]: a = np.arange(10)

In [26]: a
Out[26]: array([0, 1, 2, 3, 4, 5, 6, 7, 8, 9])

In [27]: np.random.shuffle(a)   # 对列表a中元素的顺序进行调换

In [28]: a                       # 确认列表a中的元素
Out[28]: array([5, 0, 9, 3, 6, 8, 4, 1, 2, 7])
```

🧊 2.17.5 生成服从特定概率分布的随机数

接下来，将生成在统计学中经常使用的服从正态分布或二项分布的随机数。

● 生成服从正态分布的随机数

　　生成服从标准正态分布（参考MEMO）的随机数时，需要使用
np.random.randn 函数，而生成服从其他正态分布的随机数时，则需要
使用 **np.random.normal** 函数，通过指定参数中各自的平均值（**loc**）和
标准差（**scale**）并且执行代码，就可以得到服从分布的随机数。

　　此外，因为 **np.random.normal** 的默认设置是生成服从标准正态分
布的随机数，所以只需使用 size 对数组的大小进行指定，即可像
np.random.randn 函数一样使用。

```
In [29]: np.random.randn()      # 不指定任何参数，返回的就是单独的数值
Out[29]: -1.3305467786751202


In [30]: np.random.normal()     # 这里也是同样返回单独的数值
Out[30]: -0.9027907174237491


In [31]: np.random.randn(10)    # 返回一维数组
Out[31]:
array([ 0.33530916, -0.37144931, -0.10819173,  ➡
       -1.10083762, -0.19231432, -0.23810618,  ➡
        1.3522678 ,  0.01818202,  0.07467403,  ➡
        1.0657649 ])


In [32]: np.random.normal(loc=1,scale=2.0, size=10)  ➡
# loc为平均值，scale为标准差，size为所返回数组的大小
Out[32]:
array([ 4.44090839, -0.58686905,  0.87943739,  ➡
        1.17504152, -0.71920899, -1.7246826 ,  ➡
       -0.10957232, -2.27397748,  2.4768217 ,  ➡
       -2.43637281])


In [33]: np.random.normal(size=10)  ➡
# 返回的是与randn(10)相同的执行结果
Out[33]:
array([ 0.02474026, -0.29251229,  0.36310153,  ➡
        0.73227268, -0.98166425, -0.72832843,  ➡
       -0.64461233,  1.22547922, -0.81135131,  ➡
       -1.062154  ])
```

MEMO

正态分布

正态分布是指服从下面的概率密度函数 $f(x)$ 的分布。

$$f(x) = \frac{1}{\sqrt{2\pi}\sigma} \exp\left(-\frac{(x-\mu)^2}{2\sigma^2}\right)$$

式中，σ = 标准差；μ = 平均值，特别是当 $\sigma=1$ 和 $\mu=0$ 时，得到的就是标准正态分布。

● 生成服从二项分布的随机数

生成服从二项分布（参考 MEMO）的随机数时，需要使用 **np.random. binomial** 函数。其参数为 **(n, p, size)**，其中参数 **size** 的默认设置为 **None**。

```
In [34]: np.random.binomial(100, 0.5, 30) ➡
# 在 (n, p) = (100, 0.5) 中事件发生的次数。将此操作执行 30 次
Out[34]:
array([53, 45, 42, 50, 55, 43, 48, 47, 51, 44, 53, 42, ➡
       46, 42, 50, 58, 47, 48, 46, 41, 50, 40, 41, 51, ➡
       48, 54, 42, 50, 45, 53])
```

 MEMO

二项分布

二项分布是指服从如下函数 $P(n)$ 的分布。

$$P(n) = {}_n C_k \, p^k (1-p)^{n-k}$$

式中，n 和 p 为参数，在统计学中，分别是作为执行的次数和事件发生的概率来设定。此外，${}_n C_k$ 表示的是组合的数量，可以用下面的公式进行计算。

$$_n C_k = \frac{n!}{k!(n-k)!}$$

生成服从贝塔分布的随机数

生成服从贝塔分布（参考MEMO）的随机数时，需要使用 **np.random.beta**函数。

```
In [35]: np.random.beta(1, 2, size=10) ➡
# 生成服从(α，β) = (1,2)的贝塔分布的10个随机数
Out[35]:
array([ 0.09632812,   0.42630832,   0.24711994,   ➡
        0.0310272 ,   0.20418792,   0.11835707,   ➡
        0.09927322,   0.87275003,   0.59023081,   ➡
        0.87157062])
```

📝 **MEMO**

> 贝塔分布
>
> 贝塔分布是指服从下面的概率密度函数$f(x)$的分布，x的范围为$0 \leqslant x \leqslant 1$。
>
> $$f(x) = \frac{x^{\alpha-1}(1-x)^{\beta-1}}{B(\alpha,\beta)}$$
>
> $$B(\alpha,\beta) = \int_1^0 x^{\alpha-1}(1-x)^{\beta-1} \, dx$$
>
> 式中，α和β为参数。

生成服从伽玛分布的随机数

生成服从伽玛分布（参考MEMO）的随机数时，需要使用 **np.random.gamma**函数。其参数为（**shape,scale,size**），其中，参数 **shape**对应α；参数**scale**对应β；参数**size**用于指定所返回数组的大小。

```
In [36]: np.random.gamma(2, 2, size=10) ➡
# 生成服从(shape, scale) = (α，β) = (2,2)分布的随机数
Out[36]:
array([ 8.10374089,   3.69483207,   4.36710089,   ➡
        6.67415716,   3.82689173,   0.24621911,   ➡
        3.35644722,   3.28627308,   2.20573852,   ➡
        0.43484218])
```

MEMO

伽马分布

伽马分布是指服从如下 $f(x)$ 函数的分布。

$$f(x) = x^{a-1} \frac{e^{-\frac{x}{\beta}}}{\Gamma(\alpha)\beta^{\alpha}}$$

式中，α 和 β 为正的参数。

上述公式表示按照概率 $\frac{1}{\beta}$ 所发生的事件，发生 α 次所需要的时间。其中所使用的 $\Gamma(\alpha)$ 称为伽马函数。

● 生成服从泊松分布的随机数

生成服从泊松分布（参考MEMO）的随机数时，需要使用 **np.random.poisson** 函数。

这个函数只需要在参数中指定 λ 和 size 即可。

```
In [37]: np.random.poisson(2, 10) ➡
# 生成服从 λ =2.0, size = 10 分布的随机数数组
Out[37]: array([4, 4, 2, 0, 2, 6, 4, 3, 0, 2])

In [38]: np.random.poisson(2, (2,2))      # 还可以生成二维数组
Out[38]:
array([[0, 1],
       [2, 5]])
```

 MEMO

泊松分布

泊松分布是指服从如下公式的概率分布。也就是说，它表示的是在某一期间内，平均发生次数 λ 的事件，在这一期间内发生 k 次的概率。

$$P(k) = e^{-\lambda} \frac{\lambda^{k}}{k!}$$

式中，α 和 β 为正的参数。

● 生成服从卡方分布的随机数

生成服从卡方分布（参考MEMO）的随机数时，需要使用 **np.random.chisquare** 函数。

```
In [39]: np.random.chisquare(2, 10)  # 生成自由度为2的10个值
Out[39]:
array([ 0.81317002,  0.10309116,  2.75306747,  ➡
        5.00138087,  1.05388799,  0.92378472,  ➡
        6.76553474,  0.69259463,  0.41571649,  ➡
        1.15612406])
```

MEMO

卡方分布

卡方分布是指几个服从标准正态分布的随机数的平方相加所得到的分布。相加的个数由自由度k决定。

$$Z = \sum_{i=1}^{k} X_i^2$$

式中，X_i是服从标准正态分布的独立的随机数，这个Z的分布就是卡方分布。

2.17.6 使用直方图检查分布状态

当需要确认生成的随机数是否符合预期的分布时，使用 **matplotlib** 将其绘制成直方图就可以很直观地进行观察。下面将对使用 **np.random.randn** 函数生成的随机数是否服从标准正态分布进行确认。

为了便于理解，对服从标准正态分布的概率密度函数的图表也一并进行确认。

关于下面的示例代码中出现的 **np.sqrt** 的使用方法，将在 3.1.2 小节中进行进一步讲解。

```
In [40]: from matplotlib import pyplot as plt

In [41]: def standard_normal_distribution(x):
    ...:     return (1/np.sqrt(2*np.pi))*np.➡
exp(-x**2/2)*1000  # 将服从标准正态分布的概率密度函数放大1000倍。
# （由于直方图度数的宽度为0.01，所以只放大数据数量的1/100倍）
    ...:
    ...:
In [42]: a = np.random.randn(100000)  ➡
# 生成10万个服从标准正态分布的随机数
In [43]: x = np.linspace(-5, 5, 1000)
In [44]: plt.hist(a, bins=1000)
Out[44]:
(array([  1.,    0.,    0.,    0.,    0.,    0.,   ➡
          0.,    1.,    0.,    0.,    0.,    0.,   ➡
          0.,    0.,    0.,    0.,    0.,    0.,   ➡
          0.,    0.,    0.,    0.,    0.,    0.,   ➡
          1.,    0.,    0.,    0.,    0.,    0.,   ➡
          0.,    0.,    0.,    0.,    0.,    1.,   ➡
          0.,    0.,    0.,    0.,    1.,    0.,   ➡
          0.,    0.,    0.,    0.,    0.,    1.,   ➡
          0.,    0.,    1.,    0.,    0.,    0.,   ➡
          0.,    0.,    0.,    0.,    0.,    0.,   ➡
          1.,    1.,    0.,    0.,    1.,    0.,   ➡
          0.,    0.,    0.,    0.,    0.,    0.,   ➡
          0.,    1.,    0.,    0.,    0.,    1.,   ➡
          0.,    1.,    0.,    0.,    1.,    0.,   ➡
          0.,    0.,    0.,    1.,    0.,    1.,   ➡

          ⋮
          5.,    1.,    1.,    0.,    1.,    0.,   ➡
          0.,    2.,    1.,    0.,    3.,    1.,   ➡
          1.,    2.,    3.,    0.,    1.,    3.,   ➡
          1.,    0.,    3.,    0.,    0.,    1.,   ➡
          3.,    1.,    2.,    1.,    0.,    0.,   ➡
          3.,    1.,    1.,    1.,    2.,    0.,   ➡
          1.,    0.,    0.,    0.,    0.,    0.,   ➡
          0.,    1.,    0.,    0.,    0.,    0.,   ➡
          0.,    1.,    0.,    0.,    0.,    0.,   ➡
```

```
        0.,    0.,    0.,    1.,    0.,    0.,    ➡
        0.,    0.,    0.,    0.,    0.,    0.,    ➡
        0.,    0.,    1.,    0.,    0.,    1.,    ➡
        1.,    0.,    0.,    0.,    0.,    0.,    ➡
        0.,    0.,    2.,    0.,    0.,    0.,    ➡
        0.,    0.,    0.,    1.]),
 array([-4.37617783, -4.36783386, -4.35948989, ...,  ➡
        3.95110179,  3.95944576,  3.96778973]),
 <a list of 1000 Patch objects>)

In [45]: plt.plot(x, standard_normal_distribution(x))
Out[45]: [<matplotlib.lines.Line2D at 0xbbc2b90>]

In [46]: plt.show()
```

 MEMO

概率密度函数的图表

在绘制直方图的图表时，指定了bins的值，这是一个指定将直方图分割成多少份对数值进行计数的参数（这个参数也称为基数）。由于上述代码示例中包含10万个样本，因此设置了1000个的基数进行直方图的绘制。

输出的直方图如图2.34所示。它是一个形状漂亮的服从标准正态分布的图形。

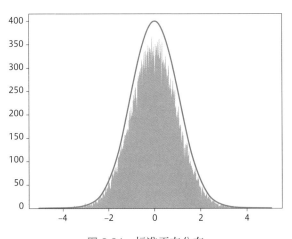

图2.34 标准正态分布

2.18 数组的扁平化函数

NumPy 中的 np.ndarray.flatten 是将多维数组转换成一维数组的函数。对于熟悉函数式编程的人来说，由于 flatten 函数会将所嵌套的列表转换为一维数组，因此应该很容易就能想象出这个函数的执行方式。

本节将对如下内容进行讲解。

- np.ndarray.flatten 的使用方法
- 扁平化的性能

接下来，将要讲解的内容可以极大地提高程序的性能，因此通过掌握这些内容，将对大家今后的编程实践有所助益。

2.18.1 np.ndarray.flatten

首先将对多维数组转换成一维组的函数 **np.ndarray.flatten** 进行讲解。

np.ndarray.flatten

```
np.ndarray.flatten(order='C')
```

○ np.ndarray.flatten 的参数

np.ndarray.flatten 函数中所使用的参数见表 2.35。

表 2.35 np.ndarray.flatten 的参数

参数名	类　型	概　要
order	'C' 'F' 'A' 'K' 中的任意一个	（可以省略）初始值为'C'，用于指定数组中数据的排列方式

● np.ndarray.flatten 的返回值

np.ndarray.flatten 返回将原有数组转换成一维数组的副本。

在大多数情况下，这个函数基本上不需要指定参数就能够直接使用。其中的 **order** 参数常用于指定使用类似 FORTRAN 的排序的方式，因此不经常使用。

np.ndarray.flatten 虽然不如 np.reshape 的通用性广，但是它不需要特地指定参数，使用 **np.ndarray.flatten**，可以很容易地理解代码执行后所产生的变化，因此当需要将数组转换成一维数组时，推荐使用 **np.ndarray.flatten** 函数。

● 二维数组转换成一维数组

接下来尝试将二维数组转换成一维数组。

```
In [1]: import numpy as np

In [2]: a = np.arange(10).reshape(2, 5)   # 生成2×5的二维数组

In [3]: a
Out[3]:
array([[0, 1, 2, 3, 4],
       [5, 6, 7, 8, 9]])

In [4]: b = a.flatten()        # 将转换后的一维数组代入b中

In [5]: a                      # a本身并不会产生变化
Out[5]:
array([[0, 1, 2, 3, 4],
       [5, 6, 7, 8, 9]])

In [6]: b                      # b中代入的是转换后的数组
Out[6]: array([0, 1, 2, 3, 4, 5, 6, 7, 8, 9])

In [7]: a.shape                # 对shape进行确认
Out[7]: (2, 5)
```

```
In [8]: b.shape  # 由于b的shape是一维数组，所以只会显示一个数值
Out[8]: (10,)
```

● 三维数组转换成一维数组

下面将对维数较多的三维数组进行确认。

```
In [9]: c = np.arange(12).reshape(2, 2, 3)  # 对三维数组进行确认
```

```
In [10]: c
Out[10]:
array([[[ 0,  1,  2],
        [ 3,  4,  5]],

       [[ 6,  7,  8],
        [ 9, 10, 11]]])
```

```
In [11]: d = c.flatten()      # 将转换后的一维数组代入d中
```

```
In [12]: c
Out[12]:
array([[[ 0,  1,  2],
        [ 3,  4,  5]],

       [[ 6,  7,  8],
        [ 9, 10, 11]]])
```

```
In [13]: d
Out[13]: array([ 0,  1,  2,  3,  4,  5,  6,  7,  8,  9, 10, 11])
```

```
In [14]: c.shape      # 在这里也对c和d的shape进行确认
Out[14]: (2, 2, 3)
```

```
In [15]: d.shape
Out[15]: (12,)
```

实际上，在NumPy中还存在具有类似功能的函数 **np.ravel**。这个函数与 **np.ndarray.flatten** 不同，它不会生成**副本**。如果是对大量的数据进行处理，即使进行了破坏性的修改也不会有什么影响，因此使用这个函数可以有效地提高程序的性能。

接下来将生成多维数组，并对代码的执行性能进行确认。

```
In [16]: arr = np.repeat(5, 10000).reshape(250, 40)

In [17]: %timeit arr.flatten()
The slowest run took 40.41 times longer than the fastest.  ➡
This could mean that an intermediate result                ➡
is being cached.
100000 loops, best of 3: 3.79 µs per loop

In [18]: %timeit np.ravel(arr)
The slowest run took 11.91 times longer than the fastest.  ➡
This could mean that an intermediate result                ➡
is being cached.
1000000 loops, best of 3: 1.26 µs per loop
```

从上面的代码可以看到，**np.ravel** 函数比 **np.ndarray.flatten** 函数的执行速度更快。由此可见，在NumPy中，可以通过使用不同的方法来提高性能。

关于 **np.ravel** 函数的详细内容，将在2.23节中进一步讲解。

2.19 文本文件的读写函数

NumPy提供了用于保存和读取ndarray的函数，分别为np.loadtxt函数和np.savetxt函数。

本节将对如下内容进行讲解。

- 与np.load和np.save的区别
- np.loadtxt与np.savetxt的特点
- np.loadtxt与np.savetxt的使用方法
- np.loadtxt的增强版genfromtxt的使用方法

2.19.1 各个函数的特点

NumPy提供了用于将ndarray中的内容以文件形式进行存取的**np.load**函数和**np.save**函数。如果只是在Python和NumPy中使用，使用这些函数就不需要再为复杂的数据库或文件操作而感到烦恼，可以非常简单地实现对数据的存取。

如果使用**np.load**或**np.save**函数对数据进行存取，就可以利用**pickle**、**npy**或**npz**等数据格式对文件进行读写，从而实现与ndarray的数据互换。不过，从另一方面来讲，以这样的方式保存的文件是无法通过其他编程语言或工具来读取的。

而如果使用**np.loadtxt**和**np.savetxt**，不但可以解决上述问题，同时还能保持与NumPy之间数据的兼容性。

2.19.2 np.load和np.save的特点

np.load函数和**np.save**函数具有下列特点。

- 可以直接保存数组，还可以保存三维以上的数组。
- 对应数据文件的扩展名为.pickle、.npz、.npy。
- 使用这两个函数存取的文件格式与其他应用程序无法兼容。

2.19.3 np.loadtxt 和 np.savetxt 的特点

np.loadtxt 函数和 **np.savetxt** 函数具有以下特点。

- 可以使用 .dat、.csv、.txt 等文件格式对文件进行存取，以保持与其他应用程序之间数据的兼容性。
- 只支持对一维数组的存取。

2.19.4 np.loadtxt

接下来，将对 **np.loadtxt** 函数进行讲解。

np.loadtxt

```
np.loadtxt(fname, dtype='float', comments='#', ➡
delimiter=None, converters=None, skiprows=0, ➡
usecols=None, unpack=False, ndmin=0, encoding='bytes')
```

○ np.loadtxt 的参数

np.loadtxt 函数中所使用的参数见表 2.36。

表 2.36　np.loadtxt 的参数

参数名	类　型	概　要
fname	文件、字符串或文件路径	用于指定需要读取的文件，当文件扩展名为 .gz 或 .bz2 时，先对文件进行解压缩操作
dtype	数据类型	（可以省略）初始值为 float，用于指定输出数组中元素的数据类型
comments	字符串或序列	（可以省略）初始值为 #，用于指定文件中注释部分开头的字符
delimiter	字符串（string）	（可以省略）初始值为 None，用于指定对值与值之间进行分隔的字符。默认设置为使用空格进行分隔
converters	字典（dict）	（可以省略）初始值为 None，指定在某个列中使用函数或用于填充缺失数据的值
skiprows	int 或序列	（可以省略）初始值为 0，用于指定读取时需要跳过的行数

续表

参数名	类 型	概 要
usecols	int 或序列	（可以省略）初始值为 None，将 0 作为起始行，指定读取哪一行。默认设置为读取每一行
unpack	bool 值	（可以省略）初始值为 False。如果指定为 True，输出的数组就会被转置（transpose）。当需要将各个列的值分别代入不同的变量中时指定
ndmin	int，其中有效的值为 0、1、2	（可以省略）初始值为 0，用于指定所返回的数组应保持的最低维数。如果这里不进行指定，元素数量为 1 的维度的坐标轴（axis）所在的维度会被删除
encoding	string	（可以省略）初始值为 bytes，用于指定读取文件时所使用的字符编码。初始值中所设置的 bytes 为特殊值，是首先将数据转换为 latin1 编码，以作为字节串的格式进行读取

○ np.loadtxt 的返回值

np.loadtxt 用于输出从文件中读取的数据。

从表 2.36 中可以看到，**np.loadtxt** 函数中包含的参数多达 10 个。可以使用这些参数指定以什么样的格式对文件进行读取。通过对参数进行详细指定，可以利用这个函数实现对各种不同格式的文件的处理。

2.19.5　np.savetxt

本节将对 **np.savetxt** 函数进行讲解。

np.savetxt

```
np.savetxt(fname, X, fmt='%.18e', delimiter='', ➡
newline='\n', header='', footer='', comments='#', ➡
encoding=None)
```

○ np.savetxt 的参数

np.savetxt 函数中所使用的参数见表 2.37。

表2.37　np.savetxt的参数

参数名	类　型	概　要
fname	文件名或文件句柄	用于指定保存的文件。当文件扩展名为.gz时，自动以gzip格式保存文件
X	array_like（类似数组的对象）	用于指定保存的数据
fmt	string或string的序列	（可以省略）初始值为'%.18e'，用于指定各个列上的有效位数
delimiter	string	（可以省略）初始值为'-'，用于指定分隔各列的字符
newline	string	（可以省略）初始值为'-'，用于指定分隔各行的字符
header	string	（可以省略）初始值为'-'，用于指定在文件的开始部分所插入的字符串
footer	string	（可以省略）初始值为'-'，用于指定在文件的结尾部分所插入的字符串
comments	string	（可以省略）初始值为'#'，用于指定在插入header或footer时，开头所插入的字符
encoding	None或string	（可以省略）初始值为None，用于指定保存文件时使用的字符编码。默认设置为使用'latin1'格式进行读写

　　np.loadtxt函数和**np.savetxt**函数中的参数都比较多，大家可以一边参考这些参数的使用方法，一边思考应该如何读取和写入文件。

● 文件的写入和读取

　　接下来，将使用这两个函数编写实际的代码，对其使用方法进行确认。首先将进行简单文件写入和读取的操作。

```
In [1]: import numpy as np
```

```
In [2]: a = np.random.randn(3, 4) ➡
# 生成由服从标准正态分布的随机数所组成的二维数组
```

```
In [3]: np.savetxt('sample1.txt', a) ➡
# 在不做任何指定的情况下对其进行保存
```

```
In [4]: b = np.loadtxt('sample1.txt')  # 载入保存后的数据

In [5]: a
Out[5]:
array([[-0.98495064, -0.54105417,  1.05258227, 1.0710156 ],
       [ 1.31193658,  1.09343955, -1.2977759 , .78322404],
       [-1.54344345, -1.46554656,  0.40285187, 0.1302892 ]])

In [6]: b
Out[6]:
array([[-0.98495064, -0.54105417,  1.05258227, 1.0710156 ],
       [ 1.31193658,  1.09343955, -1.2977759 , .78322404],
       [-1.54344345, -1.46554656,  0.40285187, 0.1302892 ]])

In [7]: np.savetxt('sample1.csv', a)  # 也可以保存为csv格式

In [8]: c = np.loadtxt('sample1.csv')

In [9]: c
Out[9]:
array([[-0.98495064, -0.54105417,  1.05258227, 1.0710156 ],
       [ 1.31193658,  1.09343955, -1.2977759 , 0.78322404],
       [-1.54344345, -1.46554656,  0.40285187, 0.1302892 ]])

In [10]: np.savetxt('sample1.dat', a)  # 还可以保存为dat格式

In [11]: d = np.loadtxt('sample1.dat')

In [12]: d
Out[12]:
array([[-0.98495064, -0.54105417,  1.05258227,  1.0710156 ],
       [ 1.31193658,  1.09343955, -1.2977759 ,  0.78322404],
       [-1.54344345, -1.46554656,  0.40285187, 0.1302892 ]])
```

● 分隔符的变更

接下来，将对分隔符进行修改，尝试将分隔符修改为','。

```
In [13]: np.savetxt('sample2.txt', a, delimiter=',')
```

将实际打开sample2.txt文件，确认它是如何变化的（见清单2.2）。

清单 2.2　　sample2.txt

```
-9.849506405118685359e-01,-5.410541661151561099e-01,➡
1.052582274254199479e+00,1.071015596176571272e+00
1.311936581354347986e+00,1.093439550506633662e+00,➡
-1.297775904738235564e+00,7.832240368728708990e-01
-1.543443447806609692e+00,-1.465546557520085447e+00,➡
4.028518723924314759e-01,1.302891977491596742e-01
```

下面来看一下之前创建的 sample1.txt（见清单2.3）发生了怎样的变化。

清单 2.3　　sample1.txt

```
-9.849506405118685359e-01 -5.410541661151561099e-01 ➡
1.052582274254199479e+00 1.071015596176571272e+00
1.311936581354347986e+00 1.093439550506633662e+00 ➡
-1.297775904738235564e+00 7.832240368728708990e-01
-1.543443447806609692e+00 -1.465546557520085447e+00 ➡
4.028518723924314759e-01 1.302891977491596742e-01
```

从上述结果中可以看出，这里的数据正如默认设置的那样，使用了空格对数据进行分隔。接下来将读取使用','进行分隔的文本文件。

```
In [14]: e = np.loadtxt('sample2.txt')  ➡
# delimiter中如果不做任何指定，会发生运行时错误
----------------------------------------------------------
（显示的错误信息）
ValueError: could not convert string to float: ➡
b'-9.849506405118685359e-01,-5.410541661151561099e-01, ➡
1.052582274254199479e+00,1.071015596176571272e+00'


In [15]: e = np.loadtxt('sample2.txt', delimiter=',')


In [16]: e
Out[16]:
array([[-0.98495064, -0.54105417,  1.05258227, 1.0710156 ],
       [ 1.31193658,  1.09343955, -1.2977759 ,0.78322404],
```

● 有效位数的变更

使用 **np.savetxt** 函数可以在保存数据时对有效位数进行指定。默认设置的 **'%.18e'** 是指将有效位数保留到小数点后18位，order 是指使用类似 **e08** 或 **e-01** 这样的格式（将最大的有效数字放到第一位的表示方法）来表示。

指定 **'%.18f'**，表示显示小数点后18位小数，但是这里不存在用于表示 order 的符号，而是以类似 **322.248..** 这样的格式来表示。除此之外，还可以对数值的上限进行设置，如指定 **'%3.f'**，就只能最大表示1000的位数。

当指定 **dtype = complex**（复数）时，可以表示为类似 **%.3e+.2ej** 的形式。对于元组或列表等形式的复数列，也可以分别为每个列指定有效位数。

首先，将尝试显示有效数字为两位的数据。

```
In [17]: np.savetxt('sample3.txt', a, fmt ='%.2e')
```

文件中的数据见清单2.4。

清单 2.4　　sample3.txt

```
-9.85e-01 -5.41e-01 1.05e+00 1.07e+00
1.31e+00 1.09e+00 -1.30e+00 7.83e-01
-1.54e+00 -1.47e+00 4.03e-01 1.30e-01
```

● 将e变更为f

接下来，尝试将e变更为f。

```
In [18]: np.savetxt('sample4.txt', a, fmt ='%.2f')
```

文件中的数据见清单2.5。

清单 2.5　　sample4.txt

```
-0.98 -0.54 1.05 1.07
1.31 1.09 -1.30 0.78
-1.54 -1.47 0.40 0.13
```

从上述数据中可以看到，e已经从文件中消失了。

● 保存复数

下面将尝试对复数进行保存。

```
In [19]: f = np.array([[10.1+3.21j,100.0+32.1j],➡
[20.0+0.2j,22.1-1j]])          # 生成将复数作为元素的数组
```

```
In [20]: np.savetxt('sample5.txt', f, fmt=['%.3e+%.3ej',➡
'%.1e+%.1ej'])
```

当然，也可以不对实部和虚部进行分别指定，而是指定**'%.2e'**将实部和虚部设置为同样的有效位数。文件中的数据见清单2.6。

清单 2.6　　sample5.txt

```
1.010e+01 + 3.210e+00j 1.0e+02 + 3.2e+01j
2.000e+01 + 2.000e-01j 2.2e+01 + -1.0e+00j
```

从上面的数据中可以看到，显示的数字正是所指定的有效位数。

● 变更所提取的列或行

接下来，将使用**np.loadtxt**对所提取的列或行进行变更。继续使用**sample 4.txt**进行确认。

```
In [21]: np.loadtxt('sample4.txt', usecols=(0,2)) ➡
# 只使用第0列和第2列
Out[21]:
array([[-0.98,  1.05],
       [ 1.31, -1.3 ],
       [-1.54,  0.4 ]])

In [22]: np.loadtxt('sample4.txt', skiprows=1) # 跳过第0行
Out[22]:
array([[ 1.31,  1.09, -1.3 ,  0.78],
       [-1.54, -1.47,  0.4 ,  0.13]])
```

接下来，对**header**和**footer**进行指定。对最初生成的随机数数组**a**进行保存。

```
In [23]: np.savetxt('sample6.txt', a, fmt='%.3e', ➡
header='this is a header',footer='this is a footer')
```

接下来，对文件内容进行确认，具体内容见清单2.7。

清单 2.7   sample6.txt

```
# this is a header
-9.850e-01 -5.411e-01 1.053e+00 1.071e+00
1.312e+00 1.093e+00 -1.298e+00 7.832e-01
-1.543e+00 -1.466e+00 4.029e-01 1.303e-01
# this is a footer
```

从上述数据中可以看到，"#"已作为前缀插入文件中。

● 注释部分字符串的变更

接下来尝试将"#"的部分变更为">>>"。使用**np.loadtxt**函数可以实现对目标行的忽略处理。

使用**np.loadtxt**和**np.savetxt**同时对**comments**进行指定,可以实现对目标行的忽略操作。

```
In [24]: np.savetxt('sample8.txt', a, fmt='%.3e', ➡
header='this is a header',footer='this is a footer', ➡
comments='>>>')


In [25]: np.loadtxt('sample7.txt', comments='>>>') ➡
# 确认 loadtxt 是否准确读取文件
Out[25]:
array([[-0.985 , -0.5411,  1.053 ,  1.071 ],
       [ 1.312 ,  1.093 , -1.298 ,  0.7832],
       [-1.543 , -1.466 ,  0.4029,  0.1303]])
```

下面将对文件**sample7.txt**中的数据进行确认,内容见清单2.8。

清单 2.8　　sample7.txt

```
>>>this is a header
-9.850e-01 -5.411e-01 1.053e+00 1.071e+00
1.312e+00 1.093e+00 -1.298e+00 7.832e-01
-1.543e+00 -1.466e+00 4.029e-01 1.303e-01
>>>this is a footer
```

从上述数据中可以看到,文件中的注释部分已经被更改。

● 指定数据类型

接下来,将使用**np.loadtxt**对数据的类型进行指定。使用清单2.9中的csv格式的问卷调查结果进行确认(文件名称为**foo.csv**)。

清单 2.9   foo.csv

```
# age gender tall[cm] driver's_lisense
18 female 154.1 No
21 male 172.3 Yes
22 female 160.8 Yes
23 male 180.1 Yes
25 female 145.0 No
```

从左边开始分别是年龄、性别、身高、是否持有驾照的数据。下面将对每一列的数据指定数据类型并对其进行读取。

```
In [26]: np.loadtxt('foo.csv', dtype=[('col1', 'i8'), ➡
('col2', 'S10'), ('col3', 'f8'), ('col4', 'S10')]) ➡
# 按照8字节的int型、10字节的string型，8字节的float型,10字节的
# string型的顺序进行指定
Out[26]:
array([(18, b'female',  154., b'No'),
       (21, b'male',  172., b'Yes'),
       (22, b'female',  160., b'Yes'),
       (23, b'male',  180., b'Yes'),
       (25, b'female',  145., b'No')],
      dtype=[('col1', '<i8'), ('col2', 'S10'),
             ('col3', '<f8'), ('col4', 'S10')])
```

指定 **unpack=True** 可以对数据进行转置，并将各个元素保存到数组中。

```
In [27]: np.loadtxt('foo.csv', dtype=[('col1', 'i8'), ➡
('col2', 'S10'), ('col3','f8'), ('col4', 'S10')], ➡
unpack=True)            # 指定unpack=True可以进行转置
Out[27]:
[array([18, 21, 22, 23, 25]),
 array([b'female', b'male', b'female', b'male',
       b'female'],
      dtype='|S10'),
 array([ 154.,  172.,  160.,  180.,  145.]),
 array([b'No', b'Yes', b'Yes', b'Yes', b'No'],
      dtype='|S10')]

In [28]: age, gender, tall, driver_lisense=np.loadtxt(➡
```

```
'foo.csv', dtype=[('col1', 'i8'), ('col2', 'S10'),  ➡
('col3', 'f8'), ('col4', 'S10')], unpack=True)

In [29]: age
Out[29]: array([18, 21, 22, 23, 25])

In [30]: gender
Out[30]:
array([b'female', b'male', b'female', b'male',
       b'female'],
      dtype='|S10')

In [31]: tall
Out[31]: array([ 154.,   172.,   160.,   180.,   145.])

In [32]: driver_lisense
Out[32]:
array([b'No', b'Yes', b'Yes', b'Yes', b'No'], dtype='|S10')
```

如果事先使用参数 **converters** 将字符串数据转换为数值数据，后续对数据进行处理就会更加方便。例如，将性别 **male** 指定为 **1**，将 **female** 指定为 **-1**，**driver_lisense** 中的 **Yes** 指定为 **1**，**No** 指定为 **-1**。在如下代码中，设置了两个函数对数据进行读取。

```
In [33]: def driver_lisense(str):  # 对两个函数进行定义
    ...:     if str == b'Yes' : return 1
    ...:     else: return -1

In [34]: def gender(str):
    ...:     if str == b'male': return 1
    ...:     else: return -1

In [35]: np.loadtxt('foo.csv', converters={1: lambda  ➡
s: gender(s), 3: lambda s: driver_lisense(s)})  ➡
# 使用函数将字符串中的数据转换成数值
Out[35]:
array([[  18.,    -1.,   154.,    -1.],
       [  21.,     1.,   172.,     1.],
       [  22.,    -1.,   160.,     1.],
       [  23.,     1.,   180.,     1.],
       [  25.,    -1.,   145.,    -1.]])
```

使用参数**converters**进行指定，空的值就可以被默认值填充。接下来将尝试在刚刚使用的文件中，将**gender**一栏的数据空出来，并将这里的值设置为**NaN**。

但是，如果直接这样设置，在读取文件时就会发生错误，数据无法被准确地识别出来，因此需要将文件foo.csv中的空格部分变更为','之后再对文件进行数据的读取操作（见清单2.10）。

清单 2.10 foo.csv

```
# age gender tall[cm] driver's_lisense
18,,154,No
21,male,172,Yes
22,,160,Yes
23,,180,Yes
25,female,145,No
```

```
In [36]: def gender2(str): # 重新对函数进行设置
    ...:         if not str: return 0 ➡
# 没有输入任何数值时，就会返回0
    ...:
    ...:         elif  str == b'male': return 1
    ...:         else: return -1

In [37]: np.loadtxt('foo.csv', converters={1: lambda ➡
s: gender2(s), 3: lambda s:
    ...:     driver_lisense(s)}, delimiter=',')
Out[37]:
array([[ 18.,     0.,    154.,    -1.],
       [ 21.,     1.,    172.,    -1.],
       [ 22.,     0.,    160.,    -1.],
       [ 23.,     0.,    180.,     1.],
       [ 25.,    -1.,    145.,    -1.]])
```

2.19.6　np.genfromtxt

NumPy还提供了**np.loadtxt**函数的变形版本，即**np.genfromtxt**函数。利

用这个函数可以对处理过程中所遇到的数据缺失部分的处理方法进行指定。

不需要分别对每一列进行指定，可以一次性对所有的列进行指定。

np.genfromtxt

```
np.genfromtxt(fname, dtype='float', comments='#', ➡
delimiter=None, skip_header=0, skip_footer=0, ➡
converters=None, missing_values=None, ➡
filling_values=None, usecols=None, names=None, ➡
excludelist=None, deletechars=None, replace_space='_', ➡
autostrip=False, case_sensitive=True, defaultfmt='f%i', ➡
unpack=None, usemask=False, loose=True, ➡
invalide_raise=True, max_rows=None, encoding=None)
```

● np.genfromtxt 的参数

np.genfromtxt 函数中所使用的参数见表2.38。

表2.38　np.genfromtxt 的参数

参数名	类　型	概　要
fname	file、string或文件路径	用于指定需要读取的文件
dtype	数据类型	（可以省略）初始值为'float'，用于指定返回的数组中元素的数据类型
comments	string	（可以省略）初始值为'#'，用于指定作为header或footer标识使用的字符。前面带有这个字符的字符串或数据全部将被忽略
delimiter	string或int或序列	（可以省略）初始值为None，用于指定分隔数据的符号。默认为空格（空白部分）
skip_header	int	（可以省略）初始值为0，用于指定读取文件开头时需要跳过的行数
skip_footer	int	（可以省略）初始值为0，用于指定读取文件末尾时需要跳过的行数
converters	dict（字典）	（可以省略）初始值为None，用于指定每一列上使用哪种函数。与np.loadtxt的使用方法一样
missing_values	variable	（可以省略）初始值为None，用于指定对应缺失数据的字符串的数组

参数名	类 型	概 要
filling_values	variable	（可以省略）初始值为None，用于指定数据缺失时填充的值
usecols	序列	（可以省略）初始值为None，用于指定读取哪一列。默认读取所有的列
names	None、True、string、序列中的任意一个	（可以省略）初始值为None，为每一列数据指定添加名称
exludelist	序列	（可以省略）初始值为None，用于指定需要排除的数据
deletechars	string	（可以省略）初始值为None，用于指定需要从names中去除的无效的字符
replace_space	字符	（可以省略）初始值为'_'，如果存在空格（空白部分），则可以指定在空格处填入的替代值
autostrip	bool值	（可以省略）初始值为False，用于指定是否自动从数值中去掉空格（空白部分）
case_sensitive	True、False、'up-per'、'lower'中的任意一个	（可以省略）初始值为True，用于指定各字段名是否使用大写。如果是True，就保持不变；如果是upper或False，就使用大写；如果是lower，则使用小写
defaultfmt	string	（可以省略）初始值为'f%i'，用于定义默认的字段名
unpack	bool值	（可以省略）初始值为False，用于指定是否对返回的数组进行转置
usemask	bool值	（可以省略）初始值为False，用于指定是否对输出的数组（可能包含无效值的数组）进行遮罩处理
loose	bool值	（可以省略）初始值为True，如果是True，即使输入包含无效值也不会发生错误
invalid_raise	bool值	（可以省略）初始值为True。如果指定True，当列数中存在矛盾时，会触发异常；如果指定False，会发生警告，行的追加将会被搁置
max_rows	int	（可以省略）初始值为None，用于指定最多读取多少行。默认读取所有的行
encoding	string	（可以省略）初始值为bytes，用于指定读取文件时使用的字符编码。初始值中的bytes属于一个特殊值，会首先将数据转换为latin1编码，以字节序列的形式存取数据

● np.genfromtxt的返回值

np.genfromtxt用于返回读取数据后的数组。

虽然 **np.genfromtxt** 函数中的参数超过了 **np.savetxt** 函数参数的数量，但在实际中需要使用的参数种类却并不多。接下来，将一边参考表2.38，一边执行代码。

● 读取包含缺失数据的文件

接下来将对如下包含缺失数据的文件进行读取操作，使用的文件为bar.txt（见清单2.11）。

清单 2.11	bar.txt

```
1.1,,
2.3, 5.2, -9.1
0.1,, 2.0
```

读取文件 **bar.txt**，可以得到如下结果。

```
In [38]: np.genfromtxt('bar.txt', delimiter=',')
Out[38]:
array([[ 1.1,  nan,  nan],
       [ 2.3,  5.2, -9.1],
       [ 0.1,  nan,  2. ]])
```

从上述执行结果中可以看到，返回的数组中缺失部分被 **nan** 所填充；使用','作为分隔符，是在参数 **delimiter** 中进行指定的。下面将同时对数据的类型进行修改。

```
In [39]: np.genfromtxt('bar.txt', delimiter=',', dtype=(➡
'int', 'float', 'int')) # 指定int、float、int等格式
Out[39]:
array([(-1,  nan, -1), (-1,  5.2, -1), (-1,  nan, -1)],
      dtype=[('f0', '<i8'), ('f1', '<f8'), ('f2', '<i8')])
```

从上述结果中可以看到，即使不对 **np.genfromtxt** 函数进行任何特殊指定，程序也会自动使用默认值对缺失的数据进行填充。

MEMO

参考

● numpy.loadtxt - NumPy v1.14 Manual - NumPy and SciPy
Documentation

URL https://docs.scipy.org/doc/numpy-1.14.0/reference/generated/
numpy.genfromtxt.html

✎ 读书笔记

2.20 直接存取数组数据的函数

在NumPy中，可以对由NumPy所生成的数组进行保存和读取操作的函数，除了之前讲解过的np.loadtxt和np.savetxt函数，还有np.load和np.save函数。

在2.19节中已经介绍过np.loadtxt和np.savetxt是可以用于处理csv、dat和txt格式文件的函数。

另外，np.load和np.save函数还可以用于处理带有.npy、.npz或.pickle等扩展名的文件。对于np.loadtxt和np.savetxt函数无法处理的三维以上的ndarray对象，使用这两个函数也可以进行存取。如果只是用于Python语言开发，使用这两个函数是非常方便的。

本节将对np.load和np.save函数的使用方法进行讲解。

2.20.1　np.save

首先对 **np.save** 函数的使用方法进行讲解。

np.save

```
np.save(file, arr, allow_pickle=True, fix_imports=True)
```

指定以.npy格式对数组进行保存。

● np.save 的参数

np.save 函数中所使用的参数见表2.39。

通常，这个函数基本上只需要使用指定保存位置的 **file** 参数和指定需要保存的数组的 **arr** 参数。关于其他参数的设置方法，如果只是为了日常使用，并不需要特意去记住。

表2.39　np.save 的参数

参数名	类　型	概　要
file	文件、string或文件路径	用于指定数据的保存位置，扩展名为.npy

续表

参数名	类　型	概　要
arr	array_like（类似数组的对象）	用于指定需要保存的数组
allow_ pickle	bool 值	（可以省略）初始值为 True，用于指定是否使用 Python 的 pickle 模块保存数组信息。如果使用 pickle 模块，就会允许程序自动执行任意代码，因此从安全角度考虑，有时会将其指定为 False
fix_ imports	bool 值	（可以省略）初始值为 True，用于指定是否设置为 Python2 也可以处理的格式

2.20.2　np.load

接下来将对 **np.load** 函数的使用方法进行讲解。**np.load** 函数可以从 .npy 或 .npz 格式的文件中读取经过 pickle 序列化的对象或数组，或用于读取经过 pickle 模块序列化的文件。

np.load

```
np.load(file, mmap_mode=None, allow_pickle=True, ➡
fix_imports=True, encoding='ASCII')
```

○ np.load 的参数

np.load 函数中所使用的参数见表 2.40。

表 2.40　np.load 的参数

参数名	类　型	概　要
file	文件、string 或文件路径	用于指定需要读取的文件
mmap_mode	None、'r+'、'r'、'w+'、'c' 中的任意一个	（可以省略）初始值为 None，如果指定的是 None 以外的值，就使用指定的模式（指定是允许只读还是只存或是两者皆可）对文件进行读取。此时，不需要将文件内容全部读取到内存中，而只需读取需要的部分。用于处理尺寸较大的文件是非常方便的
allow_pickle	bool 值	（可以省略）初始值为 True，用于指定是否读取保存了经过 pickle 序列化处理的对象的 npy 格式的文件

参数名	类　型	概　要
fix_imports	bool值	（可以省略）初始值为True，在Python2中读取经过pickle序列化的文件时使用
encoding	string	（可以省略）初始值为'ASCII'，用于指定对由Python2所创建的string进行读取时，使用哪种字符编码进行读取

● np.load 的返回值

np.load 返回保存着从文件中读取的数据的数组。

虽然这个函数的参数有点多，但是通常只需要使用参数 **file**。不过，在 Python2 中处理经过 pickle 序列化的文件时，需要使用 **fix_imports** 或 **encoding** 等参数。

● 读取文件

之前已经对两个函数的使用方法进行了讲解，接下来将通过编写实际的代码对函数的使用方法进行确认。

首先，在不指定任何参数的情况下保存并读取数据。

```
In [1]: import numpy as np

In [2]: a = np.random.randn(1200*1000).reshape(1200, -1) ➡
# 生成稍微大一些的数组

In [3]: np.save('a', a)

In [4]: np.load('a.npy') # 对保存后的文件进行载入
Out[4]:
array([[-0.21398039, -0.26776404, -1.10086541, ..., ➡
        -0.00874993, -0.72319264, -0.51598215],
       [ 0.63184673, -0.07852518,  0.19553383, ..., ➡
         0.15033086, -0.46600661, -2.69931554],
       [-0.52330208,  0.84120985,  0.17174038, ..., ➡
        -2.14365796,  2.19237158,  1.79104696],
       ...,
       [ 2.0109805 , -1.07083399,  0.48518804, ..., ➡
         0.2508806 ,  0.14586021, -0.03304615],
```

NumPy与数组操作

1 2 3 4

```
       [-0.303124  ,   1.455827  ,  -1.70351728, ...,  ➡
        -0.35798918,  1.58877739,  1.2085475 ],
       [-0.5587845 , -0.53981665,  0.04335222, ...,  ➡
        -0.73698037,  0.79742282, -0.45071473]])

In [5]: a.shape
Out[5]: (1200, 1000)


In [6]: b = np.load('a.npy')   # 将保存后的文件保存到其他的变量中


In [7]: b.shape  ➡
# 由于shape和a的是一样的，可以看到文件被成功读取
Out[7]: (1200, 1000)

In [8]: c = np.random.randn(12*20*40).reshape(12, 20,40)  ➡
# 这里生成三维数组


In [9]: np.save('c', c)


In [10]: d = np.load('c.npy')


In [11]: d.shape
Out[11]: (12, 20, 40)
```

● 与np.loadtxt相比较

如果使用**np.loadtxt**函数，是无法读取.npy文件的，此外，使用**np.savetxt**函数无法对三维数组进行保存。

```
In [12]: e = np.loadtxt('c.npy')   # 使用loadtxt不能读取文件
-----------------------------------------------------------
（显示的错误信息）
UnicodeDecodeError: 'cp932' codec can't decode byte  ➡
0xe5 in position 132: illegal multibyte sequence
```

```
In [13]: np.savetxt('c.npy', c)  ➡
# 如果使用savetxt，三维数组c将无法被保存
--------------------------------------------------------
（显示的错误信息）
ValueError: Expected 1D or 2D array, got 3D array instead

In [14]: np.savetxt('a.txt', a)        # 二维数组a可以被保存
```

📋 **MEMO**

> ### 参考
>
> - numpy.load - NumPy v1.14 Manual - NumPy and SciPy
>   Documentation
>   URL https://docs.scipy.org/doc/numpy-1.14.0/reference/generated/
>   numpy.load.html
>
> - numpy.save - NumPy v1.14 Manual - NumPy and SciPy
>   Documentation
>   URL https://docs.scipy.org/doc/numpy-1.14.0/reference/generated/
>   numpy.save.html

2.21 将buffer快速转换为ndarray的函数

与Python类似，对于NumPy所擅长的科学计算的算法等代码，通常都是通过将其编译成低级的C或FORTRAN等语言的原生代码来提升程序的执行速度的。为了支持在Python代码中与这类原生代码的程序进行交互，Python提供了Buffer Protocol协议，对二者的交互规则进行约定。

如bytes或array.array等对象，就可以作为C语言层次的字节序列进行直接访问。

在NumPy中，也提供了这类可以直接对字节序列进行访问的函数。例如，np.frombuffer函数允许对内存中的字节序列直接进行读取操作，不需要复制就能实现对大量数据的处理，因此是提高代码执行速度的关键。

本节将对如下内容进行讲解。

- np.frombuffer的使用方法
- np.frombuffer的性能

2.21.1 np.frombuffer

首先，将对 **np.frombuffer** 函数的使用方法进行讲解。

np.frombuffer

```
np.frombuffer(buffer, dtype=float, count=-1, offset=0)
```

● np.frombuffer的参数

np.frombuffer 函数中所使用的参数见表2.41。

表2.41 np.frombuffer 的参数

参数名	类　型	概　要
buffer	buffer_like（类似 buffer 的对象）	用于指定作为 buffer 进行读取的对象
dtype	数据类型	（可以省略）初始值为 float，用于指定返回数组中元素的类型
count	int	（可以省略）初始值为 –1，用于指定读取数据的个数。如果是默认值 –1，就读取全部数据
offset	int	（可以省略）初始值为 0，以字节为单位，指定从哪个位置上开始读取数据

● np.frombuffer 的返回值

　　np.frombuffer 返回所传递的 buffer 经过变换后得到的数组。

　　np.frombuffer 函数是将传递进来的参数 **buffer** 转换成一维数组的函数。使用 **count** 或 **offset** 等参数可以对所读取数据的数量或开始读取数据的位置进行指定。此外，参数 **dtype** 可用于指定返回的数组中元素的数据类型。

　　使用这个函数可以极大地提高处理数组的速度，在需要处理大量数据时推荐使用这个函数。

2.21.2　比较将音频文件保存为数组的时间

　　下面将对音频文件（wave 格式的文件）保存为数组的时间进行比较。首先进行准备工作。这里使用的文件是录音后得到的立体声数据。此外，sample_sound.wav 是本书所提供的样本文件。

```
In [1]: import numpy as np

In [2]: import wave

In [3]: wf = wave.open('sample_sound.wav')

In [4]: channels = wf.getnchannels()

In [5]: wf.getparams()
```

```
Out[5]: _wave_params(nchannels=2, sampwidth=2, ➡
framerate=44100, nframes=5980680, comptype='NONE', ➡
compname='not compressed')

In [6]: chunk_size = wf.getnframes()

In [7]: chunk_size
Out[7]: 5980680

In [8]: data = wf.readframes(chunk_size) ➡
# 首先将读取的文件的全部内容保存到变量中
```

接下来将变量**data**中保存的文件数据转换成数组对象，使用**np.from buffer**函数进行处理。此外，还有一个具有类似功能的**np.fromiter**函数，在这里将对它们的处理速度进行比较。

```
In [9]: %timeit data2 = np.frombuffer(data, dtype='int16')
1.82 µs ± 57.5 ns per loop (mean ± std. dev. of 7 ➡
runs, 100000 loops each)

In [10]: %timeit data3 = np.fromiter(data, dtype='int16')
999 ms ± 29.2 ms per loop (mean ± std. dev. of 7 runs, ➡
1 loop each)
```

从上述程序的执行结果中可以看到，**np.frombuffer**函数的执行速度大约快100万倍。这两者比较的结果存在着指数级的差别，简直让人难以置信。因此，如果需要使用Python进行音频文件的处理，建议优先考虑使用**np.frombuffer**函数保存数组对象，这样可以有效地提高程序的执行速度。

MEMO

参考

- numpy.frombuffer – NumPy v1.14 Manual - NumPy and SciPy
  Documentation
  URL https://docs.scipy.org/doc/numpy-1.14.0/reference/generated/
  numpy.frombuffer.html

✏️ 读书笔记

2.22 筛选非零元素的函数

np.nonzero是用于提取除0之外元素的索引的一个功能非常简单的函数。

本节将对如下内容进行讲解。

- np.nonzero的使用方法
- 与np.where的区别

2.22.1 np.nonzero

nonzero 函数包括 **np.nonzero** 和 **np.ndarray.nonzero** 两个函数。下面将对这两个函数的使用方法进行讲解。其实，它们的使用方法基本是一样的。

np.nonzero

```
np.nonzero(a)
```

● np.nonzero的参数

np.nonzero 函数中所使用的参数见表2.42。

表2.42 np.nonzero的参数

参数名	类　型	概　要
a	array_like（类似数组的对象）	用于指定需要筛选的数组

● np.nonzero的返回值

np.nonzero将每个坐标轴上的非零元素的索引转换成一维数组并返回，以数组（ndarray）的元组（tuple）形式返回。

接下来，将对 **np.ndarray.nonzero** 函数的使用方法进行讲解。**np.nonzero** 函数将数组作为参数来处理，而 **np.ndarray.nonzero** 则是作为数组对象的方法使用的。

np.ndarray.nonzero

```
np.ndarray.nonzero()
```

◉ np.ndarray.nonzero 的返回值

np.ndarray.nonzero 将每个坐标轴上的非零元素的索引转换成一维数组并返回，以数组的元组形式返回。

◉ 筛选必要的非零元素

由于返回的是索引，因此，如果能灵活地使用该函数，就可以筛选出所需要的非零元素。下面将使用实际的代码对该函数的使用方法进行确认。

```
In [1]: import numpy as np

In [2]: a = np.random.randint(0, 10, size=20)

In [3]: a    # 一维的随机数数组
Out[3]: array([0, 7, 5, 8, 4, 9, 0, 2, 1, 7, 9, 0, 6, ➡
9, 2, 6, 0, 8, 3, 9])

In [4]: np.nonzero(a)          # 提取非零元素的索引值
Out[4]: (array([ 1,  2,  3,  4,  5,  7,  8,  9, 10, 12, ➡
13, 14, 15, 17, 18, 19]),)

In [5]: a.nonzero()           # 这种格式也是可以的
Out[5]: (array([ 1,  2,  3,  4,  5,  7,  8,  9, 10, 12, ➡
13, 14, 15, 17, 18, 19]),)

In [6]: a[np.nonzero(a)] # 这样设置就可以生成筛选出非零元素后的数组
Out[6]: array([7, 5, 8, 4, 9, 2, 1, 7, 9, 6, 9, 2, 6, ➡
8, 3, 9])
```

```
In [7]: b = np.random.randint(0, 10, size=(4,5)) ➡
# 4×5的二维随机数数组

In [8]: b
Out[8]:
array([[4, 2, 1, 7, 8],
       [5, 5, 0, 4, 7],
       [7, 6, 9, 2, 9],
       [0, 1, 2, 2, 6]])

In [9]: np.nonzero(b)  # 第一个数组是在行方向上的索引，第二个数
                       # 组是在列方向上的索引
Out[9]:
(array([0, 0, 0, 0, 0, 1, 1, 1, 1, 2, 2, 2, 2, 2, 3, ➡
3, 3, 3]),
 array([0, 1, 2, 3, 4, 0, 1, 3, 4, 0, 1, 2, 3, 4, 1, ➡
2, 3, 4]))

In [10]: b.nonzero()
Out[10]:
(array([0, 0, 0, 0, 0, 1, 1, 1, 1, 2, 2, 2, 2, 2, 3, ➡
3, 3, 3]),
 array([0, 1, 2, 3, 4, 0, 1, 3, 4, 0, 1, 2, 3, 4, 1, ➡
2, 3, 4]))

In [11]: b[b.nonzero()]      # 提取非零元素
Out[11]: array([4, 2, 1, 7, 8, 5, 5, 4, 7, 7, 6, 9, 2, ➡
9, 1, 2, 2, 6])
```

🔷 2.22.3　np.where与np.argwhere的比较

　　对于筛选非零元素操作，使用**np.where(x!=0)**也可以得到完全相同的结果（关于where函数的使用方法请参考2.4节中的相关内容）。

　　在**np.where**函数中还可以使用三元运算符。例如，可以使用类似下面的代码进行处理。

```
In [12]: a = np.random.randint(0, 10, size=(100, 100))

In [13]: b = np.ones(shape=(100, 100))

In [14]: np.where(a != 0, a, b)
Out[14]:
array([[ 5.,   3.,   2., ...,   9.,   9.,   8.],
       [ 5.,   7.,   1., ...,   1.,   7.,   5.],
       [ 7.,   1.,   9., ...,   6.,   5.,   4.],
       ...,
       [ 2.,   6.,   3., ...,   9.,   6.,   9.],
       [ 4.,   2.,   4., ...,   7.,   3.,   1.],
       [ 9.,   4.,   7., ...,   3.,   6.,   5.]])
```

  使用 **np.argwhere** 函数可以返回满足条件的值的索引，但是返回索引的方法却与 **nonzero** 函数不同，这里返回的是经过转置的结果。也就是说，**np.argwhere(a!=0)** 与 **np.transpose(np.nonzero(a))** 的作用是相同的。

```
In [15]: import numpy as np

In [16]: a = np.random.randint(0, 10, size=(100, 100))

In [17]: np.nonzero(a)
Out[17]: (array([ 0,   0,   0, ...,  99,  99,  99]), ➡
array([ 0,   1,   2, ...,  97,  98,  99]))

In [18]: np.where(a != 0)
Out[18]: (array([ 0,   0,   0, ...,  99,  99,  99]), ➡
array([ 0,   1,   2, ...,  97,  98,  99]))

In [19]: np.argwhere(a != 0)
Out[19]:
array([[ 0,   0],
       [ 0,   1],
       [ 0,   2],
       ...,
       [99, 97],
       [99, 98],
       [99, 99]])
```

```
In [20]: np.transpose(np.nonzero(a))
Out[20]:
array([[ 0,  0],
       [ 0,  1],
       [ 0,  2],
       ...,
       [99, 97],
       [99, 98],
       [99, 99]])
```

📝 **MEMO**

参考

- numpy.nonzero – NumPy v1.14 Manual - NumPy and SciPy Documentation

  URL https://docs.scipy.org/doc/numpy-1.14.0/reference/generated/numpy.nonzero.html

- numpy.ndarray.nonzero – NumPy v1.14 Manual - Numpy and SciPy Documentation

  URL https://docs.scipy.org/doc/numpy-1.14.0/reference/generated/numpy.ndarray.nonzero.html

- numpy.argwhere – NumPy v1.14 Manual - Numpy and SciPy Documentation

  URL https://docs.scipy.org/doc/numpy-1.14.0/reference/generated/numpy.argwhere.html

2.23 比 flatten 更高速的数组扁平化函数

在前面的章节中，已经对数组的扁平化处理函数 flatten 进行了讲解，但实际上除了 flatten 函数之外，NumPy 中还提供了将多维数组转换为一维数组的 np.ravel 和 np.ndarray.ravel 函数。乍一看，它像是一个并不重要且很少被使用的函数，但是一旦掌握了它的使用方法，就会发现它其实是一个方便且异常强大的函数。而且，它还具有比 np.ndarray.flatten 函数更快的处理速度。

本节将对如下内容进行讲解。

- np.ravel 和 np.ndarray.ravel 的使用方法
- 与 np.ndarray.flatten 的区别

2.23.1 np.ravel

首先，将对 **np.ravel** 函数的使用方法进行讲解。

np.ravel

```
np.ravel(a, order='C')
```

np.ravel 的参数

np.ravel 函数中所使用的参数见表 2.43。

表 2.43 np.ravel 的参数

参数名	类 型	概 要
a	array_like（类似数组的对象）	用于指定需要转换成一维数组的数组
order	'C' 'F' 'A' 'K' 中的任意一个	（可以省略）初始值为 'C'，用于指定数据的读取方式

np.ravel 的返回值

np.ravel 根据 **order** 参数所指定的读取方式对数据进行读取，并返回一维数组。

🔷 2.23.2 np.ndarray.ravel

接下来，将对 **np.ndarray.ravel** 函数的使用方法进行讲解。

np.ndarray.ravel

```
np.ndarray.ravel(order='C')
```

● np.ndarray.ravel 的参数

np.ndarray.ravel 函数中所使用的参数见表2.44。

表2.44　np.ndarray.ravel 的参数

参数名	类　型	概　要
order	'C' 'F' 'A' 'K' 中的任意一个	（可以省略）初始值为'C'，用于指定数据的读取方式

● np.ndarray.ravel 的返回值

np.ndarray.ravel 根据 order 参数所指定的读取方式对数据进行读取，并返回一维数组。

使用参数 **order** 时需要注意，因为它与本书1.2.3小节中所讲解过的内存布局有关。

🔷 2.23.3　关于 order 参数

在 **np.ravel** 和 **np.ndarray.ravel** 函数中，可以通过使用 **order** 参数对数据的读取顺序进行指定。由于这里所进行的处理与内存中数据的排列方式无关，因此这里所使用的 **order** 参数与其他生成数组的函数中所使用的 **order** 参数的定义有所不同，在使用时需要注意。简单地说，它在这里的作用更接近于 **axis**。

如果将 **order** 参数指定为 **'C'**，函数就会在列方向（严格地说是从最低维度的坐标轴方向）上对元素进行读取。

如果将 **order** 参数指定为 **'F'**，结果就是相反的，函数会在行方向

（最高维度的坐标轴方向）上对元素进行读取。

如果指定 **order='A'**，则原有数组就会按照 **order='F'** 的方式执行，也就是说，函数对数据进行存取的方式与使用 FORTRAN 对数据进行存取的方式相同。

如果指定 **order='K'**，函数就会按照数据在内存中出现的顺序进行读取。

综上所述，下面将使用实际的代码对函数的使用方法进行确认。[3]

```
In [1]: import numpy as np

In [2]: a = np.arange(10).reshape(2, 5)  # 生成2×5的二维数组

In [3]: a
Out[3]:
array([[0, 1, 2, 3, 4],
       [5, 6, 7, 8, 9]])

In [4]: a.ravel()                # 转换成一维数组
Out[4]: array([0, 1, 2, 3, 4, 5, 6, 7, 8, 9])

In [5]: np.ravel(a)              # 同样的代码也可以写成这一形式
Out[5]: array([0, 1, 2, 3, 4, 5, 6, 7, 8, 9])
```

● 修改 order

接下来，将对参数 order 进行修改。

```
In [6]: a.ravel(order='C') ➡
# 将 order 指定为 'C'（初始值），会得到相同的数组
Out[6]: array([0, 1, 2, 3, 4, 5, 6, 7, 8, 9])

In [7]: a.ravel(order='F') ➡
# 将 order 指定为 'F'，会在行方向上对值进行读取
```

---

[3] 与 np.ndarray.nonzero 类似，对象方法（数组）.（函数）()的调用形式相当于函数的调用形式 np.ndarray.（函数）()。

```
Out[7]: array([0, 5, 1, 6, 2, 7, 3, 8, 4, 9])

In [8]: a.ravel(order='A')  ➡
# 因为没有以FORTRAN的风格保存元素，所以输出的是与order='C'一样的结果
Out[8]: array([0, 1, 2, 3, 4, 5, 6, 7, 8, 9])

In [9]: a.ravel(order='K')  ➡
# 这里也没有对数组的shape进行修改，所以不会发生变化
Out[9]: array([0, 1, 2, 3, 4, 5, 6, 7, 8, 9])

In [10]: b = np.arange(10).reshape(2,5, order='F')

In [11]: b
Out[11]:
array([[0, 2, 4, 6, 8],
       [1, 3, 5, 7, 9]])

In [12]: b.ravel(order='F')  # 变成连号
Out[12]: array([0, 1, 2, 3, 4, 5, 6, 7, 8, 9])

In [13]: b.ravel(order='A')
Out[13]: array([0, 1, 2, 3, 4, 5, 6, 7, 8, 9])

In [14]: b.ravel()              # 指定order='C'，在列方向上读取
Out[14]: array([0, 2, 4, 6, 8, 1, 3, 5, 7, 9])

In [15]: c = b.T

In [16]: c.ravel()              # 变成连号
Out[16]: array([0, 1, 2, 3, 4, 5, 6, 7, 8, 9])

In [17]: c.ravel(order='K')  # 按照内存的顺序读取
Out[17]: array([0, 1, 2, 3, 4, 5, 6, 7, 8, 9])

In [18]: c.T.ravel(order='K')
Out[18]: array([0, 1, 2, 3, 4, 5, 6, 7, 8, 9])
```

🔷 2.23.4　与np.ndarray.flatten 的区别

关于 **np.ravel**、**np.ndarray.ravel** 及 **np.ndarray.flatten** 函数的区别，请参考2.18.2小节中的相关内容。

2.24 像铺瓷砖一样铺数组的函数

在 NumPy 中还提供了对数组进行复制并将新生成的数组按照铺瓷砖那样进行排列的 np.tile 函数。

本节将对如下内容进行讲解。

- np.tile 的使用方法
- 与广播功能进行比较

这个函数与 MATLAB 中的 np.matlib.repmat 函数可以实现相同的操作。它不存在多个参数，只需要对 "需要在哪个坐标轴方向上分配多少个数组" 进行指定即可，是一个使用非常简单的函数。

2.24.1 np.tile

首先将对 **np.tile** 函数的使用方法进行讲解。

np.tile

```
np.tile(A, reps)
```

np.tile 的参数

np.tile 函数中所使用的参数见表 2.45。

表 2.45 np.tile 的参数

参数名	类 型	概 要
A	array_like（类似数组的对象）	用于指定需要排列的数组
reps	int 或 int 元组	用于指定需要在哪个坐标轴方向上对数组内容进行重复处理。当数量为 1 时，函数会在最低维度的坐标轴（axis）方向上对数组中的内容进行重复处理

○ np.tile 的返回值

　　np.tile 返回依照指定次数进行重复处理后的数组。

○ 平铺数组的副本

　　接下来将对函数实际的使用方法进行确认。使用第二个参数 reps 对各个坐标轴的重复次数进行指定，程序就会对第一个参数中所指定的数组的副本进行平铺处理。

```
In [1]: import numpy as np

In [2]: a = np.array([0, 1, 2])

In [3]: np.tile(a, 2)          # 将一维数组重复两次
Out[3]: array([0, 1, 2, 0, 1, 2])

In [4]: np.tile(a, (3, 2)) ➡
# 3×2的二维数组的元素都是由数组a构成的
Out[4]:
array([[0, 1, 2, 0, 1, 2],
       [0, 1, 2, 0, 1, 2],
       [0, 1, 2, 0, 1, 2]])

In [5]: np.tile(a, (2, 3, 4))          # 还可以铺成三维数组
Out[5]:
array([[[0, 1, 2, 0, 1, 2, 0, 1, 2, 0, 1, 2],
        [0, 1, 2, 0, 1, 2, 0, 1, 2, 0, 1, 2],
        [0, 1, 2, 0, 1, 2, 0, 1, 2, 0, 1, 2]],

       [[0, 1, 2, 0, 1, 2, 0, 1, 2, 0, 1, 2],
        [0, 1, 2, 0, 1, 2, 0, 1, 2, 0, 1, 2],
        [0, 1, 2, 0, 1, 2, 0, 1, 2, 0, 1, 2]]])

In [6]: b = np.arange(6).reshape(2, 3) # 平铺二维矩阵

In [7]: np.tile(b, 2)
Out[7]:
array([[0, 1, 2, 0, 1, 2],
```

```
            [3, 4, 5, 3, 4, 5]])

In [8]: np.tile(b, (2, 3))
Out[8]:
array([[0, 1, 2, 0, 1, 2, 0, 1, 2],
       [3, 4, 5, 3, 4, 5, 3, 4, 5],
       [0, 1, 2, 0, 1, 2, 0, 1, 2],
       [3, 4, 5, 3, 4, 5, 3, 4, 5]])

In [9]: np.tile(b, (2, 1, 1))
Out[9]:
array([[[0, 1, 2],
        [3, 4, 5]],

       [[0, 1, 2],
        [3, 4, 5]]])
```

从上述代码中可以看到，可以按照这样的方式对第一个参数所指定的数组进行平铺处理。

🔷 2.24.2　np.tile 与广播

或许可以认为 **np.tile** 是用于对数组进行整形操作的函数。然而，由于在 NumPy 中已经提供了广播机制，有时候并不需要特意使用 **np.tile** 函数来重新排列数组，程序就可以自动地在处理计算时对数组进行整形。因此，在使用 **np.tile** 函数之前，应当考虑一下是否需要使用这一函数。

例如，当需要对处于某个范围内的某个二维数组中元素之间的乘积进行输出时，使用广播机制可以得到如下执行结果。

```
a = np.arange(10000).reshape(-1, 1) # 转换成列向量
b = np.arange(10000).reshape(1, -1) # 转换成行向量
a * b
```

如果不使用广播机制，而是使用 **np.tile** 函数来实现，其结果如下。

```
np.tile(a, (1, 10000)) * np.tile(b, (10000, 1))
```

代码看上去并不是很美观。下面将对二者实际的处理速度进行比较。

```
In [10]: a = np.arange(10000).reshape(-1, 1)

In [11]: b = np.arange(10000)

In [12]: %timeit a*b
636 ms ± 94.6 ms per loop (mean ± std. dev. of 7 runs, ➡
1 loop each)

In [13]: %timeit np.tile(a, (1, 10000))*np.tile(b, (10000, 1)) ➡
4.25 s ± 535 ms per loop (mean ± std. dev. of 7 runs,   ➡
1 loop each)                                            ➡
```

从上述执行结果中可以看到，使用广播机制实现的代码的处理速度快7倍左右。

那么，在什么情况下使用**np.tile**函数会更好呢？可能在不适合使用广播机制进行处理的情况下，对这部分内容进行讲解大家会比较容易理解。例如，针对某个一维数组，需要周期性地与某个数组的值相乘时，可以使用这个函数来实现这一操作。

```
In [14]: c = np.random.rand(10)

In [15]: b = np.array([0, 1, 0, 2, 1])

In [16]: b = np.tile(b, 2)

In [17]: c * b
Out[17]:
array([ 0.        ,  0.94669908,  0.        ,  ➡
        0.28325599,  0.56093969,  0.        ,  ➡
        0.14471329,  0.        ,  1.99921598,  ➡
        0.61237971])
```

如果在这里不进行任何指定，就会出现运行时错误。

```
In [18]: b = np.array([0, 1, 0, 2, 1])

In [19]: c * b
----------------------------------------------------------
（显示的错误信息）
ValueError: operands could not be broadcast together ➡
with shapes (10,) (5,)
```

　　类似这种不适合使用广播机制，却需要对数组进行重新排列的其他情况，推荐使用 **np.tile** 函数。

> 📋 **MEMO**
>
> 参考
>
> ● numpy.tile – NumPy v1.14 Manual-NumPy and SciPy Documentation
>
> URL https://docs.scipy.org/doc/numpy-1.14.0/reference/generated/numpy. tile.html

2.25 为数组增加维度的对象

NumPy中提供了常用于为数组增加维度的np.newaxis标识。在此之前，所讲解的内容全部是关于函数的，而这里要讲解的则是对象，因此在编写代码时需要注意，不要使用np.newaxis()这种调用方式，而应当写成np.newaxis这一形式。

本节将对如下内容进行讲解。

- 使用np.newaxis对象增加维度的方法
- 与其他方法进行比较

为NumPy的数组增加维度的方法主要有两种：一种是使用np.newaxis指定切片的方法；另一种是使用np.reshape的方法。接下来在对这两个方法进行比较的基础上，对它们的使用方法进行讲解。

2.25.1 使用np.newaxis对象增加维度

常用的方法是在**np.newaxis**中指定NumPy数组的切片。使用这个常量，就可以在所使用的维度中增加元素数量为1的新的坐标轴。**np.newaxis**对象本身引用的是**None**。

```
In [1]: import numpy as np

In [2]: np.newaxis is None
Out[2]: True
```

也可以使用**None**替代**np.newaxis**，但是为了使代码便于理解，在增加维度时还是建议使用**np.newaxis**对象。

● 增加维度

接下来，将使用实际的代码来尝试增加维度。

```
In [3]: x = np.arange(15).reshape(3, 5)

In [4]: x
Out[4]:
array([[ 0,  1,  2,  3,  4],
       [ 5,  6,  7,  8,  9],
       [10, 11, 12, 13, 14]])

In [5]: x[np.newaxis, :, :]  # 增加一个维度并执行切片操作
Out[5]:
array([[[ 0,  1,  2,  3,  4],
        [ 5,  6,  7,  8,  9],
        [10, 11, 12, 13, 14]]])

In [6]: x[:, np.newaxis, :]  # 还可以在axis=1方向上增加
Out[6]:
array([[[ 0,  1,  2,  3,  4]],
       [[ 5,  6,  7,  8,  9]],
       [[10, 11, 12, 13, 14]]])

In [7]: x[:, None, :]        # 还可以使用None替代
Out[7]:
array([[[ 0,  1,  2,  3,  4]],
       [[ 5,  6,  7,  8,  9]],
       [[10, 11, 12, 13, 14]]])

In [8]: x = x.flatten()

In [9]: x                    # 将x转换成一维数组
Out[9]: array([ 0,  1,  2,  3,  4,  5,  6,  7,  8,  ➡
9, 10, 11, 12, 13, 14])

In [10]: x[:, np.newaxis]    # 将x设置为列向量
Out[10]:
array([[ 0],
       [ 1],
       [ 2],
       [ 3],
       [ 4],
       [ 5],
```

```
       [ 6],
       [ 7],
       [ 8],
       [ 9],
       [10],
       [11],
       [12],
       [13],
       [14]])
```

◆ 2.25.2　使用 np.reshape 替代 np.newaxis 对象

　　关于增加维度的方法，使用 **np.reshape** 函数也同样可以实现。

```
In [11]: x = np.arange(15).reshape(3, 5)     # 再次生成 x

In [12]: np.reshape(x, (1, 3, 5))   # x[np.newaxis, :,:]
Out[12]:
array([[[ 0,  1,  2,  3,  4],
        [ 5,  6,  7,  8,  9],
        [10, 11, 12, 13, 14]]])

In [13]: np.reshape(x, (3, 1, 5))   # x[:, np.newaxis, :]
Out[13]:
array([[[ 0,  1,  2,  3,  4]],
       [[ 5,  6,  7,  8,  9]],
       [[10, 11, 12, 13, 14]]])

In [14]: x = x.flatten()                    # 转换成一维数组

In [15]: np.reshape(x, (-1, 1))     # x[:, np.newaxis]
Out[15]:
array([[ 0],
       [ 1],
       [ 2],
       [ 3],
       [ 4],
       [ 5],
       [ 6],
```

```
           [ 7],
           [ 8],
           [ 9],
           [10],
           [11],
           [12],
           [13],
           [14]])
```

2.25.3   np.newaxis 与 np.reshape 的区别

　　要说这两者的区别，首先是使用 **np.newaxis** 对象可以在不知道所使用的数组的各个维度上的元素数量的情况下，实现在其基础上增加维度的操作。

　　而使用 **np.reshape**，如果只有一个元素的数量是未知的，使用 –1 就可以交由 NumPy 自动进行调整；但是，如果类似 **np.reshape(x,(–1,–1,1))** 这样使用了两次 **–1**，程序就会返回错误信息。

　　由于使用 **np.reshape** 还可以对数组形状进行变更，因此，当既需要增加维度，又需要对数组中的元素进行排序时，则可以使用这个函数。如果只是需要增加维度，则可以使用 **np.newaxis** 使代码更加简洁、易于阅读。

📝 **MEMO**

参考

● Basic Slicing and Indexing - NumPy v1.14 Manual - NumPy and SciPy Documentation

URL https://docs.scipy.org/doc/numpy-1.14.0/reference/arrays.indexing.html#basic-slicing-and-indexing

2.26 数组元素的差分与求和函数

NumPy 提供了可以用于计算元素之间的差值的 np.diff 函数和用于计算元素之间的和的 np.cumsum 与 np.ndarray.cumsum 函数。

本节将对如下内容进行讲解。

● np.diff 的使用方法
● np.cumsum 和 np.ndarray.cumsum 的使用方法

2.26.1 np.diff

首先，将对用于计算元素之间差值的 **np.diff** 函数的使用方法进行讲解。当需要以某个时间段为单位，对观测到的数据的值的差分进行分析时，或者需要对数值的微分进行计算时，使用这个函数是非常有效的。

np.diff

```
np.diff(a, n=1, axis=-1)
```

● np.diff 的参数

np.diff 函数中所使用的参数见表 2.46。

表 2.46　np.diff 的参数

参数名	类　型	概　要
a	array_like（类似数组的对象）	用于指定需要计算差分的数组
n	int	（可以省略）初始值为 1，用于指定需要计算差的微分的阶数
axis	int	（可以省略）初始值为 –1，用于指定在哪个坐标轴方向上计算差分。如果指定为初始值，就是在维度最低的方向上进行计算

● np.diff 的返回值

np.diff 返回包含计算得到的元素之间的差值的数组。

np.diff 函数中包含三个参数。第一个参数用于指定需要计算差分的数组，第三个参数用于指定需要在哪个坐标轴方向上计算差分。

关于第二个参数 **n**，它有些复杂，将在稍后对其进行讲解。

基本上返回的是将相邻的元素之间的差值作为元素的数组，而已经计算了差分的维度中的数组的元素数量是从原有的数组中减去1。

因此，即使是将稍后将出现的 **cumsum** 应用到保存了结果的数组中，也无法对原有数组中的数据进行重现（因为不知道起始项的值）。

● 关于参数 n

所谓参数 **n**，是指求取 n 阶微分的差分的意思。如下为在微分方程式中经常使用的差分法的公式。

$$\frac{\partial u}{\partial x} \rightarrow \frac{u(x + \Delta x) - u(x)}{\Delta x}$$

$$\frac{\partial^2 u}{\partial x^2} \rightarrow \frac{u(x + \Delta x) - 2u(x) + u(x - \Delta x)}{(\Delta x)^2}$$

$$\frac{\partial^3 u}{\partial x^3} \rightarrow \frac{u(x + 2\Delta x) - 3u(x + \Delta x) + 3u(x) - u(x - \Delta x)}{(\Delta x)^3}$$

上面列举了截止 $n=3$ 的三阶微分公式。可用于自动计算分子部分的表达式的正是 **np.diff** 函数。对 NumPy 的数组对象调用这一函数就会自动执行如下的处理。

假设将数组 x 的差分结果记录到数组 y 中。

当 $n=1$ 时

$$y[i] = x[i + 2] - 2x[i + 1] + x[i]$$

当 $n=3$ 时

$$y[i] = x[i + 3] - 3x[i + 2] + 3x[i + 1] - x[i]$$

当 $n=4$ 时

$$y[i] = x[i + 4] - 4x[i + 3] + 6x[i + 2] - 4x[i + 1] + x[i]$$

到这一步大家可能会发现，上述公式中的系数与 $(x - 1)^n$ 的二项式系数是一致的（参考MEMO）。

请注意，索引与原有公式是错位的。

MEMO

二项式系数

例如，可以将$(x-1)^2$展开为x^2-2x+1，这样就可以得到系数1、2、1。将这一展开一般化为$(x-1)^n$所得到的系数就称为二项式系数。其中的第i个系数可以用${}_nC_i$来求取。

MEMO

离散高阶微分的求取方法

在求取类似这种增加了阶数的离散微分方程时，可以通过对低一阶的方程前后的微分的差值进行计算来求取。实际上就是进行反复的离散微分计算。

● **修改n的值**

接下来，将使用实际的代码对**n**的值进行修改。

```
In [1]: import numpy as np

In [2]: a = np.array([1, 2, 4, 1, 6, 8, 3]) ⮕
# 准备一个任意排列的数组

In [3]: np.diff(a, n=1)      # 首先指定n=1
Out[3]: array([ 1,   2, -3,   5,   2, -5])

In [4]: np.diff(a, n=2)      # 其次指定n=2
Out[4]: array([ 1, -5,   8, -3, -7])

In [5]: np.diff(a, n=3)      # 之后指定n=3
Out[5]: array([ -6,   13, -11,   -4])

In [6]: np.diff(a, n=4)      # 最后指定n=4
Out[6]: array([ 19, -24,  7])
```

● 修改 axis 并修改取差的方向

接下来，将其他参数 **axis** 的值也进行修改。

```
In [7]: b = np.random.randint(10, size=(5, 5))

In [8]: b
Out[8]:
array([[4, 9, 9, 6, 3],
       [7, 6, 0, 3, 6],
       [8, 2, 2, 1, 2],
       [6, 5, 5, 8, 5],
       [6, 2, 2, 2, 9]])

In [9]: np.diff(b, axis=-1)          # 和axis=1的意思一样
Out[9]:
array([[ 5,  0, -3, -3],
       [-1, -6,  3,  3],
       [-6,  0, -1,  1],
       [-1,  0,  3, -3],
       [-4,  0,  0,  7]])

In [10]: np.diff(b, axis=0)          # 之后指定行方向
Out[10]:
array([[ 3, -3, -9, -3,  3],
       [ 1, -4,  2, -2, -4],
       [-2,  3,  3,  7,  3],
       [ 0, -3, -3, -6,  4]])

In [11]: np.diff(b, axis=1, n=2)     # 指定n=2
Out[11]:
array([[-5, -3,  0],
       [-5,  9,  0],
       [ 6, -1,  2],
       [ 1,  3, -6],
       [ 4,  0,  7]])
```

2.26.2 np.cumsum

接下来，将对具有与 **np.diff** 函数相反功能的 **np.cumsum** 函数进行

讲解。**np.cumsum** 是用于将数组中的元素相加后所得到的值按顺序保存到数组中的函数。类似于求取近似的积分。

下面将分别对 **np.cumsum** 和 2.26.3 小节中的 **np.ndarray.cumsum** 方法进行讲解。这两者不仅内容完全相同，处理的方式也完全相同。

np.cumsum

```
np.cumsum(a, axis=None, dtype=None, out=None)
```

○ np.cumsum 的参数

np.cumsum 函数中所使用的参数见表 2.47。

表 2.47　np.cumsum 的参数

参数名	类　型	概　要
a	array_like（类似数组的对象）	用于指定需要求和的数组
axis	int	（可以省略）初始值为 None，用于指定需要在哪个坐标轴（axis）方向上对元素相加
dtype	数据类型	（可以省略）初始值为 None，用于指定返回数组中元素的数据类型及需要执行计算处理的数据类型。如果指定初始值为 None，返回的就是 a 中所指定元素的数据类型。此外，如果 a 的数据类型为 int8、int16、int32，返回的就是计算精度较高的 int64 型
out	ndarray	（可以省略）初始值为 None，用于指定保存计算结果的数组

○ np.cumsum 的返回值

np.cumsum 返回将指定坐标轴方向上对元素相加后所得到的值作为元素的数组。

如果指定了 **out**，返回的就是保存了计算结果的 **out**。

2.26.3　np.ndarray.cumsum

接下来，将对 **np.ndarray.cumsum** 的使用方法进行讲解。

```
np.ndarray.cumsum(axis=None, dtype=None, out=None)
```

● np.ndarray.cumsum 的参数

np.ndarray.cumsum 方法中所使用的参数见表2.48。

表2.48　np.ndarray.cumsum 的参数

参数名	类　型	概　要
axis	int	（可以省略）初始值为None，用于指定需要在哪个坐标轴（axis）方向上对元素相加
dtype	数据类型	（可以省略）初始值为None，用于指定返回数组中元素的数据类型及需要执行计算处理的数据类型。如果指定初始值为None，返回的就是原有数组中元素的数据类型。此外，如果原有数组的数据类型为int8、int16、int32，返回的就是计算精度较高的int64型
out	ndarray	（可以省略）初始值为None，用于指定保存计算结果的数组

● np.ndarray.cumsum 的返回值

np.ndarray.cumsum 返回将指定坐标轴方向上对元素相加后所得到的值作为元素的数组。

如果指定了 **out**，返回的就是保存了计算结果的 **out**。

cumsum 可以使用参数 **dtype** 同时对需要执行计算处理的数据类型和所输出的值的数据类型进行指定。此外，参数 **axis** 可用于指定需要在哪个方向上进行求和计算。

● 元素相加

接下来将使用实际的代码对使用方法进行确认。

```
In [12]: a = np.random.randint(10, size=20) ➡
# 生成20个0~9的随机数

In [13]: a
Out[13]: array([6, 4, 1, 4, 8, 7, 4, 9, 1, 6, 7, 1, 2, ➡
         6, 0, 8, 5, 1, 1, 4])
```

```
In [14]: np.cumsum(a)          # 首先进行简单的求和计算
Out[14]:
array([ 6, 10, 11, 15, 23, 30, 34, 43, 44, 50, 57, 58, ➡
       60, 66, 66, 74, 79, 80, 81, 85])

In [15]: a.cumsum()            # 这样使用也是没有问题的
Out[15]:
array[ 6, 10, 11, 15, 23, 30, 34, 43, 44, 50, 57, 58, ➡
      60, 66, 66, 74, 79, 80, 81, 85])
```

● 指定 dtype

下面将对参数 **dtype** 进行指定。

```
In [16]: np.cumsum(a, dtype='float32') # 将 dtype 指定为
float32
Out[16]:
array([  6.,   10.,   11.,   15.,   23.,   30.,   34.,   43., ➡
        44.,   50.,   57.,   58.,   60.,   66.,   66.,   74., ➡
        79.,   80.,   81.,   85.], dtype=float32)

In [17]: a.cumsum(dtype='float32')
Out[17]:
array([  6.,   10.,   11.,   15.,   23.,   30.,   34.,   43., ➡
        44.,   50.,   57.,   58.,   60.,   66.,   66.,   74., ➡
        79.,   80.,   81.,   85.], dtype=float32)

In [18]: b = np.random.rand(3, 4)*10
```

特别是当原有数组类型是小于64位的int型时，如果不指定参数 dtype，程序就会自动变成 **int64** 型进行处理。

```
In [19]: c = np.random.randint(10, size=10,dtype='int8')

In [20]: c
Out[20]: array([9, 4, 8, 1, 5, 7, 0, 0, 7, 0],dtype=int8)

In [21]: c.cumsum()   # 如果不特别对 dtype 进行指定
```

```
Out[21]: array([ 9, 13, 21, 22, 27, 34, 34, 34, 41, 41])
```

```
In [22]: c.cumsum().dtype      # 会自动变成int64
Out[22]: dtype('int64')
```

```
In [23]: d = c.cumsum(dtype='int8')  ➡
# 如果对dtype进行了指定，就不会出现上面这种情况
```

```
In [24]: d.dtype
Out[24]: dtype('int8')
```

● 指定需要求和的坐标轴方向

接下来将对参数**axis**进行指定。

```
In [25]: b
Out[25]:
array([[ 1.17551018,  5.45865113,  1.7240211 ,  ➡
         3.81506854],
       [ 3.33030478,  6.14776842,  5.71525196,  ➡
         1.57526629],
       [ 4.44130255,  0.42665233,  5.81375779,  ➡
         7.21976963]])
```

```
In [26]: np.cumsum(b) # 不对axis进行指定，就会得到如下结果
Out[26]:
array([  1.17551018,   6.63416131,   8.35818241,  ➡
        12.17325095,
        15.50355573,  21.65132415,  27.3665761 ,  ➡
        28.94184239,
        33.38314494,  33.80979727,  39.62355507,  ➡
        46.8433247 ])
```

```
In [27]: np.cumsum(b, axis=1) # 这样指定，就会在列方向上求和
Out[27]:
array([[  1.17551018,   6.63416131,   8.35818241,  ➡
         12.17325095],
       [  3.33030478,   9.4780732 ,  15.19332516,  ➡
```

NumPy与数组操作

1
2
3
4

```
        16.76859144],
      [  4.44130255,   4.86795488,  10.68171268,  ➡
        17.90148231]])
```

In [28]: **b.cumsum(axis=1)**

Out[28]:

```
array([[  1.17551018,   6.63416131,   8.35818241,  ➡
        12.17325095],
      [  3.33030478,   9.4780732 ,  15.19332516,  ➡
        16.76859144],
      [  4.44130255,   4.86795488,  10.68171268,  ➡
        17.90148231]])
```

In [29]: **np.cumsum(b, axis=0)**   # 在行方向上求和

Out[29]:

```
array([[  1.17551018,   5.45865113,   1.7240211 ,  ➡
        3.81506854],
      [  4.50581496,  11.60641955,   7.43927306,  ➡
        5.39033482],
      [  8.94711751,  12.03307188,  13.25303085,  ➡
        12.61010445]])
```

In [30]: **b.cumsum(axis=0)**

Out[30]:

```
array([[  1.17551018,   5.45865113,   1.7240211 ,  ➡
        3.81506854],
      [  4.50581496,  11.60641955,   7.43927306,  ➡
        5.39033482],
      [  8.94711751,  12.03307188,  13.25303085,  ➡
        12.61010445]])
```

📑 **MEMO**

参考

- numpy.diff - NumPy v1.14 Manual - NumPy and SciPy
  Documentation

  URL https://docs.scipy.org/doc/numpy-1.14.0/reference/generated/
  numpy.diff.html

- numpy.cumsum - NumPy v1.14 Manual - NumPy and SciPy
  Documentation

  URL https://docs.scipy.org/doc/numpy-1.14.0/reference/generated/
  numpy.cumsum.html

- numpy.ndarray.cumsum - NumPy v1.14 Manual - NumPy and
  SciPy Documentation

  URL https://docs.scipy.org/doc/numpy-1.14.0/reference/generated/
  numpy.ndarray.cumsum.html

NumPy与数组操作

2.27 用于连接多维数组的对象

在使用NumPy对数组进行连接操作的方法中，包含使用np.r_和np.c_对象的方法。

本节将对如下内容进行讲解。

- np.r_的使用方法
- 使用np.r_和切片语法生成数组的方法
- np.c_的使用方法
- 两个对象的使用方法的区别

2.27.1 np.c_和np.r_的特点

np.c_是在**np.r_**的特殊情况下使用的对象，**np.r_**也可以用于实现与**np.c_**相同的操作。

如果没有进行任何特殊指定，**np.c_**与**hstack**的使用方法是完全一样的，而**np.r_**则与**vstack**的使用方法是完全一样的。

其中一个比较突出的特点是，它们允许使用切片语法进行数组的创建，即使不是数组，只是单纯的数值，也可以将其作为数组进行连接。这两者都不是函数，而是对象，因此完全是通过在[ ]中输入数组或数值进行操作的。

2.27.2 np.r_

首先，将对**np.r_**的使用方法进行讲解。由于**np.r_**并不是函数，因此并不是对它进行参数的指定，而是在[ ]中对需要连接的数组或所采用的连接方式进行指定。

● 连接数组与数组（无任何指定）

如果不指定所采用的连接方式，**np.r_**就会对其所包含的数组在**axis=0**方向上进行连接。这是最常见的一种使用方法。而且与**np.hstack**

具有完全相同的功能。

接下来，将通过实际的代码对这一对象的使用方法进行确认。

```
In [1]: import numpy as np

In [2]: a = np.array([1, 2, 3])

In [3]: b = np.array([4, 5, 6]) # 首先对一维数组进行处理

In [4]: np.r_[a, b]
Out[4]: array([1, 2, 3, 4, 5, 6])

In [5]: np.r_[2, 5, 3, np.array([2, 3, ]), 4.2]
Out[5]: array([ 2. ,   5. ,   3. ,   2. ,   3. ,   4.2])

In [6]: c = np.zeros((2, 3)) # 对二维数组进行连接。需要注意，当
# axis=1方向上的元素的数量不一致时，是不能进行连接的

In [7]: d = np.ones((3, 3)) # c中的axis=1方向上的元素数量是3个，与
# 之对齐。axis=0方向上的元素数量可以与c中的2不一样

In [8]: np.r_[c, d]
Out[8]:
array([[ 0.,   0.,   0.],
       [ 0.,   0.,   0.],
       [ 1.,   1.,   1.],
       [ 1.,   1.,   1.],
       [ 1.,   1.,   1.]])

In [9]: d = np.ones((3, 4))

In [10]: np.r_[c, d] # 由于axis=1的元素数量不一致，所以发生了
                     # 运行时错误
------------------------------------------------------------
（显示的错误信息）
ValueError: all the input array dimensions except for ➡
the concatenation axis must match exactly
```

这里的使用方法与 **np.hstack** 完全一样。

● 切片语法

可以使用**np.r_**通过切片语法创建一维数组。

```
start:stop:step
```

在如上所述的**start**、**stop**、**step**的部分中输入相应的值，就可以创建连续或等差数列。

start和**stop**分别代表起点和终点，**step**代表差。这里的定义与**np.arange(start, stop, step)**中是完全相同的。

默认值的设置为**start=1**，**step=1**，只需要对**stop**的值进行指定，就可以创建从0开始到终点值之间的连续的整数序列。

此外，**step**可以对虚数进行指定。例如，如果指定**step=stepj**，就会生成将**start**和**stop**的区间（**stop**也包含在区间内）分割成step −1等份。也就是说，这个语法与**np.linspace(start, stop, step, endpoint=1)**中的定义是完全相同的。另外，还可以使用逗号分隔的方式，对其他的单个数值或一维数组进行连接。

● 混合了切片语法的语法

接下来，将切片语法与**np.r_**混合使用。

```
In [11]: np.r_[0:10]
Out[11]: array([0, 1, 2, 3, 4, 5, 6, 7, 8, 9])

In [12]: np.r_[:10]
Out[12]: array([0, 1, 2, 3, 4, 5, 6, 7, 8, 9])

In [13]: np.r_[-10:]
Out[13]: array([], dtype=int64)

In [14]: np.r_[0:10:2]        # 在0～9内每隔两个间隔进行显示
Out[14]: array([0, 2, 4, 6, 8])

In [15]: np.r_[10:0:-1]       # 颠倒顺序进行显示
Out[15]: array([10, 9, 8, 7, 6, 5, 4, 3, 2, 1])
```

```
In [16]: np.r_[0:10:10j]        # 分成10等份进行显示
Out[16]:
array([  0.        ,   1.11111111,   2.22222222, ➡
         3.33333333,   4.44444444,   5.55555556, ➡
         6.66666667,   7.77777778,   8.88888889, ➡
        10.          ])
```

```
In [17]: np.r_[0:9:20j]         # 分成20等份进行显示
Out[17]:
array([ 0.        ,   0.47368421,   0.94736842, ➡
        1.42105263,   1.89473684,   2.36842105, ➡
        2.84210526,   3.31578947,   3.78947368, ➡
        4.26315789,   4.73684211,   5.21052632, ➡
        5.68421053,   6.15789474,   6.63157895, ➡
        7.10526316,   7.57894737,   8.05263158, ➡
        8.52631579,   9.          ])
```

```
In [18]: np.r_[0:10, 0, 4, np.array([3, 3])] ➡
# 最后还可以添加数字或一维数组
Out[18]: array([0, 1, 2, 3, 4, 5, 6, 7, 8, 9, 0, 4, 3, 3])
```

● 使用数值的字符串指定坐标轴和维度

对于类似"在哪个坐标轴上进行连接""维度的最小值如何设置""对齐shape时，在哪个轴的编号上增加1更合适"等情况，**np.r_**可以使用下列数值的字符串对其进行指定（其中**a**、**b**、**c**分别为整数）。此外，默认设置为**'0, 0, –1'**（见表2.49）。

```
'a,b,c'
```

表2.49 可以使用np.r_指定的条件

参数名	类　型
a	用于指定沿着哪个坐标轴（axis）方向上对数组进行连接
b	用于指定需要创建的数组维数的最小值
c	当需要对维数较少的数组进行升维处理时，用于表示shape，指定应当将原有数组的形状放到升维后的数组中的哪个位置上

关于表2.49中的参数 **c**，例如，假设现有一个 shape 为 **(2, 3)** 的数组。需要将这个数组与其他 shape 为 **(2, 2, 3)** 的三维数组进行连接。

此时，就必须将二维数组扩展为三维数组。如果指定 **c= –1** 或 **c=1**，就会在数组 shape 的开头添加 1，然后就可以对这个 shape 为 **(1, 2, 3)** 的数组进行连接。如果指定 **c=0**，原有数组的 shape 就会排在前面，变成 shape 为 **(2, 3, 1)** 的数组。

感觉怎么样？可能大家会觉得解释得有些烦琐。参数 c 表示的是扩展维度之前的 shape 所放置的位置。

虽然有些复杂，但是只要掌握了使用方法，就可以顺利地将不同维数的数组连接在一起。如果能够熟练掌握并能加以灵活运用，这是一个使用起来非常方便的对象。

● 修改参数 a 的值

首先，将对参数 **a** 的指定方法进行讲解。**a** 是用于指定需要连接的坐标轴（**axis**）的参数。需要注意的是，这里的坐标轴编号是创建成功后的数组中的 **axis** 编号。此外，**a** 的默认值设置为 **0**。

```
In [19]: a = np.ones((2, 2))


In [20]: b = np.zeros((2, 2))


In [21]: np.r_['1', a, b]          # 在axis=1（列）方向上进行连接
Out[21]:
array([[ 1.,   1.,   0.,   0.],
       [ 1.,   1.,   0.,   0.]])


In [22]: np.r_['1', a, b].shape   # 若确认这个shape，就可以看
# 到在axis=1的方向上元素的数量增加了
Out[22]: (2, 4)


In [23]: np.r_['0', a, b]          # 接着在行方向上进行连接
Out[23]:
array([[ 1.,   1.],
       [ 1.,   1.],
       [ 0.,   0.],
       [ 0.,   0.]])
```

```
In [24]: np.r_['0', a, b].shape      # 确认 shape
Out[24]: (4, 2)

In [25]: np.r_[a, b].shape           # 如果不指定 a，就是 a=0
Out[25]: (4, 2)

In [26]: c = np.ones((2, 2, 2))      # 然后连接三维数组

In [27]: d = np.zeros((2, 2, 2))

In [28]: c
Out[28]:
array([[[ 1.,   1.],
        [ 1.,   1.]],

       [[ 1.,   1.],
        [ 1.,   1.]]])

In [29]: d
Out[29]:
array([[[ 0.,   0.],
        [ 0.,   0.]],

       [[ 0.,   0.],
        [ 0.,   0.]]])

In [30]: np.r_['0', c, d]      # 首先在 axis=0 方向上进行连接
Out[30]:
array([[[ 1.,   1.],
        [ 1.,   1.]],

       [[ 1.,   1.],
        [ 1.,   1.]],

       [[ 0.,   0.],
        [ 0.,   0.]],

       [[ 0.,   0.],
        [ 0.,   0.]]])
```

```
In [31]: np.r_['1', c, d]
Out[31]:
array([[[ 1.,   1.],
        [ 1.,   1.],
        [ 0.,   0.],
        [ 0.,   0.]],

       [[ 1.,   1.],
        [ 1.,   1.],
        [ 0.,   0.],
        [ 0.,   0.]]])

In [32]: np.r_['2', c, d]
Out[32]:
array([[[ 1.,   1.,   0.,   0.],
        [ 1.,   1.,   0.,   0.]],

       [[ 1.,   1.,   0.,   0.],
        [ 1.,   1.,   0.,   0.]]])

In [33]: np.r_['0', c, d].shape ➡
# 将这些 shape 全部都确认一遍。可以看到所有的编号所对应位置中的
# 元素数量都增加了
Out[33]: (4, 2, 2)

In [34]: np.r_['1', c, d].shape
Out[34]: (2, 4, 2)

In [35]: np.r_['2', c, d].shape
Out[35]: (2, 2, 4)
```

● 修改参数 b 的值

　　接下来，将对参数 b 的值进行修改。通过对 b 进行修改，可以指定需要输出数组的维度的最小值。如果指定 b=2，维数就是 (ndim)>=2 ；如果指定 b=3，维数就是 (ndim)>=3。

　　如果是小于 b 的维数的数组，程序会自动将数组扩展到与 b 相同的维数，再对其进行连接（扩展的方式可以通过参数 c 来指定，默认设置

是在shape的开头处，在维数不够的方向上添加1对其进行扩展）。

```
In [36]: np.r_['0,2', [0, 1, 2],[3, 3, 3]] ➡
# 在二维数组的axis=0方向上进行连接
Out[36]:
array([[0, 1, 2],
       [3, 3, 3]])

In [37]: np.r_['0, 2', [0, 1, 2], [3, 3, 3]].shape
Out[37]: (2, 3)

In [38]: np.r_['0, 3', [0, 1, 2], [3, 3, 3]] ➡
# 在三维数组的axis=0方向上进行连接
Out[38]:
array([[[0, 1, 2]],

       [[3, 3, 3]]])

In [39]: np.r_['0, 3', [0, 1, 2], [3, 3, 3]].shape
Out[39]: (2, 1, 3)

In [40]: np.r_['-1, 4', [0, 1, 2], [3, 3, 3]] ➡
# 在四维数组中也可以进行同样的操作，这里是对最低维度进行连接
Out[40]: array([[[[0, 1, 2, 3, 3, 3]]]])

In [41]: np.r_['-1, 4', [0, 1, 2], [3, 3, 3]].shape
Out[41]: (1, 1, 1, 6)
```

● 修改参数c的值

　　最后将对参数c的值进行修改。这个值的默认设置为–1，shape是开头处为1。因此，在刚刚修改参数b的值时，扩展后所得到的数组的shape全部为(1, 1, 3)或(1, 1, 1, 3)这样的格式。

　　参数c的指定方法是最让人难以理解的。如果不是很明白它的使用方法，可以考虑从一开始就使用**np.reshape**函数，在使用这个函数修改了需要连接的数组的shape之后，再进行实际的连接操作，没有必要非要勉强自己掌握它的使用方法。此外，这样写出来的代码可读性也比较差，所以并不建议使用。

```
In [42]: np.r_['0, 2, -1', [0, 1, 2], [3, 3, 3]]  ➡
# 将 (3,) 变成 (1, 3) 之后，再在 axis=0 方向上连接
Out[42]:
array([[0, 1, 2],
       [3, 3, 3]])

In [43]: np.r_['0, 2, -1', [0, 1, 2], [3, 3, 3]].shape
Out[43]: (2, 3)

In [44]: np.r_['0, 2, 0', [0, 1, 2], [3, 3, 3]]  ➡
# 将 (3,) 变成 (3, 1) 之后，再在 axis=0 方向上连接
Out[44]:
array([[0],
       [1],
       [2],
       [3],
       [3],
       [3]])

In [45]: np.r_['0, 2, 0', [0, 1, 2], [3, 3, 3]].shape
Out[45]: (6, 1)

In [46]: np.r_['0, 3, 0', [0, 1, 2], [3, 3, 3]]  ➡
# 三维数组也可以进行同样的操作。例如：(3,) → (3, 1, 1)
Out[46]:
array([[[0]],

       [[1]],

       [[2]],

       [[3]],

       [[3]],

       [[3]]])

In [47]: np.r_['0, 3, 0', [0, 1, 2], [3, 3, 3]].shape
Out[47]: (6, 1, 1)
```

● 指定矩阵

在使用 **np.r_** 生成二维矩阵（matrix）时，首先需要将字符串指定为 **'r'** 或 **'c'**。

如果是二维矩阵，无论指定的是哪一个，其结果都是一样的。但是，当需要生成一维的行向量时，就需要指定使用 **'r'**；当需要生成列向量时，则需要指定使用 **'c'**。

下面将使用实际的代码对这一使用方法进行确认。

```
In [48]: a = np.array([1, 4, 6])

In [49]: b = np.array([2, 2, 2])

In [50]: np.r_['r', a, b]
Out[50]: matrix([[1, 4, 6, 2, 2, 2]])

In [51]: np.r_['c', a, b]    # 变成列向量
Out[51]:
matrix([[1],
        [4],
        [6],
        [2],
        [2],
        [2]])

In [52]: c = np.ones((4, 5))

In [53]: d = np.zeros((2, 5))

In [54]: np.r_['r', c, d]    # 二维矩阵
Out[54]:
matrix([[ 1.,   1.,   1.,   1.,   1.],
        [ 1.,   1.,   1.,   1.,   1.],
        [ 1.,   1.,   1.,   1.,   1.],
        [ 1.,   1.,   1.,   1.,   1.],
        [ 0.,   0.,   0.,   0.,   0.],
        [ 0.,   0.,   0.,   0.,   0.]])

In [55]: np.r_['c', c, d]    # 指定 'c' 结果也是一样的
Out[55]:
```

```
matrix([[ 1.,   1.,   1.,   1.,   1.],
        [ 1.,   1.,   1.,   1.,   1.],
        [ 1.,   1.,   1.,   1.,   1.],
        [ 1.,   1.,   1.,   1.,   1.],
        [ 0.,   0.,   0.,   0.,   0.],
        [ 0.,   0.,   0.,   0.,   0.]])
```

🔷 2.27.3　np.c_

在此之前，已经对 **np.r_** 进行了讲解，正如在本节的开头所解释的，**np.c_** 是在 **np.r_** 的特殊情况下使用的对象。也就是说，**np.c_[]**＝＝**np.r_['-1,2,0']** 的关系是成立的。

如果是二维以上的数组，就在最低维度（**axis** 的编号最大）的方向上对数组进行连接。此外，在对各个数组的维度进行扩展时，是指定 **c=0**，因此 shape 中原有的元素就会出现在开头处，并在末尾添加 1 实现对形状的扩展。

```
In [56]: a = np.ones((3, 2))

In [57]: b = np.zeros((3, 3))

In [58]: a
Out[58]:
array([[ 1.,   1.],
       [ 1.,   1.],
       [ 1.,   1.]])

In [59]: b
Out[59]:
array([[ 0.,   0.,   0.],
       [ 0.,   0.,   0.],
       [ 0.,   0.,   0.]])

In [60]: np.c_[a, b]
Out[60]:
array([[ 1.,   1.,   0.,   0.,   0.],
       [ 1.,   1.,   0.,   0.,   0.],
       [ 1.,   1.,   0.,   0.,   0.]])
```

```
In [61]: c = np.zeros(3)

In [62]: c
Out[62]: array([0., 0., 0.])

In [63]: np.c_[a, c]
Out[63]:
array([[1., 1., 0.],
       [1., 1., 0.],
       [1., 1., 0.]])

In [64]: np.c_[a, c].shape
Out[64]: (3, 3)

In [65]: np.c_[[[1, 2, 3]], [[4, 5, 6]], 2, 3]  # 也可以只对
# 数值进行连接。但是需要注意的是，前半部分的两个数组必须变成二维数组
# 才能实现
Out[65]: array([[1, 2, 3, 4, 5, 6, 2, 3]])
```

📝 **MEMO**

参考

● numpy.c_ – NumPy v1.14 Manual - NumPy and SciPy Documentation

URL https://docs.scipy.org/doc/numpy-1.14.0/reference/generated/
numpy.c_.html

● numpy.r_ – NumPy v1.14 Manual-NumPy and SciPy

URL https://docs.scipy.org/doc/numpy-1.14.0/reference/generated/
numpy.r_.html

第3章　NumPy数学函数应用

　　NumPy软件库对各种各样的数学函数运算都提供了支持。

　　由于NumPy提供了大量数学函数的实现，因此不需要自己动手编写数学函数的实现代码就可以快速地对数学模型和想法进行验证。而且编写出来的代码也更加简洁，再加上执行的大部分代码都经过了大量测试，因此程序中的Bug也会更少，节省了软件开发的时间。

　　话虽如此，但也并不是说我们就不尝试自己动手编程。在亲自动手编写实现代码的过程中，会注意到很多之前没有注意的地方。在专业领域中，亲自动手编写函数实现代码也是加深对函数理解的一个有效的学习方法。

　　本章将对NumPy中究竟提供了哪些数学函数进行确认，并通过实际的运用加深理解。

> **！注意事项**
>
> ### 关于Windows平台的输出结果
>
> 　　本书中的示例代码所产生的输出结果都是基于macOS平台的。在Windows平台上，Out的输出结果的末尾有时会显示"，dype=int64)"。另外，与执行速度相关的输出结果也多少会与实际结果有差异。在阅读相关内容时请留意。

NumPy是以数值计算作为设计目标的软件库，因此其中对很多数学函数都提供了实现代码。当了解NumPy对哪些数学函数提供了支持后，在编写相关的程序时就可以节省大量的时间。

本节将对下列两部分内容进行讲解。

● NumPy 中提供的各种数学函数的使用方法
● 数学常量

3.1.1　四则运算

首先，将对最基本的四则运算进行介绍。四则运算在Python中可以使用+、-、*、/这4个运算符来实现。在这种情况下，程序可以对数组中的每个元素进行相应的计算。

NumPy中进行数组间的计算时，如果数组的shape不一致，或者广播功能无法正常执行，都会导致运行时错误的发生。如果是这种情况，无法让广播功能正常发挥作用的读者，建议重新复习一遍之前章节的内容。通常，第二次复习时都能极大地加深自身的理解。

此外，NumPy中也存在与四则运算符作用相同的函数（**np.add**等），除非是需要明确地表示是在使用**ndarray**进行数组操作，一般都不需要使用这些函数。

加法（np.add）

首先是加法运算。虽然NumPy也提供了**np.add**函数，但是一般只需要使用"+"运算符就可以了。其不仅可以实现对两个数组的元素进行相加操作，还可以使用同一个值与数组中的每个元素进行加法运算。

```
In [1]: import numpy as np

In [2]: a = np.array([0, 1, 2, 3, 4])
```

```
In [3]: b = np.array([2, 4, 6, 8, 10])

In [4]: a + b        # 将两个数组相加会返回将每个元素相加后得到的结果
Out[4]: array([2, 5, 8, 11, 14])

In [5]: a + 4           # 给每个元素加 4
Out[5]: array([4, 5, 6, 7, 8])

In [6]: np.add(a ,b)  # 使用函数也可以完成同样的计算
Out[4]: array([2, 5, 8, 11, 14])

In [7]: np.add(a, 4)
Out[7]: array([4, 5, 6, 7, 8])
```

● 减法（np.subtract）

类似地，减法运算可以使用 "−" 运算符实现，当然也可以使用 **np.subtract** 函数实现。

```
In [8]: a - b                    # 使用之前生成的a 和b
Out[8]: array([-2, -3, -4, -5, -6])

In [9]: b - a
Out[9]: array([2, 3, 4, 5, 6])

In [10]: a - 4                        # 将每个元素减去 4
Out[10]: array([-4, -3, -2, -1,  0])

In [11]: np.subtract(a, b)   # 减法也可以使用函数实现
Out[11]: array([-2, -3, -4, -5, -6])

In [12]: np.subtract(a, 4)
Out[12]: array([-4, -3, -2, -1,  0])
```

● 乘法（np.multiply）

乘法可以使用 "*" 运算符来计算。这种情况下，是对数组之间相互对应的元素进行乘法运算。与外积和内积等向量和矩阵的运算不同，

这里使用的是称为哈达玛积（参考MEMO）的向量或矩阵之间的运算，在使用时需要注意。

使用 **np.multiply** 函数可以完成同样的处理。

```
In [13]: a * b
Out[13]: array([0, 4, 12, 24, 40])

In [14]: a * 2
Out[14]: array([0, 2, 4, 6, 8])

In [15]: np.multiply(a, b)
Out[15]: array([0, 4, 12, 24, 40])

In [16]: np.multiply(a, 2)
Out[16]: array([0, 2, 4, 6, 8])
```

📋 **MEMO**

哈达玛积

　　哈达玛积是在对应的元素之间进行乘积运算得到的积，与内积或外积不同，哈达玛积并不是对它们的和或差进行计算。例如，假设现有[1, 2]和[3, 4]这两个数组，它们的哈达玛积为[1 × 3, 2 × 4]=[3, 8]。

● 除法 / 余数（np.divide/np.mod）

　　除法运算使用的是 "/" 运算符。另外，如果需要将商变为整数，可以使用与 Python3 相同的运算符 "//"，即使用连续两个斜杠就可以得到整数的商。

　　需要计算余数，可以使用 "%" 运算符。与 Python 中所使用的运算符完全相同，非常直观。

　　除法也可以使用 **np.divide** 函数来计算。当然，也可以使用 **np.mod** 函数对余数进行求解。

```
In [17]: b / a  # 虽然是计算b÷a的结果，但是由于a的元素中包含0，
         #  因此其中一个结果是表示无限的inf※1
```

※1　在macOS中执行时，可能会出现警告信息。

```
Out[17]: array([        inf, 4.        , 3.        ,  ➡
2.66666667, 2.5         ])
```

```
In [18]: b / 2                # 尝试除以2
Out[18]: array([ 1.,  2.,  3.,  4.,  5.])
```

```
In [19]: b / 3                # 尝试除以3
Out[19]: array([ 0.66666667, 1.33333333, 2.        ,  ➡
2.66666667, 3.33333333])
```

```
In [20]: np.divide(b, a)      # 使用函数也可以完成相同的处理
Out[20]: array([        inf, 4.        , 3.        ,  ➡
2.66666667, 2.5         ])
```

```
In [21]: np.divide(b, 2)
Out[21]: array([1., 2., 3., 4., 5.])
```

```
In [22]: b // 3
Out[22]: array([0, 1, 2, 2, 3])
```

```
In [23]: b % 3
Out[23]: array([2, 1, 0, 2, 1])
```

与计算余数的 "%" 运算符相同，使用 **np.mod** 函数也可以完成同样的处理。

```
In [24]: np.mod(b, 3)         # 除以3得到的余数
Out[24]: array([2, 1, 0, 2, 1])
```

🎲 3.1.2　幂运算（np.power）和求平方根运算（np.sqrt）

幂运算可以使用 **np.power(x,t)** 函数对 x^t 的值进行求解。此外，与 Python 的内置运算符相同，也可以使用 **x**2** 进行求解。在需要计算平方根时，可以使用 **np.sqrt(x)** 函数进行计算。

```
In [25]: np.power(2, 3)       # 计算2的三次方
Out[25]: 8
```

```
In [26]: 2**3                 # 这个是Python的幂运算
```

```
In [27]: a = np.arange(1, 11, 1)

In [28]: b = np.array([1, 2, 1, 2, 1, 2, 1, 2, 1, 2])

In [29]: a
Out[29]: array([ 1,  2,  3,  4,  5,  6,  7,  8,  9, 10])

In [30]: b
Out[30]: array([1, 2, 1, 2, 1, 2, 1, 2, 1, 2])

In [31]: np.power(a, b)          # 一次方和二次方的值交替出现
Out[31]: array([  1,   4,   3,  16,   5,  36,   7, ➡
64,   9, 100])

In [32]: a ** b                  # 同样的
Out[32]: array([  1,   4,   3,  16,   5,  36,   7, ➡
64,   9, 100])

In [33]: np.sqrt(2)              # 计算平方根使用np.sqrt函数
Out[33]: 1.4142135623730951

In [34]: 2 ** 0.5     # 当然，不使用函数也一样可以计算平方根
Out[34]: 1.4142135623730951

In [35]: np.sqrt(a)              # 当然也可以指定使用数组
Out[35]:
array([ 1.        ,  1.41421356,  1.73205081, ➡
2.        ,  2.23606798,
        2.44948974,  2.64575131,  2.82842712, ➡
3.        ,  3.16227766])
```

🔷 3.1.3 三角函数

　　接下来，将对基本的正弦、余弦、正切等三角函数及其反函数，以及换算为弧度的函数进行介绍。可以指定 **ndarray** 作为参数。

NumPy 数学函数应用

1
2
3
4

● 三角函数（np.sin、np.cos、np.tan）

在NumPy中也提供了计算正弦、余弦、正切函数的实现代码，它们分别是 **np.sin**、**np.cos** 和 **np.tan**。此外，还有定义表示圆周率的对象 **np.pi**。下面代码中所使用的 **np.pi** 表示的就是圆周率。

在参数中，不是指定角度（**degree**），而是指定弧度（**radian**）。

```
In [36]: np.sin(0)
Out[36]: 0.0

In [37]: np.cos(0)
Out[37]: 1.0

In [38]: np.tan(0)
Out[38]: 0.0

In [39]: np.sin(np.pi*0.5)    # π/2时，正弦值为1
Out[39]: 1.0

In [40]: np.cos(np.pi*0.5)    # 结果应当为0
Out[40]: 6.123233995736766e-17

In [41]: np.tan(np.pi*0.5)    # 无限发散的值
Out[41]: 1.633123935319537e+16

In [42]: np.sin(1)
Out[42]: 0.8414709848078965

In [43]: np.cos(1)
Out[43]: 0.54030230586813978

In [44]: np.tan(1)
Out[44]: 1.5574077246549023
```

● 反三角函数（np.arcsin、np.arccos、np.arctan）

对于三角函数的反函数，在NumPy中也提供了相应的支持。在相应的三角函数名前面加上 **arc** 就是对应的反三角函数。由于是反函数，如 **arcsin**，当 **sin(x)=y** 时，要计算 **x** 的值就可以使用 **arcsin(y)=x**。

这里输出的值也不是角度值，而是弧度值。

```
In [45]: np.arcsin(0.5)
Out[45]: 0.52359877559829882
```

```
In [46]: np.arccos(0.5)
Out[46]: 1.0471975511965976
```

```
In [47]: np.arctan(1.0)
Out[47]: 0.78539816339744828
```

```
In [48]: np.arcsin(-1.0)
Out[48]: -1.5707963267948966
```

```
In [49]: np.arccos(-1.0)
Out[49]: 3.1415926535897931
```

```
In [50]: np.arctan(-0.5)
Out[50]: -0.46364760900080615
```

● 弧度与角度之间的转换

与在NumPy中所实现的三角函数相关的函数基本上都是使用弧度来操作的。因此，需要将角度转换为弧度，将弧度转换为角度。

另外，即使不使用函数，只要将角度乘以 $\dfrac{\pi}{180}$，就能将其换算为弧度；将弧度乘以 $\dfrac{180}{\pi}$ 就能将其换算成角度值。不过NumPy已经提供了简化这一操作的专用函数。

在NumPy中，**np.rad2deg**函数可以将弧度换算为角度，使用**np.radians**和**np.deg2rad**函数就可以将角度换算成弧度。

```
In [51]: np.radians(120)
Out[51]: 2.0943951023931953
```

```
In [52]: np.deg2rad(120)
Out[52]: 2.0943951023931953
```

```
In [53]: np.rad2deg(3.14)
Out[53]: 179.9087476710785
```

```
In [54]: np.deg2rad(np.rad2deg(2.3))
Out[54]: 2.3
```

接下来，将对 **np.radians** 和 **np.deg2rad** 的换算速度进行比较。

```
In [55]: %timeit np.radians(24)
1.44 µs ± 89.8 ns per loop (mean ± std. dev. of 7 ➡
runs, 1000000 loops each)
```

```
In [56]: %timeit np.deg2rad(24)
1.43 µs ± 37.7 ns per loop (mean ± std. dev. of 7 ➡
runs, 1000000 loops each)
```

从上面的执行结果可以看到，一个为 1.44 µs，一个为 1.43 µs，几乎没有任何差别。

🔷 3.1.4 指数函数与对数函数

● 指数函数

在指数函数中，NumPy 也同样提供了对以纳皮尔常数 e（参考 MEMO）为底（base）的函数的实现，也就是 e^x 函数的实现。

这个函数可以使用 **np.exp(x)** 来计算。纳皮尔常数本身可以使用 **np.e** 来输出。

```
In [57]: np.exp(1)          # 一次方
Out[57]: 2.7182818284590451
```

```
In [58]: np.exp(2)
Out[58]: 7.3890560989306504
```

```
In [59]: np.exp(0)
Out[59]: 1.0
```

● 对数函数

　　至于对数函数，只有那些使用特殊底的函数是提供了支持的。

- 底为纳皮尔常数e：**np.log(x)**
- 底为2：**np.log2(x)**
- 底为10：**np.log10(x)**
- 计算$\log(1+x)$，其中底为e：**np.log1p(x)**

```
In [60]: np.log(np.e) # np.e为纳皮尔常数e
Out[60]: 1.0

In [61]: a = np.array([1., 2., np.e**2, 10])

In [62]: np.log(a)  # 也可以指定使用数组（其他数学函数也是类似的）
Out[62]: array([ 0.        ,  0.69314718,  2.        ,➡
   2.30258509])

In [63]: b = np.array([1., 2., 4., 7])

In [64]: np.log2(b)
Out[64]: array([ 0.        ,  1.        ,  2.        ,➡
   2.80735492])

In [65]: c = np.array([1., 10., 20., 100])

In [66]: np.log10(c)
Out[66]: array([ 0.    ,  1.    ,  1.30103,  2.    ])
```

NumPy 数学函数应用

```
In [67]: np.log1p(a)
Out[67]: array([ 0.69314718,  1.09861229,  2.12692801,➡
   2.39789527])
```

如果需要将底改为其他值，可以将这个需要改变的底数除以作为实数的对数。

```
In [68]: np.log(2)/np.log(4)  # log4(2) 可以使用这句代码实现（4
为底）
Out[68]: 0.5
```

```
In [69]: np.log(9)/np.log(3)  # log3(9)（3为底）
Out[69]: 2.0
```

🔷 3.1.5　双曲函数

所谓双曲函数（hyperbolic），是指根据下面定义的两个函数推导出来的一连串的函数集合。

$$\sinh x = \frac{e^x - e^{-x}}{2}, \quad \cosh x = \frac{e^x + e^{-x}}{2}$$

其中，sinh 称为双曲正弦函数；cosh 称为双曲余弦函数。

此外，tanh（双曲正切函数）的定义如下。

$$\tanh x = \frac{\sinh x}{\cosh x}$$

虽然这个公式与前面两个公式相差很大，但是由于这些函数拥有类似三角函数的一些性质，因此使用了 sin、cos、tan 等名称来命名。

关于这些函数更详细的信息，请参考网络中的相关内容。

双曲函数也可以作为 NumPy 的函数进行调用。

NumPy 也提供了这些函数的反函数 **np.arcsinh(x)**、**np.arccosh(x)**、**np.arctanh(x)** 的实现。

```
In [70]: np.sinh(2)
Out[70]: 3.6268604078470186

In [71]: np.cosh(2)
Out[71]: 3.7621956910836314

In [72]: np.tanh(2)
Out[72]: 0.9640275800758169

In [73]: np.sinh(-1)
Out[73]: -1.1752011936438014

In [74]: np.cosh(-1)
Out[74]: 1.5430806348152437

In [75]: np.tanh(-1)
Out[75]: -0.76159415595576485

In [76]: np.arcsinh(2)
Out[76]: 1.4436354751788103

In [77]: np.arccosh(1)
Out[77]: 0.0

In [78]: np.arctanh(0.7)
Out[78]: 0.86730052769405319
```

3.1.6 向下舍入、向上舍入、四舍五入

在 NumPy 中用于计算近似值的函数中，包括如下函数。

- 向下取整：np.floor
- 取整：np.trunc
- 向上取整：np.ceil
- 四舍五入：np.round
- 四舍五入：np.around（与 np.round 相同）

- 四舍五入为整数：np.rint
- 取最接近0的整数：np.fix

```
In [79]: a = np.array([-1.8, -1.4, -1.0, -0.6, -0.2, ⇒
0., 0.2, 0.6, 1.0, 1.4, 1.8])
```

```
In [80]: np.floor(a)          # 向下取整（取值比其小的整数）
Out[80]: array([-2., -2., -1., -1., -1.,  0.,  0., ⇒
0.,  1.,  1.,  1.])
```

```
In [81]: np.trunc(a)          # 向下取整（舍去小数部分）
Out[81]: array([-1., -1., -1., -0., -0.,  0.,  0., ⇒
0.,  1.,  1.,  1.])
```

```
In [82]: np.ceil(a)           # 向上取整（取值比其大的整数）
Out[82]: array([-1., -1., -1., -0., -0.,  0.,  1., ⇒
1.,  1.,  2.,  2.])
```

```
In [83]: np.round(a)          # 四舍五入
Out[83]: array([-2., -1., -1., -1., -0.,  0.,  0., ⇒
1.,  1.,  1.,  2.])
```

```
In [84]: np.around(a)         # 四舍五入
Out[84]: array([-2., -1., -1., -1., -0.,  0.,  0., ⇒
1.,  1.,  1.,  2.])
```

```
In [85]: np.rint(a)           # 四舍五入
Out[85]: array([-2., -1., -1., -1., -0.,  0.,  0., ⇒
1.,  1.,  1.,  2.])
```

```
In [86]: np.fix(a)            # 取最接近0的整数
Out[86]: array([-1., -1., -1., -0., -0.,  0.,  0., ⇒
0.,  1.,  1.,  1.])
```

3.1.7 复数

NumPy也提供了对复数运算的支持，只需在虚部添加**j**即可。此外，与复数操作相关的函数包括：用于返回实部的 **np.real** 函数、用于返回虚部的 **np.imag** 函数、用于返回共轭复数（将虚部的符号反转后所得到的复数）的 **np.conj** 函数等。

复数是在声波的相位、计算机图形中经常使用的四元数（参考MEMO）等应用中经常会被使用到的很方便的概念。

```
In [87]: a = 1 + 2j  # 复数1 + 2j

In [88]: b = -2 + 1j # 复数 - 2 + 1j，不要忘记写1

In [89]: np.real(a)    # a的实部为1
Out[89]: 1.0

In [90]: np.imag(a)    # a的虚部为2
Out[90]: 2.0

In [91]: a+b # 与复数计算相同，对实部和虚部分别进行加法运算
Out[91]: (-1+3j)

In [92]: a*b
Out[92]: (-4-3j)

In [93]: a/b
Out[93]: (-0-1j)

In [94]: np.conj(a)    # 返回共轭复数
Out[94]: (1-2j)
```

 MEMO

四元数

　　四元数是对复数进行扩展后所得到的概念，是由一个实部和3个虚部所构成的数。在对三维空间的物体进行旋转等表示中经常使用到。

3.1.8 绝对值

也有专门用于取绝对值的函数。这种函数一共有两个，分别为**np.fabs**和**np.absolute**。其中，**np.absolute**也可以简写为**np.abs**。只要将数组指定为参数，函数就会返回每个元素的绝对值。这两个函数的区别在于是否支持将复数作为参数进行指定。

np.absolute函数可以返回复数的绝对值，而**np.fabs**函数则不支持复数。

```
In [95]: a = -2.5

In [96]: np.absolute(a)
Out[96]: 2.5

In [97]: np.fabs(a)
Out[97]: 2.5

In [98]: b = -2 + 3j          # 尝试使用复数进行计算

In [99]: np.abs(b)           # np.abs是np.absolute的缩写形式
Out[99]: 3.6055512754639891

In [100]: np.fabs(b) # np.fabs 函数不支持对复数绝对值的计算
--------------------------------------------------------
（显示的错误信息）
TypeError: ufunc 'fabs' not supported for the input ➡
types, and the inputs could not be safely coerced to ➡
any supported types according to the casting rule "safe"

In [101]: c = np.array([-1, 2, -8, 12, 1+2j])

In [102]: np.abs(c)          # 返回每个元素的绝对值
Out[102]: array([ 1.        ,  2.        , ➡
8.        , 12.        ,  2.23606798])
```

🔷 3.1.9　数学常数的调用

　　最后，作为数学中最常用的常量，表3.1列出了NumPy中相应的设置。

表3.1　NumPy中设置的常量

常　量	NumPy中的定义
纳皮尔数	np.e
圆周率	np.pi

　　NumPy中定义的数学常量只有e和π这两个。无论是调用这两个常量中的哪一个，在调用时都不需要使用"（　）"。

```
In [103]: np.e
Out[103]: 2.718281828459045

In [104]: np.pi
Out[104]: 3.141592653589793
```

3.2 计算元素平均值的函数

NumPy中用于计算数组中元素的平均值的函数有np.average和np.mean这两个。

本节将对下列内容进行讲解。

- 各个函数的使用方法
- np.average与np.mean的区别

🔵 3.2.1 np.average

接下来将对**np.average**函数的使用方法进行讲解。

np.average

```
np.average(a, axis=None, weights=None, returned=False)
```

⚪ np.average的参数

np.average函数中所使用的参数见表3.2。

表3.2 np.average的参数

参数名	类 型	概 要
a	array_like（类似数组的对象）	用于指定需要计算平均值的数组
axis	int或int元组	（可以省略）初始值为None，用于指定沿着哪个坐标轴（axis）方向进行平均值的计算。默认返回所有元素的平均值
weights	array_like（类似数组的对象）	（可以省略）初始值为None，为每个元素设置在计算平均值时所使用的权重。分配的权重值越大，对应元素对平均值的影响也越大
returned	bool值	（可以省略）初始值为False，用于指定返回值的格式是否使用（平均值、权重合计）这样的元组类型

● np.average 的返回值

np.average 返回根据指定的方法计算得到的平均值。当指定了坐标轴时，返回的是数组类型的值；当 **returned=True** 时，返回的是（**平均值,权重合计**）格式的返回值。

这个函数的第一个参数指定的是需要计算平均值的数组，第二个参数指定的是计算平均值的坐标轴方向，第三个参数指定的是权重，第四个参数指定返回值的格式。

接下来，分别对每个参数的使用方法进行学习。

● 仅指定需要计算平均值的数组

首先，看一下仅指定需要计算平均值数组作为参数的情况下程序的执行情况。

```
In [1]: import numpy as np

In [2]: a = np.array([33, 44, 54, 23, 25, 55, 32, 76]) ➡
# 创建一个合适的数组

In [3]: np.average(a)          # 首先计算 a 的平均值
Out[3]: 42.75

In [4]: a = a.reshape(2, 4)   # 改变 a 的 shape

In [5]: a
Out[5]:
array([[33, 44, 54, 23],
       [25, 55, 32, 76]])

In [6]: np.average(a)   # 无论 a 的 shape 如何变化，只要没有指定 axis
                        # 参数，返回的就是一个标量值
Out[6]: 42.75
```

● 指定坐标轴

接下来，继续指定坐标轴（axis）。

```
In [7]: np.average(a, axis=0) ➡
# 指定坐标轴 (axis) 参数。二维数组指定axis=0，就是计算行方向上的平均值
Out[7]: array([ 29. ,  49.5,  43. ,  49.5])

In [8]: np.average(a, axis=1) ➡
# 指定axis = 1时计算的是列方向上的平均值
Out[8]: array([ 38.5,  47. ])


In [9]: b = np.random.rand(24).reshape(2, 3, 4) ➡
# 接下来计算三维数组的平均值

In [10]: b
Out[10]:
array([[[ 0.11076868,  0.34832254,  0.36064024, ➡
          0.1229295 ],
        [ 0.54269798,  0.84373625,  0.70098021, ➡
          0.32525671],
        [ 0.11554616,  0.6299628 ,  0.75165631, ➡
          0.59971063]],

       [[ 0.28207248,  0.71686235,  0.81355244, ➡
          0.83476733],
        [ 0.92493115,  0.05083893,  0.96601166, ➡
          0.98868334],
        [ 0.41412407,  0.23077686,  0.71536231, ➡
          0.61265456]]])

In [11]: np.average(b, axis=0) ➡
# 对分为两个大的数组中的元素分别计算平均值
Out[11]:
array([[ 0.19642058,  0.53259244,  0.58709634, ➡
         0.47884841],
       [ 0.73381456,  0.44728759,  0.83349594, ➡
         0.65697002],
       [ 0.26483511,  0.43036983,  0.73350931, ➡
         0.6061826 ]])

In [12]: np.average(b, axis=1)          # 计算行方向上的平均值
Out[12]:
```

```
array([[ 0.25633761,  0.60734053,  0.60442558, ⇒
        0.34929895],
       [ 0.5403759 ,  0.33282605,  0.83164214, ⇒
        0.81203508]])
```

In [13]: **np.average(b, axis=2)**   # 计算列方向上的平均值
Out[13]:
```
array([[ 0.23566524,  0.60316779,  0.52421897],
       [ 0.66181365,  0.73261627,  0.49322945]])
```

● 设置权重

接下来将设置权重（**weights**）参数。

In [14]: **a = a.flatten()**   # 将 a 扁平化为一维数组

In [15]: **w = np.array([0.1, 0.05, 0.2, 0.0, 0.0, 0.4, ⇒
0.2, 0.05])**   # 设置权重

In [16]: **np.average(a, weights=w)**   # 计算带权重的平均值
Out[16]: 48.5

In [17]: **w2 = np.array([0.2, 0.8])**

In [18]: **a = a.reshape(2, 4)**   # 再次对 a 进行扁平化操作

In [19]: **np.average(a, axis=0, weights=w2)** ⇒
当所指定的坐标轴方向上的元素数量相同，且权重数组是一维数组时，广播机
制将被触发
Out[19]: array([26.6, 52.8, 36.4, 65.4])

● 关于 returned

最后，尝试设置 **returned** 参数。这个参数用于指定函数在返回结果时，是否应当包含权重的合计值。

如果在作为参数的 **weights** 中什么都不指定，函数就会返回将每个元素的权重都设置为 **1.0** 时，计算得到的权重合计值。

```
In [20]: np.average(a, returned="True")  # 如果不设置权重，则
# 每个元素默认的权重就为1.0，因此权重的合计值就与元素数量相等
Out[20]: (42.75, 8.0)

In [21]: a = a.flatten()      # 将a扁平化为一维数组

In [22]: a
Out[22]: array([33, 44, 54, 23, 25, 55, 32, 76])

In [23]: w
Out[23]: array([ 0.1 ,  0.05,  0.2 ,  0.  ,  0.  ,  ⮕
0.4 ,  0.2 ,  0.05])

In [24]: np.average(a, weights=w, returned="True") ⮕
# 在这个状态下执行，就会显示平均值和权重合计
Out[24]: (48.5, 1.0)
```

◆ 3.2.2　np.mean

接下来，将对 **np.mean** 函数进行讲解。这个函数与 **np.average** 相比，无法对权重进行指定，因此适合在单纯地计算元素的平均值时使用。

而这个函数具有在 **np.average** 中所不具备的一大功能，那就是允许指定计算平均值时所使用的数据类型。

np.mean

```
np.mean(a, axis=None, dtype=None, out=None,
keepdims=False)
```

○ np.mean 的参数

np.mean 函数中所使用的参数见表3.3。

表 3.3　np.mean 的参数

参数名	类　型	概　要
a	array_like（类似数组的对象）	用于指定需要计算平均值的数组
axis	int 或 int 元组	（可以省略）初始值为 None，用于指定沿着哪个坐标轴进行平均值的计算
dtype	数据类型	（可以省略）初始值为 None，用于指定在计算平均值时所使用的数据类型
out	ndarray	（可以省略）初始值为 None，用于指定保存计算结果的数组
keepdims	bool 值（True 或 False）	（可以省略）初始值为 False，用于指定返回的数组的坐标轴的数量是否保持不变（将对应轴的元素数量变为 1）

● np.mean 的返回值

　　np.mean 返回指定数组中元素的平均值，或者返回将平均值作为元素的数组。

　　第一个参数 **a** 指定需要计算平均值的数组，第二个参数 **axis** 指定沿着哪个坐标轴（axis）进行平均值的计算，**dtype** 参数指定计算平均值时所使用的数据类型，**out** 参数指定保存返回值的数组，**keepdims** 参数指定返回的结果中的数组的坐标轴数量是否与原始数组保持一致。

　　这个函数就是执行单纯地计算平均值操作，只不过是通过参数对计算结果的输出方式进行指定。

◉ 3.2.3　np.ndarray.mean

　　这个函数的使用方法与 **np.mean** 完全相同，可以使用 **np.ndarray. mean** 的形式计算平均值。

np.ndarray.mean

```
np.ndarray.mean(axis=None, dtype=None, out=None, ➡
keepdims=False)
```

np.ndarray.mean 的参数

np.ndarray.mean 中所使用的参数见表3.4。

表3.4 np.ndarray.mean 的参数

参数名	类 型	概 要
axis	int 或 int 元组	（可以省略）初始值为 None，用于指定沿着哪个坐标轴进行平均值的计算
dtype	数据类型	（可以省略）初始值为 None，用于指定在计算平均值时所使用的数据类型
out	ndarray	（可以省略）初始值为 None，用于指定保存计算结果的数组
keepdims	bool 值（True 或 False）	（可以省略）初始值为 False，用于指定返回的数组的坐标轴的数量是否保持不变（将对应轴的元素数量变为1）

np.ndarray.mean 的返回值

np.ndarray.mean 返回指定数组中元素的平均值，或者返回将平均值作为元素的数组。

基本的使用方法

首先，看一下只指定了参数 **a** 的示例。

```
In [25]: np.random.seed(1)

In [26]: a = np.random.randint(0, 10, 20) ➡
# 生成20个0～9的随机整数

In [27]: a
Out[27]: array([5, 8, 9, 5, 0, 0, 1, 7, 6, 9, 2, 4, 5, ➡
2, 4, 2, 4, 7, 7, 9])

In [28]: np.mean(a)          # 计算平均值
Out[28]: 4.8

In [29]: a.mean()           # 使用np.ndarray.mean形式的调用
Out[29]: 4.8

In [30]: b = a.reshape(4, 5) ➡
# 将a变形为4×5的二维数组，并代入到变量b中
```

```
In [31]: b
Out[31]:
array([[5, 8, 9, 5, 0],
       [0, 1, 7, 6, 9],
       [2, 4, 5, 2, 4],
       [2, 4, 7, 7, 9]])

In [32]: np.mean(b)          # 即使改变shape，结果也是一样的
Out[32]: 4.8

In [33]: b.mean()
Out[33]: 4.8
```

● 指定坐标轴

接下来，指定坐标轴（axis）。

```
In [34]: np.mean(b, axis=0) ➡
# 在行方向上求平均，也就是计算每列的平均值
Out[34]: array([2.25, 4.25, 7. , 5. , 5.5 ])

In [35]: np.mean(b, axis=1) ➡
# 在列方向上求平均，也就是计算每行的平均值
Out[35]: array([5.4, 4.6, 3.4, 5.8])

In [36]: c = np.random.rand(24).reshape((2, 3, 4)) ➡
# 尝试计算三维数组的平均值

In [37]: c                     # 生成24个0~1的随机数
Out[37]:
array([[[ 0.95979688,  0.08343238,  0.33695294,   ➡
          0.78382111],
        [ 0.36685429,  0.86955043,  0.88227388,   ➡
          0.79091495],
        [ 0.63368575,  0.5130265 ,  0.0619997 ,   ➡
          0.6573761 ]],
```

```
   [[ 0.45284015,  0.08635302,  0.94612675,  ⇨
      0.33949862],
    [ 0.17685103,  0.26249988,  0.44127751,  ⇨
      0.3318031 ],
    [ 0.18581007,  0.66045853,  0.29541049,  ⇨
      0.33626342]]])
```

In [38]: **np.mean(c, axis=0)** ⇨
\# 在有 3 个坐标轴（axis）的数组中，指定 axis=0 将数组分成两个二维数
\# 组，并对这两个数组中对应的元素计算平均值
Out[38]:
```
array([[ 0.70631851,  0.0848927 ,  0.64153984,  ⇨
         0.56165986],
       [ 0.27185266,  0.56602515,  0.6617757 ,  ⇨
         0.56135903],
       [ 0.40974791,  0.58674251,  0.17870509,  ⇨
         0.49681976]])
```

In [39]: **np.mean(c, axis=1)** ⇨
\# 这是有两个坐标轴的情况下的行方向，也就是对每列元素计算平均值
Out[39]:
```
array([[ 0.65344564,  0.48866977,  0.42707551,  ⇨
         0.74403739],
       [ 0.27183375,  0.33643714,  0.56093825,  ⇨
         0.33585505]])
```

In [40]: **np.mean(c, axis=2)** ⇨
\# 这是有两个坐标轴的情况下的列方向，也就是对每行元素计算平均值
Out[40]:
```
array([[ 0.54100083,  0.72739839,  0.46652201],
       [ 0.45620463,  0.30310788,  0.36948563]])
```

● 指定 dtype

接下来，将指定 dtype 参数，指定这个参数会对计算结果的精度产生很大的影响。

```
In [41]: d = np.random.rand(1000)    # 生成1000个随机数

In [42]: d.dtype                      # 确认 dtype
Out[42]: dtype('float64')

In [43]: np.mean(d) ➡
# 首先在不指定 dtype 的前提下计算平均值
Out[43]: 0.4961181909572322

In [44]: np.mean(d, dtype="float32") ➡
# 将比特数减少一半，并重新计算平均值
Out[44]: 0.49611819

In [45]: np.mean(d, dtype="float16") ➡
# 再将比特数减少一半，并重新计算平均值
Out[45]: 0.49609
```

关于参数 **out**，基本上不会被用到，但是如果需要提高内存的使用效率，请对其进行指定。

● 关于 keepdims

最后，将对 **keepdims** 参数进行讲解。如果将 **keepdims** 设置为 **True**，坐标轴的数量就不会减少。只要观察一下下面的示例代码中返回的 **shape**，大概就知道计算结果会发生的变化。

```
In [46]: b                            # 使用二维数组b
Out[46]:
array([[1, 2, 2, 5, 1],
       [0, 9, 0, 4, 6],
       [4, 4, 8, 5, 5],
       [8, 3, 6, 2, 7]])


In [47]: e = np.mean(b, keepdims=True) # 维度不会降低

In [48]: e
Out[48]: array([[ 4.1]])
```

```
In [49]: e.shape
Out[49]: (1, 1)

In [50]: f = np.mean(b, keepdims=False)

In [51]: f
Out[51]: 4.0999999999999996

In [52]: g = np.mean(b, axis=1, keepdims=True)

In [53]: g
Out[53]:
array([[ 2.2],
       [ 3.8],
       [ 5.2],
       [ 5.2]])

In [54]: g.shape
Out[54]: (4, 1)

In [55]: h = np.mean(b, axis=1, keepdims=False)

In [56]: h
Out[56]: array([ 2.2,  3.8,  5.2,  5.2])

In [57]: h.shape
Out[57]: (4,)
```

3.2.4　np.average 与 np.mean 的区别

接下来将对 **np.average** 与 **np.mean** 的区别进行讲解。

两者最大的区别是，**np.average** 可以用于计算带权重（weights）的平均值，而在 **np.mean** 函数中则没有提供这样的功能。也就是说，如果需要计算带权重的平均值，就只能使用 **np.average** 函数。

此外，**np.mean** 函数允许在计算平均值时，通过参数 **dtype** 指定计算中所使用的数据类型，而 **np.average** 则不允许指定。

np.average 函数与 **np.mean** 函数的区别可以归纳为表 3.5。

表3.5　使用 np.average 和 np.mean 能实现的功能

功能	np.average	np.mean
带权重的平均值	√	×
指定数据类型	×	√
指定计算平均值的坐标轴方向	√	√
在不减少坐标轴（axis）数量的前提下计算平均值	×	√

✎ 读书笔记

3.3 计算元素中位数的函数

在统计学领域中经常用到的一个指标就是中位数（中值）。即使数据中存在离群值时，也可以几乎不受其影响地计算出中位数，因此其经常作为一项重要的统计指标使用。例如，如果要计算在微软的食堂里用餐的员工的年均收入，要是比尔·盖茨也在食堂里，就会使员工的年均收入大幅提升，在微软食堂内用餐的员工的平均年收入变高，最后得到的统计数据也就无法作为平均年收入的指标使用。

本节将对下列内容进行讲解。

- 复习关于中位数的知识
- np.median 的使用方法

3.3.1 中位数（中值）

所谓中位数，是指当数据按照大小顺序排列好后，正好位于中间位置上的值。当数据的总数为奇数个时，那么就存在正好位于中央位置的值，将其作为中位数即可。如果中央存在多个值，那么所谓中央位置就会处于数据与数据之间，因此这种情况下，取这两个数的平均值作为中位数即可。

假设在如下按升序排列的数组中，包含 $2n$ 个数据。

$$(a_1, a_2, \cdots, a_n, a_{n+1}, \cdots, a_{2n})$$

此时，中位数为 $\dfrac{a_n + a_{n+1}}{2}$

而当数据个数为奇数（$2n-1$）个时，表示为 $(a_1, a_2, \cdots, a_n, \cdots, a_{2n-1})$

此时的中位数就为 a_n

作为计算中位数的目的之一，有时需要在不受离群值影响的情况下，获取位于数据中央的值。

与中位数非常相似的指标为平均值。在计算平均值时，如果集合中包含偏离程度很大的离群值，那么将平均值作为数据集合的指标就会有问题。

而中位数正是因为具有几乎不受这种离群值影响的特点，因而经常被作为指标数据使用（参考MEMO）。

📝 **MEMO**

中位数几乎不受离群值的影响

例如，假设现有6名学生参加满分为100分的测验，最后这6名学生取得的分数为（10,10,10,10,10,100）。

如果单纯从分数上看，这次测验的题目非常难，6个人里只有一个人顺利完成了所有题目的解答。可以使用下面的等式计算分数平均值。

$$\frac{10+10+10+10+10+100}{6} = 25$$

如果单纯从平均值看，就会错误地认为大部分学生都顺利完成了1/4以上题目的解答。而如果计算中位数，得到的结果为10，根据这个指标就不会做出错误的判断。

🔷 3.3.2　np.median

接下来将对 **np.median** 函数的使用方法进行讲解。

np.median

```
np.median(a, axis=None, out=None, overwrite_input=➡
False, keepdims=False)
```

⚪ np.median 的参数

np.median 函数中所使用的参数见表3.6。

表3.6　np.median的参数

参数名	类　型	概　要
a	array_like（类似数组的对象）	用于指定需要计算中位数的数组
axis	int或None，也可以是int的序列	（可以省略）初始值为None，用于指定沿着哪个坐标轴（axis）的方向计算数据的中位数。当axis=None时，以数组内所有的元素为对象计算中位数
out	ndarray	（可以省略）初始值为None，用于指定保存结果的数组。shape和数据类型等信息必须指定齐全
overwrite_input	bool值	（可以省略）初始值为False。指定为True时，直接在输入的数组的内存上以覆盖的方式进行计算。这样做可以减少内存的使用量，但是也可能会改变原有数组中元素的顺序等信息
keepdims	bool值	（可以省略）初始值为False。如果指定为True，输出结果时，元素数量为1的维度不会被删除而是会被保留。通过这一指定方式，在针对原有的数组使用这个值进行计算时就可以运用广播功能

● np.median 的返回值

　　np.median返回经过计算后所得到的中位数，如果**out**已经指定了用于保存的数组，就返回该数组对象。

　　第一个参数指定需要计算中位数的数组。

　　参数**axis**用于指定在哪个坐标轴方向上计算中位数；参数**out**用于指定保存结果的数组（这个参数不经常使用）。

　　参数**overwrite_input**用于指定是否针对原有数组的数据以覆盖的形式进行计算。

　　最后一个参数**keepdims**用于指定是否按照原有数组的维数保存。

　　接下来将使用实际的代码，对函数的使用方法进行确认。

● 将所有元素作为对象计算中位数

　　首先，不对参数进行任何指定，而是将所有元素作为对象计算中位数。

```
In [1]: import numpy as np   # 导入numpy模块

In [2]: a = np.random.randint(100, size=(2, 3, 4)) ➡
# 生成2×3×4的三维随机数组

In [3]: a                      # 确认数组中的内容
Out[3]:
array([[[77, 63, 49,  1],
        [11, 77, 62, 38],
        [32, 20, 54, 62]],

       [[63, 72, 21, 87],
        [ 7, 85,  4, 71],
        [94, 98, 21, 71]]])

In [4]: np.median(a)           # 将所有的元素作为对象，计算中位数
Out[4]: 62.0
```

● 将特定的坐标轴方向作为对象计算中位数

接下来，将对参数 **axis** 进行指定。使用 **axis** 可以指定以哪个坐标轴方向作为范围计算中位数。

```
In [5]: np.median(a, axis=2) ➡
# 沿着axis=2的坐标轴方向计算中位数
Out[5]:
array([[ 56. ,   50. ,   43. ],
       [ 67.5,  39. ,  82.5]])

In [6]: np.median(a, axis=1) # 指定axis=1
Out[6]:
array([[ 32.,  63.,  54.,  38.],

       [ 63.,  85.,  21.,  71.]])

In [7]: np.median(a, axis=(1, 2)) ➡
# 如果指定两个axis，就会在二维空间中计算中位数
Out[7]: array([ 51.5,  71. ])
```

因为基本上不会使用到参数**out**，所以在本书中不做赘述。

◉ 在不降低数组维度的情况下计算结果

接下来，将尝试使用参数**overwrite_input**进行操作。在这里，首先需要对数组进行破坏性操作，再对其进行计算，从如下代码中可以看到，数组中元素的顺序在计算中位数前后是有变化的。

```
In [8]: b = a.copy()

In [9]: b
Out[9]:
array([[[77, 63, 49,  1],
        [11, 77, 62, 38],
        [32, 20, 54, 62]],

       [[63, 72, 21, 87],
        [ 7, 85,  4, 71],
        [94, 98, 21, 71]]])

In [10]: np.median(b, axis=1, overwrite_input=True)
Out[10]:
array([[ 32.,  63.,  54.,  38.],
       [ 63.,  85.,  21.,  71.]])

In [11]: np.all(a==b)  # 确认a和b的所有元素是否一致
Out[11]: False

In [12]: a
Out[12]:
array([[[77, 63, 49,  1],
        [11, 77, 62, 38],
        [32, 20, 54, 62]],

       [[63, 72, 21, 87],
        [ 7, 85,  4, 71],
        [94, 98, 21, 71]]])
```

```
In [13]: b # 与a的排列顺序不一样，这证明已经执行了破坏性操作
Out[13]:
array([[[11, 20, 49,  1],
        [32, 63, 54, 38],
        [77, 77, 62, 62]],

       [[ 7, 72,  4, 71],
        [63, 85, 21, 71],
        [94, 98, 21, 87]]])
```

指定 **overwrite_input=True** 的一个好处是可以提高处理速度。接下来看一下上述代码的执行速度。

```
In [14]: b = a.copy()
```

```
In [15]: %timeit np.median(a, axis=1)
67.5 µs ± 8.81 µs per loop (mean ± std. dev. of 7 ➡
runs, 10000 loops each)
```

```
In [16]: %timeit np.median(b, axis=1, overwrite_input=True)
56.3 µs ± 995 ns per loop (mean ± std. dev. of 7 ➡
runs, 10000 loops each)
```

● 保存维数

```
In [17]: c = np.random.randn(10000) # 用大的数组进行比较
```

```
In [18]: %timeit np.median(a)
192 µs ± 14.8 µs per loop (mean ± std. dev. of 7 ➡
runs, 10000 loops each)
```

```
In [19]: d= c.copy()
```

```
In [20]: %timeit np.median(b, overwrite_input=True)
92.5 µs ± 2.46 µs per loop (mean ± std. dev. of 7 ➡
runs, 10000 loops each)
```

从上述代码的执行结果中可以看到，使用尺寸较大的数组进行处理时，代码的执行速度出现了两倍左右的差别。

● 不破坏数组提升速度

最后，将对参数 **keepdims** 的使用方法进行讲解[2]。

在参数 **keepdims** 中指定 **keepdims=True**，在输出结果中就会对数组的维数进行保留。

```
In [21]: np.median(a, axis=0, keepdims=True) # 输出三维数组
Out[21]:
array([[[ 70. ,  67.5,  35. ,  44. ],
        [  9. ,  81. ,  33. ,  54.5],
        [ 63. ,  59. ,  37.5,  66.5]]])

In [22]: np.median(a, axis=1, keepdims=False) ➡
# 指定axis=1，比较指定True和False时的区别
Out[22]:
array([[ 32.,  63.,  54.,  38.],
       [ 63.,  85.,  21.,  71.]])

In [23]: np.median(a, axis=1, keepdims=True)
Out[23]:
array([[[ 32.,  63.,  54.,  38.]],
       [[ 63.,  85.,  21.,  71.]]])

In [24]: np.median(a, axis=(0, 2), keepdims=True)
Out[24]:
array([[[ 63.],
        [ 50.],
        [ 58.]]])
```

📝 MEMO

参考

● numpy.median–NumPy v1.14 Manual-NumPy and SciPy Documentation：

URL https://docs.scipy.org/doc/numpy-1.14.0/reference/generated/numpy.median.html

---

[2] 这里不会对 keepdims 的速度进行评估。

3.4 元素的求和函数

在NumPy中提供了可以对ndarray中的所有元素进行求和计算的np.sum函数。使用这个函数，可以对所有元素进行求和，为了使ndarray更便于操作，同时也允许对ndarray的每列或每行进行求和计算。

本节将对下面的内容进行讲解。

- np.sum的使用方法
- np.ndarray.sum的使用方法

这是一个使用频率很高的函数。接下来通过对本节的学习，一起来熟练掌握它的使用方法。

此外，这个函数有两种不同的实现方式，分别为np.sum和np.ndarray.sum。首先，将从np.sum函数开始讲解，实际上这两个函数的使用方法基本上是一样的。

3.4.1 np.sum

下面将对**np.sum**函数的使用方法进行讲解。

np.sum

```
np.sum(a, axis=None, dtype=None, out=None, keepdims=None)
```

○ np.sum的参数

np.sum函数中所使用的参数见表3.7。

表3.7 np.sum的参数

参数名	类　型	概　要
a	array_like（类似数组的对象）	用于指定需要进行求和的数组

续表

参数名	类 型	概 要
axis	None或int。也可以是int元组	（可以省略）初始值为None，用于指定沿着哪个坐标轴的方向对元素求和。指定为None时，将对所有的元素进行求和计算
dtype	数据类型	（可以省略）初始值为None，用于指定输出值的数据类型和计算时需要使用的数据类型
out	ndarray	（可以省略）初始值为None。用于指定保存结果的数组
keepdims	bool值	（可以省略）初始值为False，用于指定输入和输出的数组维度是否保持一致。如果维度保持一致，将便于使用广播功能

◉ np.sum 的返回值

　　np.sum将返回计算所得到的和值作为元素的数组。这里需要指定的参数主要有两个，一个是用于指定返回值的参数 **dtype**；另一个是用于指定需要计算的坐标轴方向的参数 **axis**。

　　一旦计算得出了元素的和之后，想要使用这个和对原有的数据进行处理，需要事先指定 **keepdims=True** 以允许广播机制的触发。

　　keepdims 是一个可以用于指定即使元素数量为1的维度也不会被删除，保持数组原有维数不变的参数。

　　指定参数 **axis**，可以在所指定的坐标轴（axis）方向上进行求和计算。至于参数 **out**，因为基本上很少会使用到，所以在这里省略，不对其进行说明。

◉ 所有的元素相加

　　下面将使用实际的代码对函数的使用方法进行确认。
　　首先将所有的元素进行求和计算。

```
In [1]: import numpy as np   # 导入numpy模块

In [2]: a = np.random.randint(0, 10, size=(2,5))

In [3]: a                    # 2×5的0～9的随机数组
Out[3]:
array([[4, 6, 8, 3, 3],
       [9, 4, 6, 5, 4]])
```

```
In [4]: np.sum(a)              # 对所有元素进行求和计算
Out[4]: 52
```

```
In [5]: b = np.array([2, 4, 1, 6])    # 当然一维数组也可以进行计算
```

```
In [6]: np.sum(b)
Out[6]: 13
```

```
In [7]: c = np.random.randint(0, 10, size=(2, 4, 5)) ➡
# 尝试对三维数组进行计算
```

```
In [8]: c
Out[8]:
array([[[5, 0, 9, 8, 4],
        [6, 2, 8, 5, 3],
        [9, 7, 4, 8, 6],
        [2, 4, 2, 0, 7]],

       [[1, 4, 4, 3, 3],
        [8, 6, 6, 2, 7],
        [0, 0, 2, 4, 7],
        [5, 0, 2, 7, 9]]])
```

```
In [9]: np.sum(c)
Out[9]: 179
```

● 指定参数 axis

接下来将对参数 **axis** 进行指定。通过指定 **axis**，对于二维以上的数组，可以在特定的维度方向上对元素进行求和计算。

```
In [10]: a                     # 使用与前面相同的二维数组
Out[10]:
array([[4, 6, 8, 3, 3],
       [9, 4, 6, 5, 4]])
```

```
In [11]: np.sum(a, axis=0)     # 在行方向求和
Out[11]: array([13, 10, 14,  8,  7])
```

```
In [12]: np.sum(a, axis=1)        # 在列方向求和
Out[12]: array([24, 28])

In [13]: c                        # 对三维数组求和
Out[13]:
array([[[5, 0, 9, 8, 4],
        [6, 2, 8, 5, 3],
        [9, 7, 4, 8, 6],
        [2, 4, 2, 0, 7]],

       [[1, 4, 4, 3, 3],
        [8, 6, 6, 2, 7],
        [0, 0, 2, 4, 7],
        [5, 0, 2, 7, 9]]])

In [14]: np.sum(c, axis=0)
Out[14]:
array([[ 6,  4, 13, 11,  7],
       [14,  8, 14,  7, 10],
       [ 9,  7,  6, 12, 13],
       [ 7,  4,  4,  7, 16]])

In [15]: np.sum(c, axis=1)
Out[15]:
array([[22, 13, 23, 21, 20],
       [14, 10, 14, 16, 26]])

In [16]: np.sum(c, axis=2)
Out[16]:
array([[26, 24, 34, 15],
       [15, 29, 13, 23]])
```

在指定了参数 **axis** 的情况下，再指定 **keepdims=True**，维度将会被保留，如果是对三维数组进行求和计算，那么输出的就是三维数组。

```
In [17]: np.sum(c, axis=0, keepdims=True) ⇨
# 指定 keepdims=True，就会输出三维数组
Out[17]:
array([[[ 6,  4, 13, 11,  7],
```

```
       [14,  8, 14,  7, 10],
       [ 9,  7,  6, 12, 13],
       [ 7,  4,  4,  7, 16]]])
```

```
In [18]: np.sum(c, axis=1, keepdims=True)
Out[18]:
array([[[22, 13, 23, 21, 20]],

       [[14, 10, 14, 16, 26]]])
```

```
In [19]: np.sum(c, axis=2, keepdims=True)
Out[19]:
array([[[26],
        [24],
        [34],
        [15]],

       [[15],
        [29],
        [13],
        [23]]])
```

接着将对参数 **dtype** 进行指定。

```
In [20]: np.sum(a, dtype='int8')     # 数据类型指定为 int8
Out[20]: 52
```

```
In [21]: np.sum(a, axis=0, dtype='float') ➡
# 数据类型指定为 float
Out[21]: array([ 13., 10., 14.,  8.,  7.])
```

🔹 3.4.2　np.ndarray.sum

　　如果参数 **a** 为 **ndarray**，它就是可以用 **a.sum** 形式调用的函数（严格来讲，是 **a** 的属性）。

　　除了参数 **a** 之外，其他的参数都与 **np.sum** 完全一样。

○ 执行与 np.sum 相同的处理

接下来，将执行与 **np.sum** 函数同样的处理。

```
In [22]: a                    # 使用与前面相同的数组
Out[22]:
array([[4, 6, 8, 3, 3],
       [9, 4, 6, 5, 4]])

In [23]: b
Out[23]: array([2, 4, 1, 6])

In [24]: c
Out[24]:
array([[[5, 0, 9, 8, 4],
        [6, 2, 8, 5, 3],
        [9, 7, 4, 8, 6],
        [2, 4, 2, 0, 7]],

       [[1, 4, 4, 3, 3],
        [8, 6, 6, 2, 7],
        [0, 0, 2, 4, 7],
        [5, 0, 2, 7, 9]]])

In [25]: a.sum()             # 首先进行简单的求和计算
Out[25]: 52

In [26]: b.sum()
Out[26]: 13

In [27]: c.sum()
Out[27]: 179

In [28]: a.sum(axis=0)                  # 指定 axis
Out[28]: array([13, 10, 14,  8,  7])

In [29]: c.sum(axis=0)
Out[29]:
array([[ 6,  4, 13, 11,  7],
       [14,  8, 14,  7, 10],
```

```
       [ 9,   7,   6, 12, 13],
       [ 7,   4,   4,   7, 16]])

In [30]: c.sum(axis=2)
Out[30]:
array([[26, 24, 34, 15],
       [15, 29, 13, 23]])

In [31]: a.sum(axis=0, keepdims=True)   # 指定 keepdims=True
Out[31]: array([[13, 10, 14,  8,  7]])

In [32]: c.sum(axis=2, keepdims=True)
Out[32]:
array([[[26],
        [24],
        [34],
        [15]],

       [[15],
        [29],
        [13],
        [23]]])

In [33]: a.sum(axis=0, dtype='float')   # 指定 dtype
Out[33]: array([ 13.,  10.,  14.,   8.,   7.])
```

 MEMO

参考

- numpy.sum – NumPy v1.14 Manual-NumPy and SciPy Documentation

  URL https://docs.scipy.org/doc/numpy-1.14.0/reference/generated/numpy.sum.html

3.5 计算标准差的函数

在NumPy中包含计算表示数组中元素的离散程度的指标之一的标准差的np.std函数。

本节将对如下内容进行讲解。

● 复习标准差
● np.std 的使用方法

3.5.1 标准差

所谓标准差，是根据数据与其平均值的差值的平方的平均数取平方根所得到的结果。可以使用下面的公式进行计算。

$$s = \sqrt{\frac{1}{N} \sum_{i=1}^{N} (x_i - \bar{x})^2}$$

式中，s为标准差；$\bar{x}$为x值的平均值。

通过对上述公式进行计算对标准差进行确认，可以与Jupyter Notebook等相配合，进行简单的数据分析（参考MEMO）。

📝 **MEMO**

数据分析

例如，假设某个平均值为$\bar{x}=10$的数据集合的标准差为$s=5$。此时，从统计学角度看，在$10-5 \leqslant x \leqslant 10+5$的范围内包含了整体中68%的数据。

通过这样计算标准差，可以大致从数据的离散程度上看出大部分的数据分布在哪些值的范围之内。

3.5.2 np.std

首先将对NumPy中提供的**np.std**函数的使用方法进行讲解。

np.std

```
np.std(a, axis=None, dtype=None, out=None, ddof=0, ➡
keepdims=False)
```

● np.std 的参数

np.std 函数中所使用的参数见表 3.8。

表 3.8　np.std 的参数

参数名	类　型	概　要
a	array_like（类似数组的对象）	用于指定需要计算标准差的数组
axis	None 或 int。也可以是 int 元组	（可以省略）初始值为 None，用于指定沿着哪个坐标轴（axis）的方向进行计算。如果指定为 None，就以数组内所有的元素为对象计算标准差
dtype	数据类型	（可以省略）初始值为 None，用于指定计算时使用的数据类型。如果指定为 None，原有数组是 int，就使用 float64 型进行计算；如果是 float，就使用同样的类型进行计算
out	ndarray	（可以省略）初始值为 None，用于指定保存结果的数组
ddof	int	（可以省略）初始值为 0，在计算标准差时对数据的个数进行除法运算时，不是使用原本的数据的个数 N，而是使用 N-ddof 进行计算。这样可以增加数据的自由度
keepdims	bool 值	（可以省略）初始值为 False。这里如果指定为 True，将保留输出数组的维数；如果指定为 False，将不会对维数进行保留。元素数量为 1 的维数将会被删除

● np.std 的返回值

np.std 返回将指定范围内的标准差作为元素的数组或返回输出值。

第一个参数 a 用于指定需要计算标准差的原有数组，第二个参数 **axis** 用于指定沿着哪个坐标轴方向进行计算。此外，如果将 **axis** 指定为 **None**，就是选择在所有的坐标轴上进行计算。

参数 **dtype** 用于指定计算时使用的数据类型，虽然参数 **out** 是用于指定保存结果的数组的参数，但是实际上几乎不会使用到它。**ddof** 是在

NumPy 数学函数应用

统计学中起着非常重要作用的参数，主要是在计算无偏标准差（参考MEMO）时，作为**ddof=1**来使用。

最后一个参数**keepdims**，是用于指定是否在保留原有数组维数的情况下对结果进行输出的参数。

> **MEMO**
>
> 无偏标准差
>
> 　　无偏标准差是当手头上有从母集中挑选的若干数据时，需要根据手头的数据对母集的标准差进行推测时使用的方法。
>
> 　　其与标准差之间的区别并不仅仅在于分数部分是 $\dfrac{1}{N}$ 还是 $\dfrac{1}{N-1}$，而是在统计学上具有重要的意义。
>
> 　　当 N 足够大时，两者基本上没有什么区别，因此，有时候会在分母中使用 N 的近似值来计算无偏标准差。

● 计算标准差

首先，将创建随机数组，再对简单计算标准差的方法进行讲解。

```
In [1]: import numpy as np

In [2]: a = np.random.rand(10)          # 首先创建随机数组

In [3]: a                               # 确认数组中的内容
Out[3]:
array([ 0.71939814,  0.5337454 ,  0.70934522,  ➡
        0.87926569,  0.62625748,  0.70495854,  ➡
        0.60617101,  0.91236898,  0.46060223,  ➡
        0.5032387 ])

In [4]: np.std(a)                       # 计算标准差
Out[4]: 0.14274293005775698
```

● 指定坐标轴

下面将对坐标轴（**axis**）进行指定。

```
In [5]: b = np.random.rand(2, 3, 4) # 在这里生成三维数组

In [6]: b
Out[6]:
array([[[ 0.98230609,  0.20922622,  0.03297964,  ➡
          0.18877975],
        [ 0.29958593,  0.21002576,  0.1532091 ,  ➡
          0.57507757],
        [ 0.56414901,  0.76373121,  0.0430539 ,  ➡
          0.75423913]],

       [[ 0.66961169,  0.40578786,  0.67082914,  ➡
          0.23241065],
        [ 0.65127488,  0.29851637,  0.53317126,  ➡
          0.72906524],
        [ 0.70084795,  0.51023406,  0.35209217,  ➡
          0.46967969]]])

In [7]: np.std(b, axis=0) ➡
# 沿着 axis=0 的方向计算标准差，结果为 3×4 的二维数组
Out[7]:
array([[ 0.1563472 ,  0.09828082,  0.31892475,  ➡
         0.02181545],
       [ 0.17584447,  0.0442453 ,  0.18998108,  ➡
         0.07699383],
       [ 0.06834947,  0.12674857,  0.15451914,  ➡
         0.14227972]])

In [8]: np.std(b, axis=(0, 1)) ➡
# 同时指定两个 axis，就是在这两个坐标轴所展开的平面内计算标准差
Out[8]: array([ 0.20140607,  0.1946228 ,  0.24270338,  ➡
0.22049084])

In [9]: np.std(b, axis=(0, 1, 2))
Out[9]: 0.25053597604909356
```

● 指定 dtype

接下来将对参数 **dtype** 进行指定。

```
In [10]: np.std(b, dtype='float16')
Out[10]: 0.25049

In [11]: np.std(b, dtype='complex')
Out[11]: (0.25053597604909356+0j)
```

● 指定 out

下面将对参数 **out** 进行指定。如果数据类型和数组的shape不一致，就会发生错误，需要注意。

```
In [12]: c = np.empty((2, 3)) ➡
# 准备用于保存的数组 (在这里使用np.empty)

In [13]: np.std(b, axis=2, out=c)    # 参数out指定为c
Out[13]:
array([[ 0.36948544,  0.16198125,  0.29291186],
       [ 0.18595473,  0.1626438 ,  0.12546995]])

In [14]: c                          # 结果被完整地保存在c中
Out[14]:
array([[ 0.36948544,  0.16198125,  0.29291186],
       [ 0.18595473,  0.1626438 ,  0.12546995]])
```

● 指定 ddof

下面将对参数 **ddof** 进行指定，尝试使用 **ddof** 对无偏标准差进行计算。

```
In [15]: np.std(b)                  # 首先显示原有的值 (ddof=0)
Out[15]: 0.25053597604909356

In [16]: np.std(b, ddof=1) # 然后指定ddof=1，显示无偏标准差
Out[16]: 0.25592446296216997
```

● 指定维数是否保持不变

最后，将对参数 **keepdims** 进行指定，指定维数是否保持不变。如果这里指定为 **True**，就可以直接使用广播功能。

```
In [17]: np.std(b, keepdims=True) ➡
# 若指定 keepdims=True，就会返回三维数组
Out[17]: array([[[ 0.25053598]]])
```

```
In [18]: np.std(b, axis=0, keepdims=True) # 指定 axis
Out[18]:
array([[[ 0.1563472 ,  0.09828082,  0.31892475, ➡
         0.02181545],
       [ 0.17584447,  0.0442453 ,  0.18998108, ➡
         0.07699383],
       [ 0.06834947,  0.12674857,  0.15451914, ➡
         0.14227972]]])
```

```
In [19]: b / np.std(b, axis=0, keepdims=True) ➡
# 可以这样使用广播功能
Out[19]:
array([[[  6.28285069,   2.12886113,   0.10340884, ➡
          8.65348871],
       [  1.70369829,   4.74684886,   0.80644403, ➡
          7.46913803],
       [  8.25389003,   6.02556059,   0.27863151, ➡
          5.3011008 ]],

       [[  4.28285069,   4.12886113,   2.10340884, ➡
         10.65348871],
       [  3.70369829,   6.74684886,   2.80644403, ➡
          9.46913803],
       [ 10.25389003,   4.02556059,   2.27863151, ➡
          3.3011008 ]]])
```

```
In [20]: b / np.std(b, axis=0, keepdims=False) ➡
# 即使指定 False，有时也可以顺利执行
Out[20]:
```

```
array([[[  6.28285069,    2.12886113,    0.10340884, ⇒
          8.65348871],
        [  1.70369829,    4.74684886,    0.80644403, ⇒
          7.46913803],
        [  8.25389003,    6.02556059,    0.27863151, ⇒
          5.3011008 ]],

       [[  4.28285069,    4.12886113,    2.10340884, ⇒
          10.65348871],
        [  3.70369829,    6.74684886,    2.80644403, ⇒
          9.46913803],
        [ 10.25389003,    4.02556059,    2.27863151, ⇒
          3.3011008 ]]])
```

In [21]: **b / np.std(b, axis=1, keepdims=False)** ⇒
如果改变axis的设置，可能会发生运行时错误

（显示的错误信息）
ValueError: operands could not be broadcast together ⇒
with shapes (2,3,4) (2,4)

3.6 计算方差的函数

在 NumPy 中提供了计算方差的 np.var 函数。

本节将对如下内容进行讲解。

- 复习方差
- np.var 的使用方法

◆ 3.6.1 方差

所谓方差，一般是用于表示数据的偏离程度的一个指标。将数据与其平均值的差的平方进行平均后所得到的结果就是方差。

假设需要计算的方差的值为 V，就可以表示为如下的公式：

$$V = \frac{1}{N} \sum_{i=1}^{N} (x_i - \bar{x})^2$$

式中，$\bar{x}$ 表示的是 x 的平均值。取这个 V 的平方根后所得到的就是标准差。

之所以要使用标准差，是为了使作为基础数据的单位对齐。如果使用方差，单位就是根据原有数据的单位分别计算平方后所得到的。

可以看出，要知道平均值与数据的偏离程度，可以根据平均值取方差这一指标来衡量。

总之，偏离程度的基准点就是平均值。

◆ 3.6.2 np.var

接下来，将对 **np.var** 函数的使用方法进行讲解。

np.var

```
np.var(a, axis=None, dtype=None, out=None, ddof=0, ➡
keepdims=False)
```

● np.var 的参数

　　np.var 函数中所使用的参数见表 3.9。

表 3.9　np.var 的参数

参数名	类型	概要
a	array_like（类似数组的对象）	用于指定需要计算方差的数组，如果指定的不是 ndarray，程序就会尝试自动转换
axis	None 或 int，也可以是 int 元组	（可以省略）初始值为 None，用于指定沿着哪个坐标轴（axis）的方向计算方差。如果指定为 None，则以数组内所有的元素为对象计算方差
dtype	数据类型	（可以省略）初始值为 None，用于指定计算方差时所使用的数据类型。默认输入的数组为整数类型时，指定为 float32；其他情况，则使用参数 a 所指定的数组的数据类型
out	ndarray	（可以省略）初始值为 None，用于指定保存结果的数组
ddof	int	（可以省略）初始值为 0，在计算方差时，将数据与平均值的偏差的平方和除以 N-ddof。由于初始值为 ddof=0，所以是除以数据数量 N
keepdims	bool 值	（可以省略）初始值为 False。输出结果时，指定是否保留元素数量为 1 的维度。如果指定为 True，就保留。这样就可以正确地使用广播功能

● np.var 的返回值

　　如果参数 **out** 中不进行任何指定，就会返回保存了已经计算方差的数组。

　　如果进行了指定，就会返回所输出数组的索引。

　　这个函数中有多个允许指定的参数。首先指定需要计算方差的数组。参数 **axis** 指定计算方差的方向。关于参数 **axis**，将在之后的章节中进行更为详细的讲解，感兴趣的读者可以参考相应的内容。

　　参数 **dtype** 指定计算时所使用的数据类型，参数 **out** 指定保存结果的数组。

　　通过指定 **ddof** 可以改变函数计算方差的模式。如果指定 **ddof=0**，则将所指定的数据作为整体数据计算样本方差（参考 MEMO）来求取其方差；如果指定 **ddof=1**，则是通过计算部分数据所得到的无偏方差

（参考MEMO）来计算整体数据的方差。

 MEMO

无偏方差

　　无偏方差与无偏标准差类似，都是根据从母集合中选取的若干数据来对母集合的方差进行推算时所使用的值。在这里也是通过将计算方差（V）的公式中的 $\frac{1}{N}$ 变成 $\frac{1}{N-1}$ 进行求解的。

 MEMO

样本方差

　　为了将直接使用所指定的数据计算所得到的方差与无偏方差进行区分，有时会使用样本方差这一名称。

● 计算方差

　　首先，在不对参数进行任何指定的情况下，尝试对整体数据的方差进行计算。

```
In [1]: import numpy as np

In [2]: a = np.array([10, 20, 12, 0, 3, 5])

In [3]: np.var(a)  # 如果不特地指定参数，将根据这6个数据计算方差
Out[3]: 43.55555555555555
```

● 指定axis

　　下面将对参数 **axis** 进行指定。

```
In [4]: b = np.random.randint(20, size=(3,4))
```

```
In [5]: b                          # 确认b中的内容
Out[5]:
array([[ 3, 13, 12,  1],
       [10, 19,  1,  6],
       [ 8, 13, 12, 18]])
```

```
In [6]: np.var(b)                  # 如果不指定axis，就会计算整体的方差
Out[6]: 33.388888888888886
```

```
In [7]: np.var(b, axis=0)              # 计算每行的方差
Out[7]: array([ 8.66666667,  8.        ,  ➡
26.88888889,  50.88888889])
```

```
In [8]: np.var(b, axis=1)              # 计算每列的方差
Out[8]: array([ 28.1875,  43.5    ,  12.6875])
```

```
In [9]: np.var(b, axis=(0, 1))         # 如果像左边这样编写代码，
# 就可以在第0、1号的坐标轴方向上进行计算，对所有范围内的方差进行计算
Out[9]: 33.388888888888886
```

● 指定 dtype

接着，将对参数 **dtype** 进行指定。

```
In [10]: c = np.random.randn(100).reshape(5, 20) ➡
# 生成服从正态分布的随机数组
```

```
In [11]: c.dtype                       # 确认数据类型
Out[11]: dtype('float64')
```

```
In [12]: c
Out[12]:
array([[ 0.35225642,  0.42735088,  0.22483062,  ➡
        -1.29718125,  0.19805096,
```

```
              -0.52872563, -0.37953642,  1.35085875, ➡
               1.06166236, -1.14408896,
               1.54089466,  0.5729667 , -1.55339662, ➡
              -1.11796015, -0.30161906,
              -0.04310339, -0.90791445,  1.33607073, ➡
              -1.1710254 ,  1.49489929],
             [ 2.01375678, -0.64110448,  0.18106096, ➡
              -0.03658098, -0.62123187,
              -0.61729062,  0.19154253,  0.93459067, ➡
              -1.67334457, -1.77243433,
               1.17715007, -0.58395848,  0.64823962, ➡
              -0.19429409,  0.40297725,
               0.38401512, -0.55167875, -0.30052436, ➡
              -0.86550869, -1.29361117],
             [ 0.00993361,  0.48064153,  0.12597228, ➡
              -0.13348795,  0.13881167,
              -1.40062426,  0.33302593, -1.07486468, ➡
               0.22216967, -0.79206793,
              -0.64137661, -1.80691328, -1.18824   , ➡
              -0.23372683, -0.35116358,
               0.95200835,  0.3781709 , -1.23003955, ➡
              -1.35842974, -1.05603139],
             [-1.48968822, -1.26374257,  0.80641034, ➡
               0.05188685, -0.42511282,
               0.12333293,  3.26526552, -2.05103589, ➡
               0.8892263 , -1.83975271,
               1.09835528,  0.86211006, -1.15216875, ➡
              -0.57875082, -0.63924306,
              -0.40284799, -0.16096745, -0.59009197, ➡
              -0.61755593, -0.86973981],
             [-0.47688695,  0.62437855, -0.32973941, ➡
               0.0707855 ,  1.18317729,
               0.37800033, -1.30444915,  2.28224717, ➡
               0.10517787,  0.1081565 ,
               0.73538965,  1.28810643, -1.70036478, ➡
               1.60113382, -1.18890108,
              -1.61474179,  0.71776759, -1.95725267, ➡
              -0.15671136, -0.91014567]]])

In [13]: np.var(c, dtype='float32') # 指定 dtype
```

```
Out[13]: 1.043533

In [14]: np.var(c, dtype='float64')
Out[14]: 1.0435329101767985
```

○ 修改 ddof

接下来将尝试对参数 **ddof** 进行修改。将前面生成的服从标准正态分布的数组的样本数据减少一部分，来确认指定 **ddof=0** 和 **ddof=1** 时，计算得出的哪一个结果更接近于1。

```
In [15]: d = np.random.randn(10)  ➡
# 使用10个样本数据进行计算

In [16]: d
Out[16]:
array([-1.87744275,  1.02445975,  0.02985718,  ➡
       -0.96668578,  1.45083393,
       -0.19564106, -0.72043885, -0.45597266,  ➡
       -1.49547549, -1.33429341])

In [17]: np.var(d, ddof=0)  ➡
# 首先使用默认值ddof=0对样本方差进行计算
Out[17]: 1.0334719835739459

In [18]: np.var(d, ddof=1)              # 接着对无偏方差进行计算
Out[18]: 1.1483022039710509

In [19]: e = np.random.randn(5)        # 进一步减少样本数量

In [20]: e
Out[20]: array([-1.76749733, -2.19574813,  ➡
-0.54184825, -0.80253071, -0.65802786])

In [21]: np.var(e)
Out[21]: 0.43964219645143265
```

```
In [22]: np.var(e, ddof=1)              # 逼近于1
Out[22]: 0.54955274556429079
```

从上述代码中可以看出，样本数量越少就越能准确地计算出母集合的方差。

○ 使用广播功能

最后将对参数 **keepdims** 进行指定。可以通过将参数 **keepdims** 指定为 **True** 来使用广播功能。例如，当需要将原有的数据除以经过计算所得到的方差的值时，指定 **keepdims=True** 是比较安全的做法。

```
In [23]: f = np.random.randint(20, size=(2, 5, 10)) ➡
# 随机的三维数组

In [24]: f
Out[24]:
array([[[13,  7,  7, 13, 19, 17,  1, 17,  8, 12],
        [19,  5,  5,  5, 14, 11,  3,  5,  0, 12],
        [ 2, 17, 14,  4,  6, 19, 14, 15, 12, 14],
        [16,  6, 12,  2, 12, 11,  9, 18,  0, 13],
        [ 0, 13, 10, 10,  6,  2,  4, 11, 18,  6]],

       [[ 9,  5,  7,  8, 18,  4, 14,  7,  3, 11],
        [ 5, 10, 11,  3, 10, 19, 12,  5, 18,  0],
        [17,  3, 18,  0, 14, 12,  1, 16,  4,  9],
        [ 6,  0, 12, 11,  9,  2,  1, 19, 14,  7],
        [ 1,  5, 12,  9, 11, 19, 14, 12,  0,  7]]])

In [25]: f_var = np.var(f, axis=1) # 计算每一行的方差

In [26]: f/f_var       # 这样设置是不能正确使用广播功能的
-----------------------------------------------------------
（显示的错误信息）
ValueError: operands could not be broadcast together ➡
with shapes (2,5,10) (2,10)

In [27]: f_var.shape # 尝试确认 shape
```

```
Out[27]: (2, 10)

In [28]: f_var = np.var(f, axis=1, keepdims=True)

In [29]: f/f_var    # 将 keepdims 指定为 True，就可以顺利地进行计算
Out[29]:
array([[[ 0.22413793,  0.32649254,  0.65789474, ➡
          0.78502415,  0.7711039 ,
          0.48295455,  0.04512635,  0.7535461 , ➡
          0.16447368,  1.53061224],
        [ 0.32758621,  0.23320896,  0.46992481, ➡
          0.30193237,  0.56818182,
          0.3125     ,  0.13537906,  0.22163121, ➡
          0.         ,  1.53061224],
        [ 0.03448276,  0.79291045,  1.31578947, ➡
          0.24154589,  0.24350649,

          0.53977273,  0.63176895,  0.66489362, ➡
          0.24671053,  1.78571429],
        [ 0.27586207,  0.27985075,  1.12781955, ➡
          0.12077295,  0.48701299,
          0.3125     ,  0.40613718,  0.79787234, ➡
          0.         ,  1.65816327],
        [ 0.         ,  0.60634328,  0.93984962, ➡
          0.60386473,  0.24350649,
          0.05681818,  0.18050542,  0.48758865, ➡
          0.37006579,  0.76530612]],

       [[ 0.31424581,  0.46992481,  0.56451613, ➡
          0.48309179,  1.69172932,
          0.07727975,  0.37796976,  0.25216138, ➡
          0.06229236,  0.7994186 ],
        [ 0.17458101,  0.93984962,  0.88709677, ➡
          0.18115942,  0.93984962,
          0.36707883,  0.32397408,  0.18011527, ➡
          0.37375415,  0.         ],
        [ 0.59357542,  0.28195489,  1.4516129 , ➡
          0.         ,  1.31578947,
          0.23183926,  0.02699784,  0.57636888, ➡
          0.08305648,  0.65406977],
```

```
[ 0.20949721,  0.          ,  0.96774194, ➡
  0.66425121,  0.84586466,
  0.03863988,  0.02699784,  0.68443804, ➡
  0.29069767,  0.50872093],
[ 0.0349162 ,  0.46992481,  0.96774194, ➡
  0.54347826,  1.03383459,
  0.36707883,  0.37796976,  0.43227666, ➡
  0.          ,  0.50872093]]])
```

📝 **MEMO**

● numpy.var – NumPy v1.14 Manual - Numpy and Scipy
Documentation

URL https://docs.scipy.org/doc/numpy-1.14.0/reference/generated/
numpy. var.html

3.7 计算协方差的函数

在NumPy中提供了用于计算协方差的np.cov函数。
本节将对下列内容进行讲解。

● 复习协方差
● np.cov 的使用方法

◆ 3.7.1 协方差

协方差是用于表示两组相对应的数据集合之间在彼此相互影响的过程中数据的分散程度的一种指标。

这两组数据的标准差的乘积越接近，就表示这两个数据集合的相关性就越紧密（标准差的乘积与协方差的比值称为相关系数）。

可以说，当协方差为负时，就表示相关（一方的值增加，另一方的值就减少）为负；当协方差为正时，就表示相关为正。

◉ 协方差的定义式

首先来看一下它的公式是怎么定义的。

假设现有两个数据集合，分别为 $X = \{x_1, x_2, \cdots, x_n\}$ 和 $Y = \{y_1, y_2, \cdots, y_n\}$

如果将这两个数据集合的协方差用 S_{xy} 表示，则可以得到如下的公式：

$$S_{xy} = \frac{1}{n}\sum_{i=1}^{n}(x_i - \bar{x})(y_i - \bar{y})$$

式中，$\bar{x}$ 和 $\bar{y}$ 分别为X和Y集合中元素的平均值。

从上述公式中可以看到，这是从X和Y集合的各个元素中减去了平均值之后，再将得到的值进行求和计算，最后通过将计算所得到的值除以个数n来计算协方差。

此时，如果X和Y是相同的，那么就相当于计算X的方差V_x。

$$V_x = \frac{1}{n}\sum_{i=1}^{n}\left(x_i - \overline{x}\right)^2$$

此外，如果将这里的n改为$n-1$，就是计算所谓的**无偏协方差**，表示对某个母集合进行采样所得到的样本值进行推测所得到的协方差。

此外，当存在两个以上需要确认相关性的数据集合时，经常会用到的是协方差矩阵。对角线上的元素表示的是各个数据的方差，其他元素表示的则是两个集合之间的协方差。

例如，X和Y的协方差矩阵$\sum$可以表示为如下形式：

$$\sum = \begin{pmatrix} S_{xx} & S_{xy} \\ S_{yx} & S_{yy} \end{pmatrix}$$

这里的S_{xy}和S_{yx}分别表示的是X和Y的协方差。公式中只是将X和Y相乘的顺序替换了一下，实际上值是一样的。

此外，$S_{xx} = V_x$和$S_{yy} = V_y$则表示方差。

下面来看一下添加了数据集合$Z = \{z_1, z_2, \cdots, z_n\}$的协方差矩阵，结果如下：

$$\sum = \begin{pmatrix} S_{xx} & S_{xy} & S_{xz} \\ S_{yx} & S_{yy} & S_{yz} \\ S_{zx} & S_{zy} & S_{zz} \end{pmatrix}$$

下面作为示例，将对指定了协方差的两个数据集合进行创建，并将其绘制成图表。

将两个数据集合的平均值和方差分别固定为0和1，只对协方差的值进行修改。

在代码中出现的**np.random.multivariate_normal**是根据所指定的平均值和协方差矩阵生成随机数值的函数。

```
In [1]: import numpy as np

In [2]: import matplotlib.pyplot as plt

In [3]: mean = np.array([0, 0])        # 指定平均值

In [4]: cov = np.array([
   ...: [1, 0.1],
   ...: [0.1, 1]])  ➡
```
指定协方差矩阵。修改0.1所在的位置，就可以改变x和y的协方差的值

```
In [5]: x, y = np.random.multivariate_normal(➡
mean, cov, 5000).T                     # 暂且生成5000个

In [6]: plt.plot(x, y, 'x')            # 进行绘制
Out[6]: [<matplotlib.lines.Line2D at 0x1139f0d68>]

In [7]: plt.title("covariance=0.1")
Out[7]: Text(0.5,1,'covariance=0.1')

In [8]: plt.axis("equal")
Out[8]:
(-3.7646535119201965,
 3.6544589032268662,
 -3.8254227272245971,
 4.1194358830470321)

In [9]: plt.show()
```

cov中右上和左下的值就相当于协方差，下面将对这个值在0.1~1内进行修改。

首先，看一下将值修改为0.1之后的图表是什么样的（见图3.1）

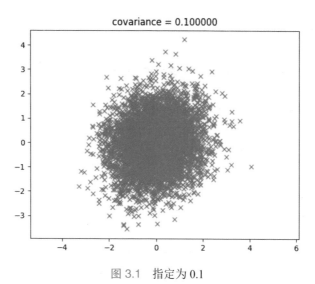

图 3.1　指定为 0.1

然后对修改为**0.3**之后的图表进行确认（见图3.2）。

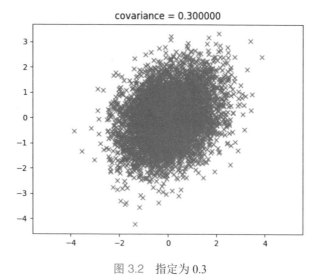

图 3.2　指定为 0.3

接下来对修改为 **0.5** 之后的图表进行确认（见图 3.3）。

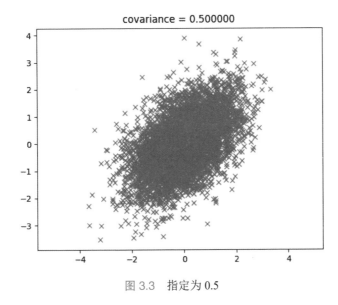

图 3.3　指定为 0.5

再对修改为 **0.7** 之后的图表进行确认（见图 3.4）。

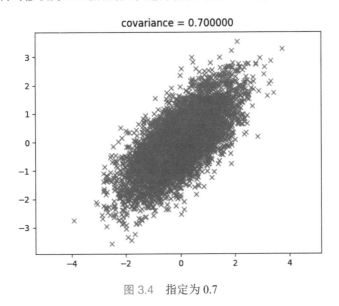

图 3.4　指定为 0.7

对修改为**1**之后的图表进行确认。在这种情况下，图表显示是一条直线（见图 3.5）。

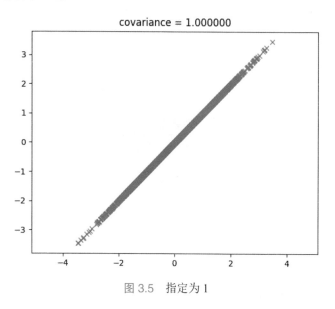

图 3.5　指定为 1

最后，将修改为**–0.7**之后的图表进行确认（见图 3.6）。从图表中可以看到，这里变成了一个负相关。

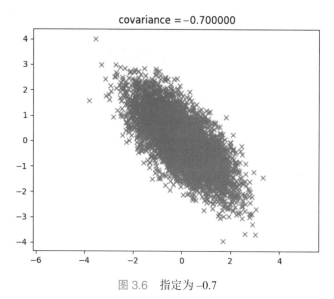

图 3.6　指定为 –0.7

3.7.2 np.cov

接下来，将对 **np.cov** 函数的使用方法进行讲解。

np.cov

```
np.cov(m, y=None, rowvar=True, bias=False, ➡
ddof=None, fweights=None, aweights=None)
```

● np.cov 的参数

np.cov 函数中所使用的参数见表 3.10。

表 3.10　np.cov 的参数

参数名	类　型	概　要
m	array_like（类似数组的对象）	用于指定是一维还是二维的数组。每一行都包含数据集合，行的数量表示数据集合的个数，同一列的数据被看作一次性观测所得到的数据
y	array_like（类似数组的对象）	（可以省略）初始值为 None，用于指定添加到 m 中的值，需要与 m 中的数据集合具有相同的形状
rowvar	bool 值（True 或False）	（可以省略）初始值为 True。指定为 True 时，将每一行看作一个数据集合，在每行数据之间计算协方差；指定为 False 时，每一列就是一个数据集合
bias	bool 值（True 或False）	（可以省略）初始值为 False。指定为 False 时，就是计算无偏协方差，也就是说，将平均值与偏差的乘积的和除以（数据数量−1）；指定为 True 时，就是除以数据数量
ddof	int	（可以省略）初始值为 None。如果这里不指定为None，使用 bias 设置的值就会被覆盖；指定 ddof=1时，就会计算标准协方差（将相加的乘积的值除以数据数量 n）；指定 ddof=0 时，就会返回平均值
fweights	类似数组的对象或 int	（可以省略）初始值为 None，设置每观测一次（每列的值）时所赋予的权重
aweights	array_like（类似数组的对象）	（可以省略）初始值为 None，用于指定赋予各个数据集合（每行的值）的权重。如果观测的值较为重要，就加大赋予的权重；如果不太重要，就减小其权重。当指定了 ddof=0 时，这里所指定的值将会被忽略

● np.cov 的返回值

np.cov 返回根据指定的数据集合所得到的协方差矩阵。但是这个函数的参数有些多，也许不太容易理解。其中，使用较为频繁的参数除了 **m** 之外，就是可以添加数值的参数 **y**。如果掌握了参数 **y** 的使用方法，就不需要特意将数据合并成一个数组之后再对数值进行计算，因此是一个非常便于使用的参数。

其他的参数还有：不是将每一行的数据集当作一个种类，而是选择是否将列作为一个种类的数据的参数 **rowvar**；用于指定是计算样本方差还是计算无偏方差的参数 **bias**。此外，还有用于指定协方差的计算方法的参数 **ddof**，以及用于指定每一列（一次性观测到的数据）权重的参数 **fweights** 和可以在每一行上赋予权重的参数 **aweights**。

● 单个 m 和添加 y

接下来，将使用实际的代码对函数的使用方法进行确认。

首先，将对单个 **m** 的情况和添加了 **y** 的情况进行确认。

```
In [10]: a = np.array([[10, 5, 2, 4, 9, 3, 2],➡
[10, 2, 8, 3, 7, 4, 1]])
# 将第一行作为每个学生的数学分数，第二行作为每个学生的语文分数 (满分都是
# 10分)

In [11]: np.cov(a)    # 首先只指定参数
Out[11]:
array([[ 10.66666667,   6.66666667],
       [  6.66666667,  11.33333333]])

In [12]: c = np.array([3, 2, 1, 5, 7, 2, 1]) ➡
# 其次添加英语的分数

In [13]: np.cov(a,c)  # 返回数学、语文、英语的协方差矩阵
Out[13]:
array([[ 10.66666667,   6.66666667,   4.66666667],
       [  6.66666667,  11.33333333,   1.66666667],
       [  4.66666667,   1.66666667,   5.        ]])
```

各列对应科目分数

下面指定 **rowbar=False(初始值为 True)**，将每一列与科目的分数进行对应。

```
In [14]: a_transpose = a.T              # 列与行进行替换

In [15]: c_transpose = np.reshape(c, (-1, 1))

In [16]: np.cov(a_transpose, y=c_transpose, rowvar=False)
Out[16]:
array([[ 10.66666667,    6.66666667,    4.66666667],
       [  6.66666667,   11.33333333,    1.66666667],
       [  4.66666667,    1.66666667,    5.        ]])
```

计算样本方差

下面将尝试对样本方差（将所指定的数据作为母集合时的协方差或方差）进行计算。

通过指定 **bias=True(初始值为 False)** 可以实现这一操作。

```
In [17]: np.cov(a, bias=False)          # 从初始值开始计算
Out[17]:
array([[10.66666667, 6.66666667],
       [ 6.66666667, 11.33333333]])

In [18]: np.cov(a, bias=True)    # 因为是除以N，所以值会逐渐减少
Out[18]:
array([[9.14285714, 5.71428571],
       [5.71428571, 9.71428571]])
```

修改参数 ddof 的值

接下来，将对参数 **ddof** 的值进行修改。通过增加 **ddof** 的值，可以减少偏差的乘积需要除去的值。

计算无偏方差时，需要指定 **ddof=1**；计算样本方差时，需要指定 **ddof=0**，对需要从整体的样本数量中减去的值进行指定。

```
In [19]: np.cov(a, ddof=None)
Out[19]:
array([[ 10.66666667,   6.66666667],
       [  6.66666667,  11.33333333]])
```

```
In [20]: np.cov(a, ddof=0)
Out[20]:
array([[ 9.14285714,  5.71428571],
       [ 5.71428571,  9.71428571]])
```

```
In [21]: np.cov(a, ddof=1)
Out[21]:
array([[ 10.66666667,   6.66666667],
       [  6.66666667,  11.33333333]])
```

```
In [22]: np.cov(a, ddof=2)
Out[22]:
array([[ 12.8,   8. ],
       [  8. ,  13.6]])
```

● 指定参数 fweights

　　接下来，将对当存在两名学生取得相同分数的情况时所使用的参
数 **fweights** 进行指定。

　　这里将按照所指定的次数对数据进行重复，并将其纳入计算范围之内。

```
In [23]: a
Out[23]:
array([[10,  5,  2,  4,  9,  3,  2],
       [10,  2,  8,  3,  7,  4,  1]])
```

```
In [24]: fweights = np.array([1, 2, 2, 1, 1, 1, 1])  ⮕
# 需要重视从左边开始的第 2、3 名学生的分数
```

```
In [25]: np.cov(a, fweights=fweights)
Out[25]:
array([[ 9.   ,  3.875],
       [ 3.875, 10.75 ]])
```

● 为每次观测（学生）赋予权重

最后，将对每次的观测（学生）设置权重的参数 **aweights** 进行讲解。

这个参数与前面的参数不同，如果将某一列（学生）的权重值加大，其他列（学生）的值的重要性就会相对减少。

与 **fweights** 不同，这里设置的不是次数，而是权重。

```
In [26]: aweights= np.array([0.1, 0.2, 0.2, 0.2, 0.1, ➡
0.1, 0.1])  # 需要重视第2、3、4名学生的分数

In [27]: np.cov(a, aweights=None)
Out[27]:
array([[ 10.66666667,   6.66666667],
       [  6.66666667,  11.33333333]])

In [28]: np.cov(a, aweights=aweights)
Out[28]:
array([[  8.61904762,   3.83333333],
       [  3.83333333,  10.66666667]])
```

📝 **MEMO**

参考

- numpy.random.multivariate_normal – NumPy v1.14 Manual - NumPy and SciPy Documentation

  URL https://docs.scipy.org/doc/numpy-1.14.0/reference/generated/numpy.random.multivariate_normal.html

- numpy.cov – NumPy v1.14 Manual - NumPy and SciPy Documentation

  URL https://docs.scipy.org/doc/numpy-1.14.0/reference/generated/numpy.cov.html

3.8 计算相关系数的函数

在NumPy中提供了专门用于计算相关系数的np.corrcoef函数。本节将对如下内容进行讲解。

- 复习相关系数的相关知识
- np.corrcoef的使用方法

3.8.1 相关系数

相关系数是常用于表示两组数据之间的相关程度的指标之一。

由于这是一个确认直线的（线性的）相关性的指标，因此，即使存在其他的相关关系，也是难以通过这个指标反映出来的。相关系数r的取值范围如下：

$$-1 \leqslant r \leqslant 1$$

其中，r的绝对值越大，这两组数据之间的相关性就会变得越强。

但需要注意的是，并不是说相关系数的绝对值大，就表示这两组数据之间的因果关系就是成立的，其中也许还受到其他方面的因素影响。

此外，与之相反，当绝对值接近0时，也并不能说明两组数据之间就没有因果关系，也许数据之间还存在着线性之外的相关关系。

3.8.2 定义

假设现有相关系数的两组数据$X = \{x_1, x_2, \cdots, x_n\}$和$Y = \{y_1, y_2, \cdots, y_n\}$，$X$和$Y$的方差分别为$V_X$和$V_Y$，标准差分别为$S_X$和$S_Y$，协方差为$S_{XY}$，相关系数$r$就可以表示为如下公式：

$$r = \frac{S_{XY}}{\sqrt{V_X V_Y}} = \frac{S_{XY}}{S_X S_Y}$$

从上述公式中可以看到，分母为方差乘积的平方根，分子为协方差，就可以对相关系数进行计算。

根据 r 的取值范围可以得到表 3.11 所示的对相关关系的解释。

表3.11　相关关系

r 的范围	相关的程度
$-1 \leqslant r < -0.7$	强的负相关
$-0.7 \leqslant r < -0.4$	负相关
$-0.4 \leqslant r < -0.2$	弱的负相关
$-0.2 \leqslant r < 0.2$	几乎不相关
$0.2 \leqslant r < 0.4$	弱的正相关
$0.4 \leqslant r < 0.7$	正相关
$0.7 \leqslant r \leqslant 1$	强的正相关

接下来，将根据 r 取值的不同，确认对应散点图的变化情况。将如下代码（参考 MEMO）中的 **cov** 的对角元素之外的元素进行更改后，就可以得到想要验证的 r 的值。

> **📝 MEMO**
>
> 关于执行代码
>
> 在 plt.plot 中指定的是 plt.plot(x, y, 'x')。其中 'x' 用于指定图内所绘制的形状，如果指定为 'o'，绘制的就是一个小圆圈。此外，plt.axis('equal') 是用于对各个坐标轴上刻度的间隔进行统一设置的命令。

```
In [1]: import numpy as np

In [2]: import matplotlib.pyplot as plt

In [3]: mean = np.array([0, 0])       # 指定平均

In [4]: cov = np.array([
   ...: [1, 0.8],
   ...: [0.8, 1]])  # 指定协方差矩阵。将两个 0.8 的位置修改为任意
                    # r 的值，就可以改变 x 和 y 的协方差的值
```

```
In [5]: x, y = np.random.multivariate_normal(➡
mean, cov, 5000).T              # 暂且生成 5000 个
```

```
In [6]: plt.plot(x, y, 'x')   # 绘制图表。'x' 用于指定绘制的风格，x 符
                              # 号会被绘制出来
Out[6]: [<matplotlib.lines.Line2D at 0x1139f0d68>]
```

```
In [7]: plt.title("r=0.8")
```

```
In [8]: plt.axis("equal")      # 将各个坐标轴上刻度的间隔统一
Out[8]:
(-3.7646535119201965,
 3.6544589032268662,
 -3.8254227272245971,
 4.1194358830470321)
```

```
In [9]: plt.show()
```

执行上述命令后得到的图如图 3.7 所示。首先，将对指定为 r=0.8 的图表进行确认。可以看出，这里存在着强的正相关。

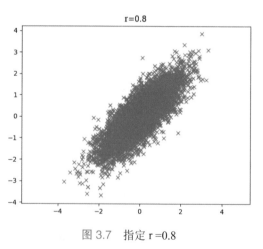

图 3.7 指定 r =0.8

下面将对指定为 r =0.2 的图表进行确认（见图 3.8）。从图 3.8 所示的图表中很难看出它们的相关关系。

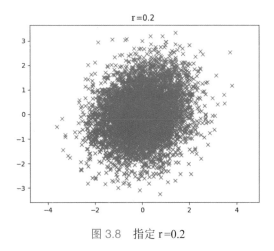

图 3.8　指定 r = 0.2

下面将对指定为 r = –0.2 的图表进行确认（见图 3.9）。由于 r 是负值，有向右下倾斜的趋势。

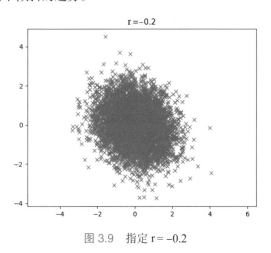

图 3.9　指定 r = –0.2

最后，将对指定为 r = –0.8 的图表进行确认（见图 3.10）。从图 3.10 所示的图表中可以看出向右下倾斜的趋势更为明显了。

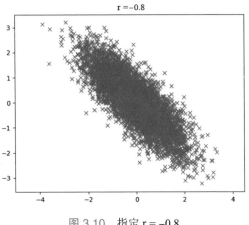

图 3.10　指定 r = −0.8

🔷 3.8.3　np.corrcoef

刚刚已经对相关系数进行了简单的复习，接下来，将函数本身的使用方法进行讲解。

相关系数的英文名称为correlation coefficients，通常将其简化为**corrcoef**。接下来，将对此函数的使用方法进行说明。

np.corrcoef

```
np.corrcoef(x, y=None, rowvar=True, bias=_NoValue, ➡
ddof=_NoValue)
```

● np.corrcoef 的参数

np.corrcoef函数中所使用的参数见表3.12。

表3.12　np.corrcoef的参数

参数名	类　型	概　要
x	array_like（类似数组的对象）	用于指定包含多次的观测值的一维数组或二维数组
y	array_like（类似数组的对象）	（可以省略）初始值为None，用于指定需要添加的数据。不需要对x和y这两个数组分别进行连接，在需要知道两者的相关系数时经常会使用

342

NumPy 数学函数应用

续表

参数名	类 型	概 要
rowvar	bool值	（可以省略）初始值为True。需要计算每一行的相关系数时，就指定为True；需要计算每一列的相关系数时，就指定为False
bias	_No_Value	这里不进行指定比较好
ddof	_No_Value	同上，这里不进行指定比较好

● np.corrcoef的返回值

np.corrcoef返回元素中包含相关系数的矩阵。

即使对参数 **ddof** 和 **bias** 进行指定也是没有意义的，因此不需要在意这两个参数。

必须指定的参数包括用于指定需要计算相关系数的数据集合的参数 **x** 和在不方便进行连接处理时所指定的参数 **y**。

此外，如果数据集合是按照列的方向划分的，就需要指定 **rowbar =False** 进行处理。

● 相关系数的计算

接下来，将使用实际的代码对此函数的使用方法进行确认。

首先，生成任意的值，并对这些值进行比较。将第一行作为数学考试的分数（满分为10分）；第二行为语文考试的分数（满分为10分），像这样对每一位学生的分数进行记录。

下面将使用 **np.corrcoef** 函数确认语文成绩和数学成绩的相关关系。

```
In [10]: import numpy as np

In [11]: x = np.array([
    ...: [1, 2, 1, 9, 10, 3, 2, 6, 7],
    ...: [2, 1, 8, 3, 7, 5, 10, 7, 2]]) ➡
# 第一行为数学成绩，第二行为语文成绩

In [12]: np.corrcoef(x) # 计算相关矩阵，右上与左下的值为相关系数
```

```
Out[12]:
array([[ 1.        , -0.05640533],
       [-0.05640533,  1.        ]])
```

● 添加新的数据，计算各自的相关系数

　　从上述代码中可以看到，相关系数几乎等于0，这说明语文成绩和数学成绩几乎没有相关关系。接下来，将尝试添加英语成绩。

```
In [13]: y = np.array([2, 1, 1, 8, 9, 4, 3, 5, 7]) ➡
# 添加英语成绩
```

```
In [14]: np.corrcoef(x, y) # 指定第二个参数y，即使不特意对
# 3个科目的成绩进行连接，也可以对相关系数进行计算
Out[14]:
array([[ 1.        , -0.05640533,  0.97094584],
       [-0.05640533,  1.        , -0.01315587],
       [ 0.97094584, -0.01315587,  1.        ]])
```

　　最后，看一下得到的三维矩阵。表3.13所示为3个科目的相关系数。

表3.13　三维矩阵

	数学	语文	英语
数学	数学—数学	数学—语文	数学—英语
语文	语文—数学	语文—语文	语文—英语
英语	英语—数学	英语—语文	英语—英语

　　从表3.13中可以看到，科目相同的地方是对同一科目进行对比，因此相关系数就是1。

　　通过对表3.13与上述矩阵进行对照，可以看到数学与英语的相关系数为0.97，几乎接近于1，这说明它们之间有着非常强的相关性。但是，数学与语文、英语与语文的相关系统都是接近于0的，因此可以说明它们之间并不相关。

　　综上所述，可以得到"数学成绩与英语成绩正相关，其他成绩并不相关"的结果，这就是这一相关矩阵所代表的含义。

接下来，将尝试使用在对横向数据和纵向数据进行互换时所指定的参数 **rowvar**。

下面需要求取的是某两位学生之间的分数的相关系数。例如，当某位学生取得了较高的分数时，另一位学生是否也会受其影响而取得较高的分数呢？下面将对他们之间是否存在这一关系倾向进行计算。

```
In [15]: x_transpose = x.T
```

```
In [16]: np.corrcoef(x_transpose, rowvar=False) ➡
# 指定rowvar=False，求取每一列的相关系数
Out[16]:
array([[ 1.        , -0.05640533],
       [-0.05640533,  1.        ]])
```

```
In [17]: np.corrcoef(x_transpose, rowvar=True) ➡
# 如果指定rowvar=True（默认设置），就是求取每一位学生的相关系数
Out[17]:
array([[ 1., -1.,  1., -1., -1.,  1.,  1.,  1., -1.],
       [-1.,  1., -1.,  1.,  1., -1., -1., -1.,  1.],
       [ 1., -1.,  1., -1., -1.,  1.,  1.,  1., -1.],
       [-1.,  1., -1.,  1.,  1., -1., -1., -1.,  1.],
       [-1.,  1., -1.,  1.,  1., -1., -1., -1.,  1.],
       [ 1., -1.,  1., -1., -1.,  1.,  1.,  1., -1.],
       [ 1., -1.,  1., -1., -1.,  1.,  1.,  1., -1.],
       [ 1., -1.,  1., -1., -1.,  1.,  1.,  1., -1.],
       [-1.,  1., -1.,  1.,  1., -1., -1., -1.,  1.]])
```

3.9 根据数组元素生成网格的函数

np.meshgrid是根据各个坐标的元素序列生成网格坐标的函数。

本节将对下列内容进行讲解。

- np.meshgrid的使用方法
- 使用np.meshgrid绘制图表

🔷 3.9.1 网格点

假设需要求取x为0~4，y为0~4的25点的网格点的各个坐标的元素序列。使用Python编写代码，可以采用如下形式进行计算。

```
In [1]: import numpy as np

In [2]: xx = np.array([[x for x in range(5)] for _ in ➡
range(5)])

In [3]: xx
Out[3]: array([[0, 1, 2, 3, 4],
               [0, 1, 2, 3, 4],
               [0, 1, 2, 3, 4],
               [0, 1, 2, 3, 4],
               [0, 1, 2, 3, 4]])
In [4]: yy = np.array([[y for _ in range(5)] for y in ➡
range(5)])

In [5]: yy
Out[5]: array([[0, 0, 0, 0, 0],
               [1, 1, 1, 1, 1],
               [2, 2, 2, 2, 2],
               [3, 3, 3, 3, 3],
               [4, 4, 4, 4, 4]])
```

使用**np.meshgrid**函数可以非常灵活地根据各个坐标轴上的元素数量生成网格。这个函数在进行可视化处理或生成组合的元素序列时是非常方便的，请大家务必借此机会掌握它的使用方法。

3.9.2　np.meshgrid

首先，将对**np.meshgrid**函数的使用方法进行讲解。

np.meshgrid

```
np.meshgrid(x1, x2,..., xn, indexing='xy', sparse=➡
False, copy=True)
```

○ np.meshgrid 的参数

np.meshgrid函数中所使用的参数见表3.14。

表3.14　np.meshgrid 的参数

参数名	类　型	概　要
x1, x2, ···,xn	一维数组	用于指定各个坐标轴上需要计算网格点的网格的坐标
indexing	'xy'或'ij'	（可以省略）初始值为'xy'，用于指定生成的数组的shape应当如何设置（详见本小节"指定indexing"的说明部分）
sparse	bool值（True或False）	（可以省略）初始值为False，如果指定为True，就会返回稀疏网格（参考MEMO）的数组，以节省内存空间
copy	bool值	（可以省略）初始值为True，如果指定为False，则返回原有数据的视图，以节省内存空间

📝 **MEMO**

稀疏网格

所谓稀疏网格，是指不会将网格点对应的所有坐标进行输出，而是以在NumPy中允许使用广播功能的形式进行输出的网格点。它可以控制内存的使用量，使用稀疏网格进行计算处理，与不使用稀疏网格进行处理都可以得到同样的结果。

● np.meshgrid 的返回值

根据所指定的各个坐标轴上的元素序列返回各个坐标轴方向的网格。

np.meshgrid 的操作方式如图3.11所示。指定保存了 x 坐标和 y 坐标元素的数组后，就会返回各个坐标轴的网格的元素。

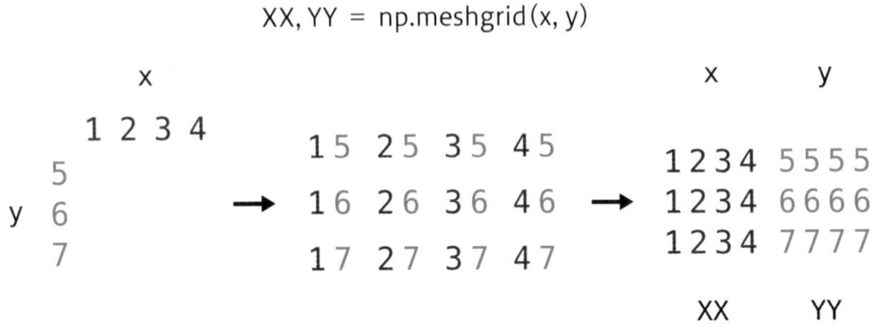

$$XX, YY = np.meshgrid(x, y)$$

图 3.11　np.meshgrid 的示意图

● 使用两个一维数组生成网格点

下面使用实际代码对函数的使用方法进行确认。

首先，下面创建两个一维数组。

```
In [6]: import numpy as np

In [7]: a = np.array([0, 1, 2])

In [8]: b = np.array([0, 4])              # 首先创建两个一维数组

In [9]: aa, bb = np.meshgrid(a, b)   # 从基本的操作开始执行

In [10]: aa
Out[10]:
array([[0, 1, 2],
       [0, 1, 2]])

In [11]: bb
Out[11]:
array([[0, 0, 0],
       [4, 4, 4]])
```

○ 使用3个一维数组生成三维的网格点

下面将再增加一个一维数组，来生成三维空间中的网格点。

```
In [12]: c = np.array([0, 9])          # 再增加一个新的数组
```

```
In [13]: aaa, bbb, ccc = np.meshgrid(a, b, c) ⇨
# 生成3个带有3个坐标轴的数组
```

```
In [14]: aaa
Out[14]:
array([[[0, 0],
        [1, 1],
        [2, 2]],

       [[0, 0],
        [1, 1],
        [2, 2]]])
```

```
In [15]: bbb
Out[15]:
array([[[0, 0],
        [0, 0],
        [0, 0]],

       [[4, 4],
        [4, 4],
        [4, 4]]])
```

```
In [16]: ccc
Out[16]:
array([[[0, 9],
        [0, 9],
        [0, 9]],

       [[0, 9],
        [0, 9],
        [0, 9]]])
```

指定 indexing

接下来, 将对参数 **indexing** 进行指定。默认坐标轴的顺序为 **xy**, 如果指定为 **ij**, 就可以按照矩阵的顺序生成网格。

```
In [17]: aa2, bb2 = np.meshgrid(a, b, indexing='xy') ➡
# 首先从默认值 xy 开始执行

In [18]: aa2
Out[18]:
array([[0, 1, 2],
       [0, 1, 2]])

In [19]: bb2
Out[19]:
array([[0, 0, 0],
       [4, 4, 4]])

In [20]: aa3, bb3 = np.meshgrid(a, b, indexing='ij') ➡
# 尝试指定为 ij

In [21]: aa3
Out[21]:
array([[0, 0],
       [1, 1],
       [2, 2]])

In [22]: bb3
Out[22]:
array([[0, 4],
       [0, 4],
       [0, 4]])

In [23]: aaa1, bbb1, ccc1 = np.meshgrid(a, b, c, ➡
indexing='xy') # 也同样对三维空间进行确认

In [24]: aaa1
Out[24]:
array([[[0, 0],
        [1, 1],
```

```
         [2, 2]],

        [[0, 0],
         [1, 1],
         [2, 2]]])

In [25]: bbb1
Out[25]:
array([[[0, 0],
        [0, 0],
        [0, 0]],

       [[4, 4],
        [4, 4],
        [4, 4]]])

In [26]: ccc1
Out[26]:
array([[[0, 9],
        [0, 9],
        [0, 9]],

       [[0, 9],
        [0, 9],
        [0, 9]]])
```

In [27]: **aaa2, bbb2, ccc2=np.meshgrid(a, b, c,** ➡
indexing='ij') # 指定 ij

```
In [28]: aaa2
Out[28]:
array([[[0, 0],
        [0, 0]],

       [[1, 1],
        [1, 1]],

       [[2, 2],
        [2, 2]]])
```

```
In [29]: bbb2
Out[29]:
array([[[0, 0],
        [4, 4]],

       [[0, 0],
        [4, 4]],

       [[0, 0],
        [4, 4]]])

In [30]: ccc2
Out[30]:
array([[[0, 9],
        [0, 9]],

       [[0, 9],
        [0, 9]],

       [[0, 9],
        [0, 9]]])
```

● 指定 sparse

接下来，将对参数 **sparse** 进行指定。如果指定为 **True**，就可以生成稀疏网格，达到节约内存空间的目的。

```
In [31]: av, bv=np.meshgrid(a, b, sparse=True) ➡
# 这里会生成向量，类似 av、bv 这样添加后缀 v 是一般的做法

In [32]: av
Out[32]: array([[0, 1, 2]])

In [33]: bv
Out[33]:
array([[0],
       [4]])

In [34]: aav, bbv, ccv=np.meshgrid(a, b, c, sparse=True)
```

\# 在三维空间也可以进行同样的操作

```
In [35]: aav
Out[35]:
array([[[0],
        [1],
        [2]]])

In [36]: bbv
Out[36]:
array([[[0],
        [[4]]])

In [37]: ccv
Out[37]: array([[[0, 9]]])
```

3.9.3　图表的绘制

　　在使用**matplotlib**绘制图表时，使用最多的是**np.meshgrid**函数。接下来将使用这个函数对图表进行绘制。

　　请将清单3.1中的代码保存为文件gridpoint.py并执行，这样可以非常简单地生成网格点。

清单 3.1　gridpoint.py

```
import numpy as np
import matplotlib.pyplot as plt
from mpl_toolkits.mplot3d import Axes3D  # 在绘制三维图表时使用

x = np.linspace(-2,2,100)
y = np.linspace(-2,2,100)

xx, yy = np.meshgrid(x, y)  # 生成网格点的x、y坐标
ret = np.sin(xx**2+yy**2)
def plot1():
    plt.gca().set_aspect('equal', adjustable='box')
# 将图表的宽高比对齐的命令
```

```
    plt.contourf(xx, yy, ret>0, cmap=plt.cm.bone) ➡
# 满足条件ret>0的部分为白色，不满足条件的部分为黑色
    plt.show()

def plot2():
    fig = plt.figure()
    ax = Axes3D(fig)
    ax.plot_wireframe(xx, yy, ret)
    ax.axis("equal")
    plt.show()

plot1()
plot2()
```

请在终端窗口中执行本文件。执行**plot1函数**（参考MEMO），可以绘制出用颜色区分$\sin(x^2 + y^2)$的结果是否大于0的二维图表（见图3.12）。

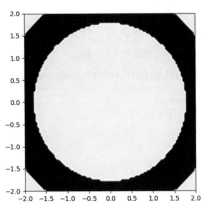

图 3.12　plot1 函数的执行结果

📝 **MEMO**

plot1 函数

　　plt.gca().set_aspect ("equal", adjustable="box") 是在使用**plt.axis ("equal")**无法顺利调整宽高比时使用的命令，其功能与**plt.axis("equal")**相同，用于将图表的宽高比对齐。

plt.contourf 是用于绘制等高线并对颜色进行区分的命令，可以使用 **plt.contourf(X, Y, Z)** 的形式进行指定，但是当需要对这个等高线加上黑白色条纹等颜色时，需要在参数 cmap 中另外进行指定。在这里指定的 plt.cm.bone 可以添加黑白色条纹，除此之外，还有 **autumn** 和 **copper** 等不同参数可以进行指定。

执行 **plot2 函数**（参考 MEMO），可以将 $\sin(x^2 + y^2)$ 绘制成三维的图表（见图 3.13 ）。

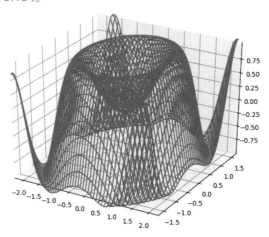

图 3.13　plot2 函数的执行结果

即使是绘制类似上面这样具有非常多的网格点的图表，也可以通过简单的几行代码生成。

 MEMO

plot2 函数

plot2 函数的代码实现与此前的实现方式是不同的。这是因为它的编写方式是符合面向对象编程规范的。它是将需要绘制的图表保存到 fig 对象中，再将其中用于三维绘制的对象保存到 ax 中。所以在进行绘制时，不是使用 **plt.plot**，而是使用 **ax.plot** 完成对图表的绘制。

虽然采用类似 **Axes3D(plt.figure()).plot_wireframe(xx,yy,ret)** 的方式，将所有的调用集中在一行代码中也是可以的，但是为了方便阅读，便于他人理解，所以还是建议使用前面的面向对象的方式编写代码。此外，Axes3D 是使用 matplotlib 绘制三维图表时需要导入的对象，它除了可以绘制用线连接起来的图形之外，还可以实现对散点图等不同类型的图的绘制。

3.10 内积计算函数

由于 NumPy是可以将复杂的科学技术计算在Python中轻松实现的软件库，因此对于基本的矩阵和向量计算都不需要自己实现，可以像使用标准库那样非常简单地进行调用。

点积运算就是其中之一。可以使用np.dot函数，非常简单地实现向量的内积和矩阵乘积的运算。

本节将对如下内容进行讲解。

- 复习向量的内积和矩阵乘积的相关知识
- np.dot的使用方法

3.10.1 数学知识回顾（向量内积和矩阵乘积）

首先，将对向量的内积等基础数学知识进行整理。

● 向量的内积

接下来，回顾一下高中数学中的向量的内积。下面是最简化版的计算各自编号相同的元素的乘积，再将这些乘积相加的标量的公式。设置类似下面的向量 $\vec{a}$ 和 $\vec{b}$ 之后，就可以将内积表示为 $\vec{a} \cdot \vec{b}$。

$$\vec{a} = \begin{pmatrix} a_1 \\ a_2 \\ \vdots \\ a_n \end{pmatrix}, \vec{b} = \begin{pmatrix} b_1 \\ b_2 \\ \vdots \\ b_n \end{pmatrix}$$

$$\vec{a} \cdot \vec{b} = a_1 b_1 + a_2 b_2 + \cdots + a_n b_n$$

● 行向量与列向量的内积

在大学学习的线性代数中，向量可以分为行向量和列向量。而作为计算矩阵乘积的前提条件，从左侧开始相乘的矩阵的列数（横向的元素数量）和从右侧开始相乘的矩阵的行数（纵向的元素数量）必须是一致的。

$$\begin{pmatrix} a_1 a_2 & \cdots & a_n \end{pmatrix} \cdot \begin{pmatrix} b_1 \\ b_2 \\ \vdots \\ b_n \end{pmatrix} = \begin{pmatrix} a_1 b_1 + a_2 b_2 + \cdots + a_n b_n \end{pmatrix}$$

○ 矩阵乘积的示例

将这些向量关联在一起的就是矩阵，如果将结果巧妙地进行组合，还能实现在矩阵和矩阵之间进行乘积的计算。那么，下面就来思考一下矩阵 A 和 B 的乘积运算。

$$A = \begin{pmatrix} a_{11} & a_{12} \\ a_{21} & a_{22} \end{pmatrix}$$

$$B = \begin{pmatrix} b_{11} & b_{12} \\ b_{21} & b_{22} \end{pmatrix}$$

这里的矩阵 A 为 $\vec{a}_1 = (a_{11}, a_{12}), \vec{a}_2 = (a_{21}, a_{22})$

可以将这两个向量看成按纵向连接的向量，而矩阵 B 是由 $\vec{b}_1 = \begin{pmatrix} b_{11} \\ b_{21} \end{pmatrix}$

和 $\vec{b}_2 = \begin{pmatrix} b_{12} \\ b_{22} \end{pmatrix}$ 所组成，所以可以将这两个列向量看成按横向连接的向量。

这里对 A 和 B 的乘积进行计算，可以得到如下结果：

$$A \cdot B = \begin{pmatrix} a_{11}b_{11} + a_{12}b_{21} & a_{11}b_{12} + a_{12}b_{22} \\ a_{21}b_{11} + a_{22}b_{21} & a_{21}b_{12} + a_{22}b_{22} \end{pmatrix}$$

这里计算所得到的结果，就是对之前分解的向量 $\vec{a}_1$，$\vec{a}_2$ 和 $\vec{b}_1$，$\vec{b}_2$ 之间分别计算点积之后得到的结果放入到矩阵的各个元素中。其中，左上的元素是 $\vec{a}_1$ 和 $\vec{b}_1$ 的内积，右上的元素是 $\vec{a}_1$ 和 $\vec{b}_2$ 的内积的计算结果。

3.10.2　关于形状的变化

经过内积运算，矩阵的形状可能会发生变化。

例如，如果将形状为 (2, 3) 的矩阵 A 与形状为 (3, 4) 的矩阵 B 进行内

积 $A \cdot B$ 计算，所生成的矩阵的形状就会是（2, 4）。

$$(2, \underline{3}) \cdot (\underline{3}, 4) \rightarrow (2, 4)$$

类似这样的形状，是不能以 $B \cdot A$ 的形式进行内积计算的。

🔷 3.10.3　np.dot

接下来，将使用 **np.dot** 函数对前面所复习的向量的内积和矩阵乘积的计算方法进行讲解。

np.dot

```
np.dot(a, b, out=None)
```

● np.dot 的参数

np.dot 函数中所使用的参数见表 3.15。

表 3.15　np.dot 的参数

参数名	类　型	概　要
a	array_like（类似数组的对象）	用于指定从左侧开始计算的向量或矩阵（二维数组）
b	array_like（类似数组的对象）	用于指定从右侧开始计算的向量或矩阵（二维数组）
out	ndarray	用于指定保存结果的数组。此时的数组需要与原有数组的数据类型、行数、列数保持一致

● np.dot 的返回值

向量内积的结果或矩阵乘积的结果是以 **ndarray** 或 **matrix** 的形式返回的。第一个参数和第二个参数分别用于指定需要计算内积或乘积的向量或矩阵。

● 计算一维向量的内积

下面将使用实际的代码对函数的使用方法进行确认。

首先，将指定 **ndarray** 并进行计算。

```
In [1]: import numpy as np

In [2]: a = np.array([1, 2])

In [3]: b = np.array([4, 3])

In [4]: np.dot(a, b)  # 首先计算二维向量之间的内积
Out[4]: 10

In [5]: np.dot(a, a)  # 这样设置，向量的范数的平方就表示为计算结果
Out[5]: 5
```

这样，就完成了一维向量内积的计算。结果为 $1 \times 4 + 2 \times 3 = 10$。如果指定相同的值进行计算，结果就会是范数（关于范数，请参考 4.1.4 小节）的平方。

● 加入标量值或复数的计算

np.dot 函数还可以加入标量值进行计算。

```
In [6]: np.dot(4, 5)        # 加入数字也可以进行点积计算
Out[6]: 20
```

此外，还可以对复数进行计算。

```
In [7]: c = np.array([1j, 2j]) # 加入复数进行计算

In [8]: d = np.array([4j, 3j])

In [9]: np.dot(c, d)
Out[9]: (-10+0j)

In [10]: np.dot(a, d)
Out[10]: 10j
```

类似这种情况，除了可以使用 **np.array**，还可以使用 **np.matrix** 进行计算。**np.matrix** 是将 **np.array** 的二维数组进行了再定义的函数，其

行为比较接近矩阵的计算。

● 将 np.array 换成 np.matrix 进行计算

下面将 **np.array** 换成 **np.matrix** 进行计算。此时，是使用列向量还是行向量进行计算，会根据具体情况发生变化，因此需要留意。

```
In [11]: e = np.matrix([1, 2])

In [12]: f = np.matrix([4, 3])

In [13]: np.dot(e, f)    ➡
# 如果使用 np.matrix 进行相同的计算，会发生运行时错误
------------------------------------------------------------
（显示的错误信息）
ValueError: shapes (1,2) and (1,2) not aligned: 2 (dim ➡
1) != 1 (dim 0)

In [14]: f = np.matrix([[4], [3]])    # 将 f 变换成列向量

In [15]: np.dot(e, f)              # 就可以得到相同的计算结果
Out[15]: matrix([[10]])
```

● 计算矩阵乘积

接下来，将对矩阵乘积进行计算。

```
In [16]: a = np.array([[1, 2], [3, 4]])

In [17]: b = np.array([[4, 3], [2, 1]])

In [18]: np.dot(a, b)           # 计算 2×2 的矩阵之间的乘积
Out[18]:
array([[ 8,  5],
       [20, 13]])
```

```
In [19]: np.dot(b, a)  # 将a和b的顺序进行颠倒，返回的矩阵也会不同
Out[23]:
array([[13, 20],
       [ 5,  8]])

In [20]: c = np.arange(9).reshape((3, 3))

In [21]: d = np.ones((3, 3))  # 生成元素为1的3×3的数组

In [22]: np.dot(c, d)         # 3×3的矩阵之间也同样可以计算内积
Out[22]:
array([[  3.,   3.,   3.],
       [ 12.,  12.,  12.],
       [ 21.,  21.,  21.]])
```

如果从左侧开始相乘的矩阵的列数（**axis=1**）和从右侧开始相乘的矩阵的行数（**axis=0**）不一致，是不能顺利进行内积计算的。

```
In [23]: a = np.arange(12).reshape((4, 3))

In [24]: b = np.arange(16).reshape((4, 4))

In [25]: np.dot(a, b) ➡
# a的axis=1与b的axis=0不同，就不能进行计算
----------------------------------------------------------
（显示的错误信息）
ValueError: shapes (4,3) and (4,4) not aligned: 3 (dim ➡
1) != 4 (dim 0)
```

使用 **np.matrix** 函数也可以对矩阵之间的内积进行计算。

```
In [26]: d = np.matrix([[0, 1, 2], [3, 4, 5], [6, 7, 8]])
# 创建将c和d变换成matrix后的矩阵

In [27]: e = np.matrix([[1, 1, 1], [1, 1, 1], [1, 1, 1]])

In [28]: np.dot(d, e)
Out[28]:
matrix([[ 3,  3,  3],
        [12, 12, 12],
        [21, 21, 21]])
```

● 参数 out 的使用方法

下面将对参数 out 的使用方法进行讲解。

使用参数 **out**，需要事先创建用于保存计算结果的数组。

```
In [29]: result = np.zeros((2, 2))  # 事先创建用于保存结果的数组

In [30]: a = np.arange(4).reshape(2, 2)

In [31]: b = np.ones((2, 2))

In [32]: a
Out[32]:
array([[0, 1],
       [2, 3]])

In [33]: np.dot(a, b, out=result)
Out[33]:
array([[ 1.,   1.],
       [ 5.,   5.]])

In [34]: result                    # 确认保存是否完整
Out[34]:
array([[ 1.,   .],
       [ 5.,   5.]])

In [35]: np.dot(b, a, out=result) ➡
# 将输入a与b的顺序进行颠倒，也可以反映出值的变化
Out[35]:
array([[ 2.,   4.],
       [ 2.,   4.]])
```

3.11 计算行列式的函数

NumPy中提供了专门用于行列式计算的linalg.det函数。
本节将对如下内容进行讲解。

● 复习行列式的相关知识
● linalg.det的使用方法

模块linalg是线性代数（linearalgebra）的简称。正如其名称一
样，这个模块中提供了丰富的与线性代数相关的函数。

3.11.1 关于行列式

首先，复习一下线性代数是如何计算行列式的。
行列式一般多用下面的形式表示。

$$|A|$$

$$\det A$$

行列式在使用矩阵计算一般的线性方程式时，可以发挥非常强大
的作用。

此外，使用这个矩阵进行映射时，还可以用于表示映射过后的放大
比例。可以将行列式想象成是矩阵所具有的某个种类的大小。一般公式
是相当复杂的，在这里，只使用2×3和3×3的矩阵对行列式的计算方
法进行举例说明。

假设现有行列式$A = \begin{pmatrix} a_{11} & a_{12} \\ a_{21} & a_{22} \end{pmatrix}$那么，就可以使用如下形式对行列
式进行求解。

$$|A| = a_{11}a_{22} - a_{12}a_{21}$$

这里刚好就是将位于对角线上的元素相乘之后再相减进行计算的。
接下来是对三维矩阵进行计算。如果理解了到目前为止所讲解的

计算方法，之后就可以使用各种各样的定理对四维以上的矩阵的行列式进行计算（关于这部分的内容，请大家参考线性代数的入门书籍中的相关讲解）。

假设现有如下行列式 $A = \begin{pmatrix} a_{11} & a_{12} & a_{13} \\ a_{21} & a_{22} & a_{23} \\ a_{31} & a_{32} & a_{33} \end{pmatrix}$ 那么，就可以使用如下形式对行列式进行求解。

$$|A| = a_{11}a_{22}a_{33} + a_{12}a_{23}a_{31} + a_{13}a_{21}a_{32}$$
$$- a_{11}a_{23}a_{32} - a_{12}a_{21}a_{33} - a_{13}a_{22}a_{31}$$

但是，如果只看公式，多少有些难以理解，用简单的示意图表示，如图3.14所示。

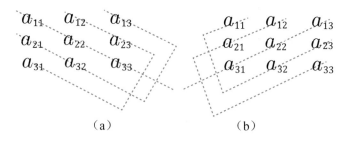

（a）　　　　　　　　　（b）

图 3.14　三维的计算方法

图3.14（a）是相乘的元素的组合，图3.14（b）则是相减的元素的组合。将图3.14与上面的公式对照起来看，应该就能很容易理解其中的含义了。

四维以上的矩阵不存在行列式的公式（参考 MEMO）。

MEMO
四维以上的行列式

在对四维以上的行列式进行计算时，可以先将其转换为低一级维度的行列式的线性结合的形式，反复此操作就可以实现对高维行列式的求解。

◈ 3.11.2　np.linalg.det

接下来，将对函数本身的使用方法进行讲解。

np.linalg.det

```
np.linalg.det(a)
```

◉ np.linalg.det 的参数

np.linalg.det 函数中所使用的参数见表 3.16。

表 3.16　np.linalg.det 的参数

参数名	类　型	概　要
a	类似 shape=(..., M, M) 的数组	用于指定需要计算行列式的矩阵（数组）

◉ np.linalg.det 的返回值

np.linalg.det 返回行列式。

在这里，只允许将需要计算行列式的矩阵作为参数进行指定，返回的值也是对应各自矩阵的行列式。

◉ 计算行列式

下面将对函数的使用方法进行确认。通常是将 **linalg** 模块作为 **LA** 进行导入，在这里将效仿这样的做法。

```
In [1]: import numpy as np

In [2]: import numpy.linalg as LA ➡
# 通常是将 linalg 模块作为 LA 进行导入

In [3]: a = np.array([[2, 3], [4, -1]])

In [4]: a
Out[4]:
```

```
array([[ 2,  3],
       [ 4, -1]])
```

In [5]: **LA.det(a)**   # 计算 a 的行列式
Out[5]: -14.000000000000004

In [6]: **b = np.array([[1, 1], [2, 2]])** # 返回的是 0 行列式

In [7]: **b**
Out[7]:
```
array([[1, 1],
       [2, 2]])
```

In [8]: **LA.det(b)**
Out[8]: 0.0

即使元素是复数，也同样可以进行计算。

In [9]: **c = np.array([[1-1j, 3j], [-3j, 1+2j]])** ➡
元素是复数也没有问题

In [10]: **c**
Out[10]:
```
array([[ 1.-1.j,   0.+3.j],
       [-0.-3.j,   1.+2.j]])
```

In [11]: **LA.det(c)**
Out[11]: (-6+1j)

● 计算三维矩阵的行列式

下面将使用同样的方法对三维矩阵进行计算。

In [12]: **d = np.random.randint(-5, 6, size=(3, 3, 3))**

In [13]: **d**
Out[13]:
```
array([[[-2,  4,  5],
```

```
          [-4,  -4,   2],
          [ 4,  -1,  -1]],

         [[ 0,  -3,  -4],
          [-5,  -1,  -2],
          [ 1,   4,  -2]],

         [[-2,   0,   4],
          [-3,   2,   0],
          [ 4,  -2,  -4]]])

In [14]: LA.det(d)
Out[14]: array([ 104.,   112.,     8.])
```

上述代码显示的是在三维空间中对复数的矩阵进行行列式计算的
方法。

 MEMO

> 参考
>
> ● numpy.linalg.det — NumPy v1.14 Manual - NumPy and SciPy
>   Documentation
> URL https://docs.scipy.org/doc/numpy-1.14.0/reference/generated/
>   numpy.linalg.det.html

3.12 计算矩阵的特征值和特征向量的函数

特征值和特征向量在矩阵的计算中具有十分重要的意义。本节将对如下内容进行讲解。

- 复习特征值和特征向量的相关知识
- np.linalg.eig 的使用方法

⬡ 3.12.1 特征值与特征向量

首先，总结一下特征值和特征向量在线性代数中具有什么样的意义。

特征值和特征向量是对于某个正方矩阵 A，存在标量 λ 和向量 $\vec{x}$ 满足 $A\vec{x} = \lambda\vec{x}$

因此可以将它们分别称为矩阵 A 的特征值和特征向量。

此时，向量 $\vec{x}$ 满足 $\vec{x} = \vec{0}$。上述公式就是特征值和特征向量的定义公式。

这个公式可以理解为，使用正方矩阵 A 对向量 $\vec{x}$ 进行线性变换之后所得到的结果，与向量 $\vec{x}$ 的 λ 倍相等。

通过使用这一特征值和特征向量，还可以实现对矩阵 A 的对角化处理。

例如，假设现有一个 2×2 的正方矩阵 B。

用 λ_1 和 λ_2 来表示它的特征值，用向量 $\vec{x_1}$ 和 $\vec{x_2}$ 分别表示特征值所对应的特征向量。

那么，就可以使用如下的公式生成相应的对角矩阵。

$$\begin{pmatrix} \lambda_1 & 0 \\ 0 & \lambda_2 \end{pmatrix} = \begin{bmatrix} \vec{x_1} & \vec{x_2} \end{bmatrix}^{\mathrm{T}} B \begin{pmatrix} \vec{x_1} & \vec{x_2} \end{pmatrix}$$

在统计学中，矩阵的特征值和特征向量可用于主成分分析（参考 MEMO）。

MEMO

统计学的主成分分析

　　主成分分析是从形状为 $n \times n$ 的多维数据中，将按照特征值从大到小的顺序选取的特征向量相乘，并生成元素是按照方差由小到大顺序排列而成的矩阵，以达到删除维数目的的一种方法。虽然这是比较古老的方法，但是在机器学习的领域中却频繁地被用于维数的删除操作。

3.12.2　特征值和特征向量的计算方法

接下来将尝试对特征值和特征向量进行计算。

首先，将 I 作为单位矩阵，将刚才的特征值和特征向量的定义公式变形为如下形式：

$$(A - \lambda I)\vec{x} = \vec{0}$$

由于 $\vec{x} = \vec{0}$，因此如果上述公式成立，则必须满足如下条件：

$$(A - \lambda I) = \vec{0}$$

因此，λ 可表示为如下公式：

$$\det(A - \lambda I) = 0$$

对上述公式求解，就能得到与 A 的元素数量所对应的 λ。

因此，将上述公式代入到如下公式中，即可得到特征向量 $\vec{x}$ 的值。

$$(A - \lambda I)\vec{x} = \vec{0}$$

3.12.3　np.linalg.eig

下面将对函数的使用方法进行确认。

np.linalg.eig

```
np.linalg.eig(a)
```

● np.linalg.eig 的参数

np.linalg.eig 函数中所使用的参数见表 3.17。

表 3.17　np.linalg.eig 的参数

参数名	类　型	概　要
a	类似 shape=(..., M, M) 的数组	用于指定需要计算特征值和特征向量的数组

● np.linalg.eig 的返回值

np.linalg.eig 函数中所使用的返回值见表 3.18。

表 3.18　np.linalg.eig 的返回值

参数名	类　型	概　要
w	shape=(...,M) 的数组	用于返回包含各个矩阵的特征值的数组
v	shape=(...,M,M) 的数组	用于返回包含各个矩阵的特征向量的数组

参数只用于指定需要计算特征值或特征向量的矩阵。这个函数将返回包含特征值和特征向量的两个数组。

● 计算特征值和特征向量

接下来将对这个函数的使用方法进行讲解。

通常将 **linalg** 模块作为 **LA** 进行导入，在这里同样使用这一做法。

它的使用方法本身并不复杂，因此可以很容易掌握。

```
In [1]: import numpy as np


In [2]: import numpy.linalg as LA ➡
# 将 linalg 模块作为 LA 进行导入


In [3]: a = np.array([[1, 0], [0, 2]]) ➡
# 首先从容易理解的对角矩阵开始计算


In [4]: a
Out[4]:
```

```
array([[1, 0],
       [0, 2]])

In [5]: LA.eig(a)
Out[5]:
(array([ 1.,   2.]), array([[ 1.,   0.],
       [ 0.,   1.]]))

In [6]: b = np.array([[2, 5], [3, -8]])  ➡
# 然后对这个矩阵的特征值和特征向量进行计算

In [7]: b
Out[7]:
array([[ 2,   5],
       [ 3,  -8]])

In [8]: LA.eig(b)
Out[8]:
(array([ 3.32455532, -9.32455532]),  ➡
array([[ 0.96665615, -0.40390206],
       [ 0.25607791,  0.91480224]]))
```

● 使用3×3的矩阵进行计算

接下来，尝试使用3×3的矩阵进行计算。

```
In [9]: c = np.random.randint(-10, 10, size=(3, 3))  ➡
# 尝试使用3×3的矩阵
In [10]: w,v = LA.eig(c)  ➡
# 这种情况下，w相当于特征值，v相当于特征向量

In [11]: w
Out[11]: array([-8.0602555+8.60578754j,  ➡
-8.0602555-8.60578754j,  9.1205110+0.j          ])

In [12]: v
Out[12]:
array([[-0.03461219-0.64256553j,  ➡
-0.03461219+0.64256553j, -0.35214563+0.j         ],
```

```
           [-0.09795961+0.0259147j , ➡
 -0.09795961-0.0259147j ,  0.84471803+0.j         ],
           [ 0.75871198+0.j             , ➡
 0.75871198-0.j        ,  0.40304454+0.j         ]])
```

● 使用三维数组进行计算

　　最后，将使用三维数组进行计算。由于是在 $3 \times 3 \times 3$ 的三维维度中进行计算，因此可以分别对3个 3×3 的矩阵的特征值和特征向量进行求解。

```
In [13]: c = np.random.randint(-10, 10, size=(3, 3, 3)) ➡
# 尝试使用3×3的矩阵

In [14]: c
Out[14]:
array([[[ -9,    8,    3],
        [  5,   -7,   -5],
        [ -2,   -5,  -10]],

       [[ -4,    1,    3],
        [  4,    4,   -7],
        [  6,  -10,    8]],

       [[ -2,  -10,    9],
        [-10,   -5,    6],
        [ -1,   -7,    6]]])

In [15]: w,v = LA.eig(c)

In [16]: w
Out[16]:
array([[ -0.2673092 ,  -9.96437556, -15.76831524],
       [ -7.77546211,   0.99173271,  14.78372941],
       [ -9.38894407,   8.64759105,  -0.25864697]])

In [17]: v
Out[17]:
array([[[-0.50024276, -0.75779025, -0.7838022 ],
```

```
   [-0.72410553,  0.30721753,  0.5773647 ],
   [ 0.47479297, -0.57564862,  0.22870093]],

  [[-0.60434906,  0.47362558,  0.10874716],
   [ 0.54869006,  0.67807261, -0.5125509 ],
   [ 0.57766897,  0.56204657,  0.8517427 ]],

  [[-0.5518307 , -0.76856194,  0.14126629],
   [-0.74501578,  0.31945109,  0.64855228],
   [-0.37474574, -0.55431359,  0.74794637]]])
```

 MEMO

参考

● numpy.linalg.eig — NumPy v1.14 Manual - NumPy and SciPy
  Documentation

  URL https://docs.scipy.org/doc/numpy-1.14.0/reference/generated/
  numpy.linalg.eig.html

3.13 计算矩阵的秩的函数

矩阵中存在名为秩（rank）的矩阵的特征。NumPy中提供了专门用于计算矩阵的秩的函数。

本节将对如下内容进行讲解。

- 秩的性质与秩的计算方法
- np.linalg.matrix_rank的使用方法

🔷 3.13.1 矩阵的秩

所谓矩阵的秩（rank），是指"某个矩阵A中所包含的行（列）向量可用多少个向量的线性组合来表示"。当然，还有其他的一些定义方式，类似于矩阵本身所具有的某种维度的意思。此外，还包含诸如使用这一矩阵所映射的空间的基底向量的数量等其他含义。

本书将对矩阵的秩的一种计算方法进行介绍。使用矩阵的行初等变换实现。这个方法在求取矩阵的逆矩阵时也会使用到。

关于逆矩阵（np.linalg.inv）的知识将在3.14节中进行讲解。

矩阵的行初等变换可按照如下顺序进行求解。

- 将特定的行乘以非零数倍
- 将某两行的元素进行互换
- 将某一行的非零数倍与另一行相加

使用上述初等变换，将对象元素从左上角开始转换为1，计算出起始于左上角的单位矩阵。当这一操作执行到极限位置时，所得到的单位矩阵的维数就是这个矩阵的秩（rank）。

接下来，可以通过一个具体的例子来理解上述内容。假设现有一个4×5的矩阵A。

$$A = \begin{pmatrix} 1 & 1 & 4 & 0 & 1 \\ 0 & 3 & 1 & 3 & 2 \\ 1 & 3 & 0 & 0 & 1 \\ 2 & 4 & 3 & 1 & 1 \end{pmatrix}$$

首先，使用矩阵初等变换对这一矩阵进行变形。

$$\rightarrow \boxed{1} \begin{pmatrix} 1 & 1 & 4 & 0 & 1 \\ 0 & 1 & \frac{1}{3} & 1 & \frac{2}{3} \\ 0 & 2 & -4 & 0 & 0 \\ 0 & 2 & -5 & 1 & -1 \end{pmatrix} \rightarrow \boxed{2} \begin{pmatrix} 1 & 0 & \frac{11}{3} & -1 & \frac{1}{3} \\ 0 & 1 & \frac{1}{3} & 1 & \frac{2}{3} \\ 0 & 0 & -\frac{14}{3} & -2 & -\frac{4}{3} \\ 0 & 0 & -\frac{17}{3} & -1 & -\frac{7}{3} \end{pmatrix}$$

$$\rightarrow \boxed{3} \begin{pmatrix} 1 & 0 & \frac{11}{3} & -1 & \frac{1}{3} \\ 0 & 1 & \frac{1}{3} & 1 & \frac{2}{3} \\ 0 & 0 & 1 & \frac{3}{7} & \frac{2}{7} \\ 0 & 0 & -\frac{17}{3} & -1 & -\frac{7}{3} \end{pmatrix} \rightarrow \boxed{4} \begin{pmatrix} 1 & 0 & 0 & -\frac{18}{7} & -\frac{5}{7} \\ 0 & 1 & 0 & \frac{6}{7} & \frac{4}{7} \\ 0 & 0 & 1 & \frac{3}{7} & \frac{2}{7} \\ 0 & 0 & 0 & \frac{10}{7} & -\frac{5}{7} \end{pmatrix}$$

$$\rightarrow \boxed{5} \begin{pmatrix} 1 & 0 & 0 & -\frac{18}{7} & -\frac{5}{7} \\ 0 & 1 & 0 & \frac{6}{7} & \frac{4}{7} \\ 0 & 0 & 1 & \frac{3}{7} & \frac{2}{7} \\ 0 & 0 & 0 & 1 & -\frac{1}{2} \end{pmatrix} \rightarrow \boxed{6} \begin{pmatrix} 1 & 0 & 0 & 0 & -2 \\ 0 & 1 & 0 & 0 & 1 \\ 0 & 0 & 1 & 0 & \frac{1}{2} \\ 0 & 0 & 0 & 1 & -\frac{1}{2} \end{pmatrix}$$

● $\boxed{1}$

将第二行元素乘以$\frac{1}{3}$。

从第三行元素中减去一倍的第一行元素的值。

从第四行元素中减去两倍的第一行元素的值。

● $\boxed{2}$

第一行元素中减去一倍的第二行元素的值。

从第三行元素中减去两倍的第二行元素的值。

从第四行元素中减去两倍的第二行元素的值。

● $\boxed{3}$

将第三行元素乘以 $-\dfrac{3}{14}$。

● $\boxed{4}$

从第一行元素中减去 $\dfrac{11}{3}$ 倍的第三行元素的值。

从第二行元素中减去 $\dfrac{1}{3}$ 倍的第三行元素的值。

从第四行元素中减去 $-\dfrac{17}{3}$ 倍的第三行元素的值。

● $\boxed{5}$

将第四行元素乘以 $\dfrac{7}{10}$。

● $\boxed{6}$

从第一行元素中减去 $-\dfrac{18}{7}$ 倍的第四行元素的值。

从第二行元素中减去 $\dfrac{6}{7}$ 倍的第四行元素的值。

从第三行元素中减去 $\dfrac{3}{7}$ 倍的第四行元素的值。

对于上述计算，请大家一定要亲自动手用纸和笔算一下。

经过上述操作后，可以看到最终的矩阵中出现了一个四阶单位矩阵。由此可知，此矩阵的秩就为4。也就是说，使用这个矩阵 A 的4个列向量 $\vec{a_1}$、$\vec{a_2}$、$\vec{a_3}$、$\vec{a_4}$ 进行线性组合就可以表示出这个矩阵中的每一行数据。

上面介绍的是一种对矩阵的秩进行手工计算的方法。虽然还有其他不同的求解方法，在这里就不再一一赘述了。

3.13.2　np.linalg.matrix_rank

　　前面已经介绍过，使用NumPy可以简单地实现对矩阵的秩的求解。下面将对计算矩阵的秩的 **np.linalg.matrix_rank** 函数的使用方法进行介绍。

　　这个函数内部在计算矩阵的秩时，使用的并非是之前所使用的方法，而是使用所谓的奇异值分解（singular value decomposition，SVD），对所谓的奇异值进行计算，并根据奇异值的数量与矩阵的秩相等这一特性得到最终的结果。关于奇异值的计算这里不再赘述。

np.linalg.matrix_rank

```
np.linalg.matrix_rank(M, tol=None, hermitian=False)
```

● np.linalg.matrix_rank 的参数

　　np.linalg.matrix_rank 函数中所使用的参数见表3.19。

表3.19　np.linalg.matrix_rank 的参数

参数名	类　型	概　要
M	类似 {(M,) 或 (…, M, N) 的 shape} 的数组	需要计算秩（rank）的向量（一维数组）或矩阵（二维数组）
tol	None 或 float	（可以省略）初始值为None，用于指定在计算秩时，被当作0的元素的阈值
hermitian	bool 值	（可以省略）初始值为False。将M当作厄米特矩阵（参考MEMO）对矩阵的秩进行计算。这一设置可以提高函数的执行效率

 MEMO

厄米特矩阵

　　所谓厄米特矩阵，是指对矩阵中的每个元素取其共轭复数所得到的矩阵与将原有矩阵进行转置所得到的结果完全相同的一种矩阵。当所有的元素都为实数时，所有元素都是以对角元素为分界线对称排列的矩阵。

● np.linalg.matrix_rank 的返回值

np.linalg.matrix_rank 返回所指定的矩阵或向量的秩（rank）。

这个函数只有两个参数。

第一个参数用于指定需要计算秩（rank）的向量或矩阵；第二个参数用于指定在执行 SVD 运算时，得到的奇异值被当作零值处理的阈值。

至于第二个参数，即使不特别进行指定，NumPy 也会自动地设置默认数值并进行计算，通常都不需要对其进行指定。

● 计算矩阵的秩

接下来，将使用实际的代码对此函数的使用方法进行确认。由于只需在参数中指定需要计算秩（rank）的矩阵，因此调用是非常简单的。

首先，对刚刚通过手动计算的矩阵 *A* 的秩进行确认。

```
In [1]: import numpy as np

In [2]: A = np.array([[1, 1, 4, 0, 1],
   ...: [0, 3, 1, 3, 2],
   ...: [1, 3, 0, 0, 1],
   ...: [2, 4, 3, 1, 1]])          # 定义矩阵A

In [3]: np.linalg.matrix_rank(A)   # 确认矩阵的秩
Out[3]: 4
```

● 使用其他的矩阵进行计算

下面将尝试使用其他的矩阵进行计算。在这里，让秩逐渐减少。

```
In [4]: B = np.array([
   ...: [1, 2, 3, 0],
   ...: [2, 4, 6, 0],
   ...: [1, 0, 1, 2],
   ...: [1, 0, 0, 3]])             # 使第一行与第二行的值的比值相等

In [5]: np.linalg.matrix_rank(B)   # 计算矩阵的秩
Out[5]: 3
```

MEMO

参考

● numpy.linalg.matrix_rank — NumPy v1.14 Manual - NumPy and
SciPy Documentation

URL https://docs.scipy.org/doc/numpy-1.14.0/reference/generated/
numpy.linalg.matrix_rank.html

✎ 读书笔记

3.14 计算逆矩阵的函数

逆矩阵是线性代数中最为基础的概念之一。逆矩阵不仅在机器学习的领域中应用广泛，在其他领域中也是经常需要使用到的概念。

在 NumPy 中也提供了用于计算逆矩阵的 linalg.inv 函数。

本节将对如下内容进行讲解。

- 复习逆矩阵的相关知识
- linalg.inv 的使用方法

3.14.1　何谓逆矩阵

所谓逆矩阵，是指若有矩阵 A，则 A 的逆矩阵可表示为如下形式：

$$A^{-1}$$

这个矩阵具有如下的特性：

$$AA^{-1} = I$$

此时，I 为单位矩阵。将与原有的矩阵相乘会得到单位矩阵的矩阵称为该矩阵的逆矩阵。

不是所有的矩阵都存在对应的逆矩阵。

$$\det A \neq 0$$

如果矩阵不满足上述条件，是不会有逆矩阵的。$\det A$ 表示 A 的行列式。

3.14.2　逆矩阵的计算方法

● 2×2 的矩阵

首先，将对 2×2 的正方矩阵进行确认。

假设现有矩阵 $A = \begin{pmatrix} a_{11} & a_{12} \\ a_{21} & a_{22} \end{pmatrix}$。那么 $A^{-1} = \dfrac{1}{\det A}\begin{pmatrix} a_{22} & -a_{21} \\ -a_{12} & a_{11} \end{pmatrix}$

就是它的逆矩阵。将其中的对角线元素进行互换，并将右上和左下的元素乘以−1，就生成了矩阵的逆矩阵。

对于 3×3 以上矩阵的逆矩阵进行求解的方法大致可分为两类。

○ 余因子的运用

假设矩阵 A 的余因子是 B_{ij}，那么 B_{ij} 就是从 A 中去掉第 i 行和第 j 列中的元素后所得到的新的矩阵 B 的行列式 $\det B$。

使用原有矩阵的行列式除以这个余因子再乘以 $(-1)^{i+j}$ 得到的就是逆矩阵的元素，可表示为如下公式：

$$A_{ij}^{-1} = \frac{(-1)^{i+j}B_{ij}}{\det A}$$

如果要计算 3×3 矩阵的逆矩阵，就需要对 A 和9个余因子进行求解，一共需要进行10次行列式运算。

○ 矩阵初等变换的运用（扫除法）

这个方法是将矩阵 A 与单位矩阵并排放置组成新的矩阵（AI），并对其进行初等变换操作使 A 最终变为单位矩阵。

最后得到的 I 的部分就会变成 A^{-1} 的逆矩阵的形式。

关于初等行变换的知识在3.13节中也有介绍。

● 将特定的行乘以非零数倍
● 将某两行的元素进行互换
● 将某一行的非零数倍与另一行相加

以上就是矩阵的3种初等变换操作。

此外，还有其他求取逆矩阵的方法和算法，但不在此进行赘述（参考MEMO）。

MEMO

其他逆矩阵的计算方法

　　其他可用于计算逆矩阵的算法还包括LU分解法、奇异值分解法以及高斯
–若尔当法等。

📦 3.14.3　np.linalg.inv

　　已经了解了逆矩阵的概要，接下来将实际对其进行运用。

　　首先，将使用 **np.linalg.inv** 函数。

np.linalg.inv

```
np.linalg.inv(a)
```

● np.linalg.inv 的参数

　　np.linalg.inv 函数中所使用的参数见表3.20。

表 3.20　np.linalg.inv 的参数

参数名	类　型	概　要
a	(···,M,M)shape 的数组	用于指定需要计算逆矩阵的矩阵

● np.linalg.inv 的返回值

　　np.linalg.inv 返回所指定矩阵的逆矩阵 ［ **shape=(···,M,M)** ］。

　　由于只需要指定一个参数，所以其使用方法是非常简单的。但是有
一个地方需要注意，这个函数只能用于计算正方矩阵的逆矩阵。所谓正
方矩阵，是指行数和列数相等的矩阵。

● 计算 2×2 矩阵的逆矩阵

　　下面将使用实际的代码进行计算。首先从 2×2 的矩阵开始计算。

```
In [1]: import numpy as np

In [2]: a = np.random.randint(-9, 10, size=(2, 2)) ➡
# 首先从 2×2 的矩阵开始计算

In [3]: a
Out[3]:
array([[-4,  2],
       [ 7,  2]])

In [4]: np.linalg.inv(a)              # 计算逆矩阵
Out[4]:
array([[-0.09090909,  0.09090909],
       [ 0.31818182,  0.18181818]])

In [5]: np.dot(a, np.linalg.inv(a)) ➡
# 计算乘积并确认其是否会变成单位矩阵
Out[5]:
array([[  1.00000000e+00,  -5.55111512e-17],
       [  1.11022302e-16,   1.00000000e+00]])
```

● 计算 3×3 矩阵的逆矩阵

接下来将对 3×3 的矩阵进行计算。

```
In [6]: b = np.random.randint(-10, 10, size=(3, 3)) ➡
# 接下来对 3×3 的矩阵进行计算

In [7]: b
Out[7]:
array([[ 8, -6,  6],
       [-7, -1, -8],
       [-7,  1,  3]])

In [8]: c = np.linalg.inv(b)
```

```
In [9]: c
Out[9]:
array([[-0.00988142, -0.04743083, -0.10671937],
       [-0.15217391, -0.13043478, -0.04347826],
       [ 0.02766798, -0.06719368,  0.09881423]])
```

```
In [10]: np.dot(b, c)          # 计算乘积
Out[10]:
array([[  1.00000000e+00,   0.00000000e+00,  ➡
          0.00000000e+00],
       [  1.11022302e-16,   1.00000000e+00,  ➡
          0.00000000e+00],
       [ -5.55111512e-17,   1.11022302e-16,  ➡
          1.00000000e+00]])
```

```
In [11]: np.dot(c, b)  # 即使顺序颠倒，其计算结果也基本不会发生变化
# （因为除了对角线上的元素之外，其他的值的大小几乎等于零。e-17表示10的
# -17次方）
Out[11]:
array([[  1.00000000e+00,   1.38777878e-17,  ➡
          1.66533454e-16],
       [  8.32667268e-17,   1.00000000e+00,  ➡
          1.38777878e-16],
       [  0.00000000e+00,   5.55111512e-17,  ➡
          1.00000000e+00]])
```

● 一次性计算多个矩阵的逆矩阵

接下来，将尝试一次性对多个矩阵的逆矩阵进行计算。

尝试对4个3×3的矩阵的逆矩阵一起进行计算。

```
In [12]: d = np.random.randint(-10, 10, size=(4, 3, 3))  ➡
# 4个3×3的矩阵
```

```
In [13]: d
Out[13]:
array([[[  1,   1,  -7],
        [  1,  -8,  -9],
        [  2, -10,  -3]],
```

```
      [[  2,    3,   -9],
       [  7,    7,    1],
       [ -5,    8,    7]],

      [[ -8,    5,    5],
       [ -7,    4,   -8],
       [ -1,    4,    4]],

      [[  7,    0,    8],
       [  1,   -5,    9],
       [ -3,    4,   -9]]])
```

In [14]: **e = np.linalg.inv(d)**   # 计算逆矩阵

In [15]: **e**
Out[15]:
```
array([[[ 0.53658537, -0.59349593,  0.52845528],
        [ 0.12195122, -0.08943089, -0.01626016],
        [-0.04878049, -0.09756098,  0.07317073]],

       [[-0.04560623,  0.10344828, -0.07341491],
        [ 0.06006674,  0.03448276,  0.07230256],
        [-0.10122358,  0.03448276,  0.00778643]],

       [[-0.14814815, -0.        ,  0.18518519],
        [-0.11111111,  0.08333333,  0.30555556],
        [ 0.07407407, -0.08333333, -0.00925926]],

       [[-0.36      , -1.28      , -1.6       ],
        [ 0.72      ,  1.56      ,  2.2       ],
        [ 0.44      ,  1.12      ,  1.4       ]]])
```

In [16]: **np.dot(d, e)**   # 尝试计算乘积
Out[16]:
```
array([[[[  1.00000000e+00,   0.00000000e+00, ➡
           0.00000000e+00],
         [  7.23025584e-01,  -1.03448276e-01, ➡
          -5.56173526e-02],
```

```
       [ -7.77777778e-01,   6.66666667e-01, ➡
         5.55555556e-01],
       [ -2.72000000e+00,  -7.56000000e+00, ➡
         -9.20000000e+00]],


      [[  5.55111512e-17,   1.00000000e+00, ➡
        -2.22044605e-16],
       [  3.84872080e-01,  -4.82758621e-01, ➡
        -7.21913237e-01],
       [  7.40740741e-02,   8.33333333e-02, ➡
        -2.17592593e+00],
       [ -1.00800000e+01,  -2.38400000e+01, ➡
        -3.18000000e+01]],


      [[  1.11022302e-16,   0.00000000e+00, ➡
         1.00000000e+00],
       [ -3.88209121e-01,  -2.41379310e-01, ➡
        -8.93214683e-01],
       [  5.92592593e-01,  -5.83333333e-01, ➡
        -2.65740741e+00],
       [ -9.24000000e+00,  -2.15200000e+01, ➡
        -2.94000000e+01]]],



     [[[  1.87804878e+00,  -5.77235772e-01, ➡
         3.49593496e-01],
       [  1.00000000e+00,   0.00000000e+00, ➡
        -1.38777878e-17],
       [ -1.29629630e+00,   1.00000000e+00, ➡
         1.37037037e+00],
       [ -2.52000000e+00,  -7.96000000e+00, ➡
        -9.20000000e+00]],


      [[  4.56097561e+00,  -4.87804878e+00, ➡
         3.65853659e+00],
       [  0.00000000e+00,   1.00000000e+00, ➡
        -7.80625564e-18],
       [ -1.74074074e+00,   5.00000000e-01, ➡
         3.42592593e+00],
       [  2.96000000e+00,   3.08000000e+00, ➡
         5.60000000e+00]],
```

```
 [[ -2.04878049e+00,   1.56910569e+00, ➡
    -2.26016260e+00],
  [  1.11022302e-16,  -1.11022302e-16, ➡
     1.00000000e+00],
  [  3.70370370e-01,   8.33333333e-02, ➡
     1.45370370e+00],
  [  1.06400000e+01,   2.67200000e+01, ➡
     3.54000000e+01]]],


 [[[ -3.92682927e+00,   3.81300813e+00, ➡
     -3.94308943e+00],
   [  1.59065628e-01,  -4.82758621e-01, ➡
      9.87764182e-01],
   [  1.00000000e+00,   0.00000000e+00, ➡
     -1.38777878e-17],
   [  8.68000000e+00,   2.36400000e+01, ➡
      3.08000000e+01]],

  [[ -2.87804878e+00,   4.57723577e+00, ➡
     -4.34959350e+00],
   [  1.36929922e+00,  -8.62068966e-01, ➡
      7.40823137e-01],
   [  0.00000000e+00,   1.00000000e+00, ➡
     -1.11022302e-16],
   [  1.88000000e+00,   6.24000000e+00, ➡
      8.80000000e+00]],

  [[ -2.43902439e-01,  -1.54471545e-01, ➡
     -3.00813008e-01],
   [ -1.19021135e-01,   1.72413793e-01, ➡
      3.93770857e-01],
   [  0.00000000e+00,   0.00000000e+00, ➡
      1.00000000e+00],
   [  5.00000000e+00,   1.20000000e+01, ➡
      1.60000000e+01]]],
 [[[  3.36585366e+00,  -4.93495935e+00, ➡
      4.28455285e+00],
   [ -1.12903226e+00,   1.00000000e+00, ➡
     -4.51612903e-01],
```

```
     [ -4.44444444e-01,  -6.66666667e-01, ➡
        1.22222222e+00],
     [  1.00000000e+00,   0.00000000e+00, ➡
        1.77635684e-15]],

    [[ -5.12195122e-01,  -1.02439024e+00, ➡
        1.26829268e+00],
     [ -1.25695217e+00,   2.41379310e-01, ➡
       -3.64849833e-01],
     [  1.07407407e+00,  -1.16666667e+00, ➡
       -1.42592593e+00],
     [  4.44089210e-16,   1.00000000e+00, ➡
       -1.77635684e-15]],

    [[ -6.82926829e-01,   2.30081301e+00, ➡
       -2.30894309e+00],
     [  1.28809789e+00,  -4.82758621e-01, ➡
        4.39377086e-01],
     [ -6.66666667e-01,   1.08333333e+00, ➡
        7.50000000e-01],
     [ -4.44089210e-16,   1.77635684e-15, ➡
        1.00000000e+00]]]])
```

 MEMO

参考

- numpy.linalg.inv – NumPy v1.14 Manual - NumPy and SciPy
  Documentation

  URL https://docs.scipy.org/doc/numpy-1.14.0/reference/generated/
  numpy.linalg.inv.html

3.15 计算外积的函数

在 NumPy 中提供了专门用于计算外积的 np.outer 函数。
本节将对如下内容进行讲解。

● 复习外积的相关知识
● np.outer 的使用方法

◆ 3.15.1 何谓外积

这里将要讲解的外积（outer）不是像高中所学习过的外积（叉积）那样进行计算的，而是指将两个向量的所有元素相乘的张量积。虽然中文名称都是称为外积，但是英语是用 cross product 和 outer 这两种名称进行区分的。cross product 是指直接使用两个向量进行计算；而 outer 则是将两个向量中的元素进行组合并对整体进行乘法计算。

这里所使用的计算方法是直接由函数的名称所确定的，请牢记于心。

正如前文所述，在这个函数中，两个一维向量是作为参数指定的，通过将这两个一维向量的元素相乘，并将由所有相乘的组合所构成的二维数组作为返回值进行返回。在行方向上发生变化的是指定到参数中的第一个向量；在列方向上发生变化的是指定到参数中的第二个向量。

例如，假设现有两个一维向量 a（元素数量为 M）和 b（元素数量为 N）。

$$a = \left(a_0, a_1, \cdots, a_{M-2}, a_{M-1} \right)$$
$$b = \left(b_0, b_1, \cdots, b_{N-2}, b_{N-1} \right)$$

执行 **np.outer(a,b)**，输出的就是一个 $M \times N$ 的二维数组。**np.outer** 中的处理与下列代码的效果是完全一样的。

```
a.reshape(-1,1) * b
```

将 **a** 当作纵向量与 **b** 相乘，就可以使用广播功能，最终输出就是将两个向量中的所有的元素组合进行乘法计算的结果。这就意味着会输出类似下面这样的二维数组。

$$
\begin{pmatrix}
a_0 \times b_0 & a_0 \times b_1 & \dots & a_0 \times b_{N-1} \\
a_1 \times b_0 & a_1 \times b_1 & \dots & a_1 \times b_{N-1} \\
\vdots & \vdots & \ddots & \vdots \\
a_{M-1} \times b_0 & a_{M-1} \times b_1 & \dots & a_{M-1} \times b_{N-1}
\end{pmatrix}
$$

3.15.2　np.outer

接下来，将对 **np.outer** 函数的使用方法进行讲解。

np.outer

```
np.outer(a, b, out=None)
```

● np.outer 的参数

np.outer 函数中所使用的参数见表 3.21。

表 3.21　np.outer 的参数

参数名	类　型	概　要
a	array_like（类似数组的对象，元素数量为 M）	最初输入的向量，这里是指行方向。当指定二维以上的数组时，会自动转换为一维数组
b	array_like（类似数组的对象，元素数量为 N）	第二个输入的向量，这里是指列方向。当指定二维以上的数组时，会自动转换为一维数组
out	$M \times N$ 的数组（ndarray）	（可以省略）初始值为 None，用于指定保存结果的数组

● np.outer 的返回值

np.outer 函数返回的是类似下面的 $M \times N$ 二维数组。

```
out[i, j] = a[i] * b[j]
```

　　在这个函数中指定的参数非常简单，只需要指定用于计算外积的两个向量（可以不是一维向量，但是计算时会被自动转换为一维向量）和保存结果的数组这3个参数即可。第三个参数 **out** 基本上不会使用，因此在这里不再赘述。

● 计算外积

　　np.outer 函数的使用方法一点都不难，接下来将使用实际的代码对函数的使用方法进行确认。

```
In [1]: import numpy as np

In [2]: a = np.array([1, 2, 3, 2, 1])

In [3]: b = np.array([0, 2, 4, 6, 8, 1]) # 创建两个一维数组

In [4]: np.outer(a, b)                    # 计算外积
Out[4]:
array([[ 0,  2,  4,  6,  8, 1],
       [ 0,  4,  8, 12, 16, 2],
       [ 0,  6, 12, 18, 24, 3],
       [ 0,  4,  8, 12, 16, 2],
       [ 0,  2,  4,  6,  8, 1]])

In [5]: a.shape                           # 确认各自的Shape
Out[5]: (5,)

In [6]: b.shape
Out[6]: (6,)

In [7]: np.outer(a, b)                    # 完全变成了 (M,N)
Out[7]:
array([[ 0,  2,  4,  6,  8, 1],
       [ 0,  4,  8, 12, 16, 2],
       [ 0,  6, 12, 18, 24, 3],
       [ 0,  4,  8, 12, 16, 2],
       [ 0,  2,  4,  6,  8, 1]])
```

```
In [8]: np.outer(a, b).shape          # 完全变成了 (M,N)
Out[8]: (5, 6)

In [9]: np.outer(a, b) == a.reshape(-1, 1) * b ➡
# 使用广播功能也可以进行同样的计算
Out[9]:
array([[ True,  True,  True,  True,  True,  True],
       [ True,  True,  True,  True,  True,  True],
       [ True,  True,  True,  True,  True,  True],
       [ True,  True,  True,  True,  True,  True],
       [ True,  True,  True,  True,  True,  True]])
```

● 将二维数组指定为参数

如果将二维数组指定为参数，就会被自动转换为一维数组并进行
计算。

```
In [10]: b = b.reshape(2, -1)

In [11]: c = np.random.randint(0, 5, size=(2, 4))

In [12]: b
Out[12]:
array([[0, 2, 4],
       [6, 8, 1]])

In [13]: c
Out[13]:
array([[1, 4, 4, 0],
       [2, 2, 4, 1]])

In [14]: np.outer(b, c)
Out[14]:
array([[ 0,  0,  0,  0,  0,  0,  0,  0],
       [ 2,  8,  8,  0,  4,  4,  8,  2],
       [ 4, 16, 16,  0,  8,  8, 16,  4],
       [ 6, 24, 24,  0, 12, 12, 24,  6],
       [ 8, 32, 32,  0, 16, 16, 32,  8],
```

```
       [ 1,   4,   4,   0,   2,   2,   4,   1]])
```

In [15]: **np.outer(b.ravel(), c.ravel())** ➡
即使指定转换为一维数组后的数组，其结果也是一样的
Out[15]:
```
array([[ 0,   0,   0,   0,   0,   0,   0,   0],
       [ 2,   8,   8,   0,   4,   4,   8,   2],
       [ 4,  16,  16,   0,   8,   8,  16,   4],
       [ 6,  24,  24,   0,  12,  12,  24,   6],
       [ 8,  32,  32,   0,  16,  16,  32,   8],
       [ 1,   4,   4,   0,   2,   2,   4,   1]])
```

📝 **MEMO**

参考

- numpy.outer– NumPy v1.14 Manual - NumPy and SciPy
  Documentation
  URL https://docs.scipy.org/doc/numpy-1.14.0/reference/generated/
  numpy.outer.html

3.16 计算叉积的函数

> 3.15 节中对计算外积的 np.outer 函数进行了讲解。
>
> 本节将对直接使用两个向量进行叉积（cross product）计算的 np.cross 函数进行讲解。

🔷 3.16.1　何谓叉积

所谓叉积，是指一种可以在三维空间中进行定义的运算。

假设现有三维向量 $\vec{a} = (a_1, a_2, a_3)^T$ 和 $\vec{b} = (b_1, b_2, b_3)^T$。

此时，对叉积进行计算，可以得到如下结果：

$$\vec{a} \times \vec{b} = \begin{pmatrix} a_2 b_3 - a_3 b_2 \\ a_3 b_1 - a_1 b_3 \\ a_1 b_2 - a_2 b_1 \end{pmatrix}$$

如果将公式绘制成图表，可得到如图 3.15 所示的结果。

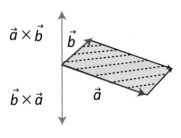

图 3.15　叉积

从几何学角度来看，叉积比较有趣的一点是由叉积所构成的向量的长度，与 $\vec{a}$ 和 $\vec{b}$ 计算所得出的平行四边形的面积是相等的。在进行物理计算时，这一特性是非常便于运用的。

例如，大家所熟知的离心力也可以使用向量表示，如果使用叉积表示，可以用非常简洁的方式表达。

此外，如果更改叉积的计算顺序，就会得到正负颠倒的反向向量。

3.16.2　np.cross

通过前面的讲解，相信大家已经对叉积有了一定程度的理解，接下来将对**np.cross**函数的使用方法进行讲解。

np.cross

```
np.cross(a, b, axisa=-1, axisb=-1, axisc=-1, axis=None)
```

● np.cross 的参数

np.cross 函数中所使用的参数见表 3.22。

表 3.22　np.cross 的参数

参数名	类　型	概　要
a	array_like（类似数组的对象）	用于指定计算叉积时，首先需要相乘的向量
b	array_like（类似数组的对象）	用于指定计算叉积时，第二个需要相乘的向量
axisa	整数（int）	（可以省略）初始值为 -1。计算叉积时，指定使用哪个坐标轴方向的向量作为最初的向量
axisb	整数（int）	（可以省略）初始值为 -1。计算叉积时，指定使用哪个坐标轴方向的向量作为第二个的向量
axisc	整数（int）	（可以省略）初始值为 -1。用于指定作为输出结果的叉积的向量保存到哪个坐标轴方向
axis	整数（int）	（可以省略）初始值为 None。如果指定这个参数，axisa、axisb、axisc 所指定的值将全部被覆盖

● np.cross 的返回值

np.cross 返回叉积向量。

在这个函数中出现了 **axisa**、**axisb**、**axisc** 这些不存在于其他函数中的参数。它们是在计算叉积时，对使用哪个坐标轴方向的向量进行个别指定的参数。使用这些参数，可以使操作变得极为简便。

但是，如果觉得这些参数不是很好用，可以使用 **transpose** 函数，将需要进行计算的向量成分移动到最后的坐标轴上即可，这样操作也是没有问题的。

然而，需要注意的是，对于叉积，四维以上的向量并没有被定义，如果元素数量（维数）不为2或3，就会返回错误信息。如果维数为2，第三维的部分会被0填充之后再进行计算。

● 使用两个向量计算叉积

接下来将两个向量实际运用到计算中。首先从简单的计算开始进行尝试。

```
In [1]: import numpy as np

In [2]: a = np.array([1, 2, 3])

In [3]: b = np.array([5, 4, 0])

In [4]: np.cross(a, b)      # 首先，在不进行任何指定的情况下尝试执行
Out[4]: array([-12,  15,  -6])

In [5]: c = np.array([-1, 1, 3])

In [6]: d = np.array([2, 3, 3])

In [7]: np.cross(c, d)                # 使用其他的组合进行尝试
Out[7]: array([-6,  9, -5])
```

即使b的元素为(5,4)，其返回的结果也会是一样的。这是因为第三维的部分已经被0填充了。

```
In [8]: b_2 = np.array([5, 4])

In [9]: np.cross(a, b_2)
Out[9]: array([-12,  15,  -6])
```

● 一次性计算多个叉积

下面将对 $a \times b$ 和 $c \times d$ 同时进行计算。使用 **np.vstack** 尝试对数组进行连接之后再进行计算。

```
In [10]: ac = np.vstack((a, c))

In [11]: bd = np.vstack((b, d))      # 在axis=0方向连接

In [12]: ac
Out[12]:
array([[ 1,  2,  3],
       [-1,  1,  3]])

In [13]: bd
Out[13]:
array([[5, 4, 0],
       [2, 3, 3]])

In [14]: np.cross(ac, bd)            # 计算叉积
Out[14]:
array([[-12,  15,  -6],
       [ -6,   9,  -5]])
```

● 使用axisa、 axisb和axisc进行计算

接下来，将使用参数**axisa**、**axisb**和**axisc**进行计算。
首先，将通过改变**ac**形状的方式进行尝试。

```
In [15]: ac_2 = ac.transpose()      # 进行转置

In [16]: ac_2
Out[16]:
array([[ 1, -1],
       [ 2,  1],
       [ 3,  3]])

In [17]: np.cross(ac_2, bd)          # 由于ac和bd的shape是
# 不同的，因此如果不指定axisa或axisb，就会出现运行时错误
----------------------------------------------------------
（显示的错误信息）
ValueError: shape mismatch: objects cannot be broadcast ➡
to a single shape
```

```
In [18]: np.cross(ac_2, bd, axisa=0)  # 因为a和c保存在axis=0
# 方向上，所以指定axisa=0，可以顺利执行代码
Out[18]:
array([[-12,   15,   -6],
       [ -6,    9,   -5]])
```

尝试对 **bd** 也执行同样的操作。

```
In [19]: bd_2 = bd.transpose()
```

```
In [20]: bd_2
Out[20]:
array([[5, 2],
       [4, 3],
       [0, 3]])
```

```
In [21]: np.cross(ac, bd_2, axisb=0)
Out[21]:
array([[-12,   15,   -6],
       [ -6,    9,   -5]])
```

下面将对参数 **axisc** 进行指定。

```
In [22]: np.cross(ac, bd, axisc=1)  # 这里的结果没有发生变化
Out[22]:
array([[-12,   15,   -6],
       [ -6,    9,   -5]])
```

```
In [23]: np.cross(ac, bd, axisc=0)  # 返回经过转置的数组
Out[23]:
array([[-12,   -6],
       [ 15,    9],
       [ -6,   -5]])
```

● 修改参数 axis 的值

最后，将对一次性指定这些参数的 **axis** 值进行修改。

在这里将使用前面生成的 **ac_2** 和 **bd_2**。

```
In [24]: np.cross(ac_2, bd_2, axis=0)
Out[24]:
array([[-12,  -6],
       [ 15,   9],
       [ -6,  -5]])
```

● 元素数量（维数）不一致的场合

如果元素数量（维数）不为2或3，就会返回错误信息。

```
In [25]:np.cross(np.array([1, 1, 1, 1]), ➡
np.array([1, 1, 1, 1]))
--------------------------------------------------------
（显示的错误信息）
ValueError: incompatible dimensions for cross product
(dimension must be 2 or 3)
```

```
In [26]: np.cross(np.array([1]), np.array([1])) ➡
# 即使元素数量为1，也会发生运行时错误
--------------------------------------------------------
（显示的错误信息）
ValueError: incompatible dimensions for cross product
(dimension must be 2 or 3)
```

对于物理问题的解决，叉积起着举足轻重的作用。

如果有想要学习物理（特别是力学）的读者，可以尝试使用叉积简化相应的计算。

3.17 计算卷积积分和移动平均的函数

在NumPy中提供了专门用于计算卷积积分的np.convolve函数。本节将对如下内容进行讲解。

- np.convolve 的使用方法
- 卷积积分

如果读者不是很明白什么是卷积积分，下面会在本节的后半部分进行一些简单的讲解，感兴趣的读者可以参考。

此外，在NumPy中计算移动平均值时，也会经常使用这个函数。通过计算移动平均值，可以在一定程度上消除信号的噪声干扰。

3.17.1 np.convolve

首先，将对 **np.convolve** 函数的使用方法进行讲解。

np.convolve

```
np.convolve(a, v, mode='full')
```

np.convolve 的参数

np.convolve 函数中所使用的参数见表3.23。

表3.23 np.convolve的参数

参数名	类　型	概　要
a	array_like（长度为 N，类似数组的对象）	用于指定第一个一维数组
v	array_like（长度为 M，类似数组的对象）	用于指定第二个一维数组
mode	{'full','valid','same'} 中的任意一个	（可以省略）初始值为full，用于指定加法运算的范围

np.convolve 的返回值

np.convolve 返回包含 **a** 和 **v** 的卷积积分（convolution integral）的运

算结果的数组。

这里的卷积积分是沿着离散的值进行计算的，因此可以表示为如下公式（参考MEMO）。

$$(a*v)[n] = \sum_{m=-\infty}^{\infty} a[m]v[n-m]$$

式中，m的范围可以在函数中进行修改。

 MEMO

SciPy.org的说明

另外请参考官方网站上的说明。

- numpy.convolve–NumPy v1.14 Manual-NumPy and SciPy Documentation：

  URL https://docs.scipy.org/doc/numpy-1.14.0/reference/generated/numpy.convolve.html

也可以说这是在一维空间中执行与在神经网络中所执行的卷积（convolution）（参考MEMO）运算完全相同的操作。

 MEMO

卷积神经网络（convolutional neural network）

所谓卷积神经网络，主要是指一种对图像处理特别有效的神经网络。通过将$k \times k$大小的过滤器与图像中的每一个像素分别进行乘法运算的方式，实现对包含由过滤器所提取出来的特征图像的生成。

○ 关于参数mode

上述卷积积分公式中n的范围是由参数 **mode** 来指定的。每一个mode的处理内容如下。

- full

由于是在 **a** 的范围内对 **v** 的范围进行完全的积分，因此返回的数组的长度为 $N+M-1$。

● same

数组的长度为max(M, N)，元素数量与长度较长的元素数量保持一致。

● valid

对于 **a** 和 **v** 中无法完全重叠的部分，不会被纳入计算结果中。因此，数组的长度为 abs(a–v)+1。

此外，在进行计算时，是将较长数组中的每一个元素与较短数组中的所有元素相乘并对结果进行求和运算。

● 具体的处理

关于具体的处理内容，将按图3.16所示进行简单说明。假设在 **np.convolve** 的参数 **a** 和 **v** 中指定如下 **ndarray** 对象。

```
a = np.array([0, 1, 2, 3, 4, 5])
v = np.array([0.2, 0.8])
```

在指定了上述参数后，将对 **np.convolve** 函数在不同 **mode** 中的区别进行图解说明。

首先希望大家能够注意到，**v** 中元素的顺序在进行处理时会被颠倒过来。原本是 **[0.2, 0.8]** 的顺序，处理时会变成 **[0.8, 0.2]** 这样相反的顺序。

此外，指定 **mode='full'** 和 **mode='same'** 时，前半部分的处理方式是一样的，如图3.16所示。

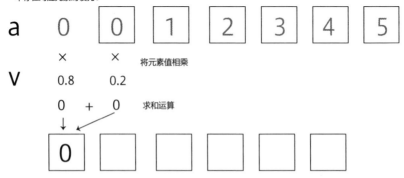

图 3.16　指定 mode='full' 和 mode = 'same' 时①

针对每一个元素执行此项操作（见图3.17和图3.18）。

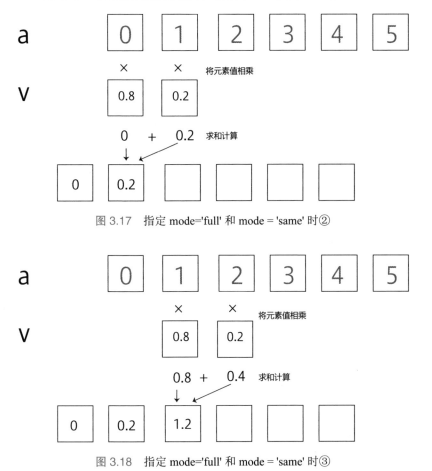

图 3.17　指定 mode='full' 和 mode = 'same' 时②

图 3.18　指定 mode='full' 和 mode = 'same' 时③

最后，**'full'** 和 **'same'** 的行为是不一样的。

首先，从指定 **mode='same'** 开始进行讲解。此时，**v** 不会从 **a** 的元素数量中溢出的状态就是最后的计算，达到了如图3.19所示的状态，就表示处理已经完成了。

图 3.19　指定 mode = 'same' 时

指定 **mode='full'** 时，**v** 走到最后的位置，就结束处理。这种情况下，会有一个元素溢出（见图 3.20）。

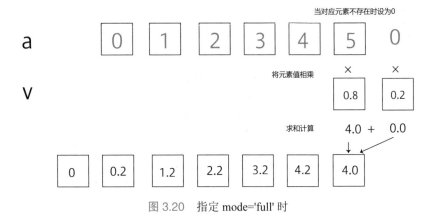

图 3.20　指定 mode='full' 时

接下来，将对指定 **mode='valid'** 参数进行说明。此时，最开始的起始位置是不同的，如图 3.21 所示。

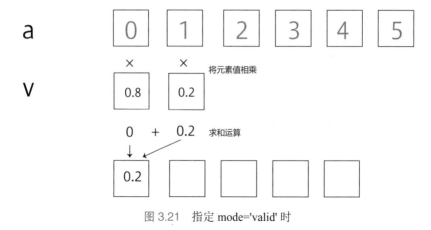

图 3.21　指定 mode='valid' 时

终点与指定 **mode='same'** 参数时相同（见图 3.22）。

图 3.22　mode='valid' 的终点与 mode = 'same' 相同

● 使用 np.convolve 进行计算

接下来，将通过实际的代码确认它们的结果是否相同。

```
In [1]: import numpy as np

In [2]: a = np.array([0, 1, 2, 3, 4, 5])        # 数组a

In [3]: v = np.array([0.2, 0.8])                # 数组v

In [4]: np.convolve(a, v, mode='same')          # 首先从 'same' 开始
```

```
Out[4]: array([ 0. ,  0.2,  1.2,  2.2,  3.2,  4.2])
```

In [5]: **np.convolve(a, v, mode='full')** # 这里是默认设置的状态
```
Out[5]: array([ 0. ,  0.2,  1.2,  2.2,  3.2,  4.2,  4. ])
```

In [6]: **np.convolve(a, v, mode='valid')** ➡
指定mode='valid'的情况
```
Out[6]: array([ 0.2,  1.2,  2.2,  3.2,  4.2])
```

从上述代码中可以看到，它们的结果是一致的。

接下来，将尝试使用移动平均对包含噪声干扰的数据进行平滑化处理。首先，将尝试使用正弦波进行降噪处理（见清单3.1）。

清单 3.1　　sinewave.py

```python
import numpy as np
import matplotlib.pyplot as plt

x = np.linspace(0, 10, 500)
y1 = np.sin(x)                           # 向原有信号中混入噪声
y2 = y1 + np.random.randn(500)*0.3

v = np.ones(5)/5.0 # 设置用于计算移动平均值的数组，这里将对前后5个
                   # 值取平均
y3 = np.convolve(y2, v, mode='same')
# 为了方便绘图，设置为'same'

plt.plot(x, y1, 'k', linestyle='solid', linewidth=2)
plt.plot(x, y2, 'b', linestyle='dotted',linewidth=1)
plt.plot(x, y3, 'b', linestyle='solid', linewidth=2)
plt.show()
```

在终端窗口中执行清单3.1中的代码，所得到的结果可以表示为如图3.23所示的图表。

［终端窗口］

```
$ python sinewave.py
```

从图 3.23 中可以看到，黑色的曲线代表原有的正弦波；蓝色的线条代表混入了噪声的信号；蓝色的虚线代表移动平均值。

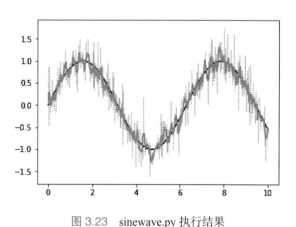

图 3.23　sinewave.py 执行结果

从图 3.23 中可以看到，噪声干扰在一定程度上得到了抑制。

3.17.2　卷积积分

卷积积分是一种主要用于电路控制领域的算法，是根据输入信号计算输出信号时所使用的一种方法。

卷积积分是通过两个函数来表示的。$f(t)$ 和 $g(t)$ 的卷积积分的定义式 $f * g(\tau)$ 可以表示为如下公式：

$$f * g(\tau) = \int f(t)g(\tau - t)dt$$

将上述积分操作称为卷积积分。从解析的角度来说，卷积积分是这样定义的，而在实际的代码中，可以将其理解为由离散值的和所构成的近似公式，这样更便于在实际应用中使用。

$$f * g(x) = \sum_n f(n)g(m - n)$$

话虽如此，其实这两个公式之间本质上并无区别。那么，这个公式应当在什么情况下使用呢？假设用 $f(t)$ 表示输入函数（时刻 t 中包含 $f(t)$ 的输入）；用 $g(t)$ 表示输入的信号在电路中是如何衰减的函数（在本节中，假设它是将 $t=0$ 作为最大值单调减少的函数来进行说明的。此外，为了简化输入前的信号，当 $t<0$ 时，函数满足 $g(t)=0$ ）。

此时，就可以计算 τ 时刻时所输出信号的变化。虽然在较早的时刻输入的信号几乎已经消失，基本上不会在输出信号中被反映出来，但是，最近输入的信号仍然处于比较强的状态。这些信号将会被相加并作为输出信号进行输出。

而进行这一加法运算的就是卷积积分。在音频处理和图像处理中会经常应用这一卷积处理（参考 MEMO）。

MEMO

卷积的运用

    卷积处理常用于声频处理和图像处理领域中的数据平滑化（去除噪声）和边缘检测，通过使用卷积进行处理，可以使声频和图像的信号变得更为清晰。

MEMO

参数

- numpy.convolve – NumPy v1.14 Manual - NumPy and SciPy Documentation

  URL https://docs.scipy.org/doc/numpy-1.14.0/reference/generated/ numpy.convolve.html

第4章　NumPy机器学习编程

　　到目前为止，我们对NumPy的数据结构和函数的相关知识进行了全面和深入的学习。

　　本章将实际运用NumPy技术从零开始构建机器学习应用，并使用学习过的函数进行神经网络和强化学习模型的编程实践。通过对本章的学习，读者将亲身体验一下使用非常简短的代码就能实现强大的人工智能处理的NumPy的魅力所在，并为将来在实验和软件开发中熟练运用本章中所讲解的知识做好准备。而那些抱有"如果只用Numpy，应该做不出什么实用的东西"想法的人，通过对本章的学习，也一定会惊讶于那些自己曾经认为非常难以实现的技术，竟然可以如此简单地实现。

4.1 数组的归一化标准化算法

在机器学习领域中，对数据进行预处理会运用到将数据比例进行对齐的归一化（normalize）处理。

本节将对下列内容进行讲解。

- 归一化处理的方法
- 使用 NumPy 的实现

归一化这一术语在很多领域中都被用到，因此很容易造成理解上的混乱，这里所说的归一化主要是针对数量的处理（其中也包含数学意义上的规范化）。

用于处理数量的归一化方法主要有两种，分别对应不同的用途。

4.1.1 数据的归一化

数据的归一化是指为了使用相同的尺度对不同种类的数据进行度量而采取的规范化处理。

例如，在学校的考试中，英语成绩是 80 分，数学成绩是 60 分。此时，如果仅从分数上判断，很明显英语成绩是不错的，但是如果再看班级内的平均分，英语平均分是 78 分，数学平均分是 30 分。如果标准差都为 10，那么英语成绩的偏差值则只有 52.0，而数学成绩的偏差值却高达 80.0。

经过这样的分析，就可以得出"数学的考试成绩更好"这一正确的结论。

由此可见，即使是不同类型的数据，只要能够将其统一成相同的尺度再进行观察，无论怎样的数据都会变得更加容易衡量。而偏差值也是对数据进行归一化处理的方法之一。

在数据分析领域中，为了让数据更加易于使用，经常采用的归一化方法主要有两种，分别为 z-score normalization 和 min-max normalization，接下来将介绍这两种方法，并对使用 NumPy 编程实现归一化处理的方法进行讲解。

4.1.2　z-score normalization（标准化）

用来计算 z-score 的方法在日语里通常都称为标准化（standardization），具体地说就是将原有数据换算成平均值为 0、标准差为 1 的数据的一种归一化算法。

使用这种算法可以将数据集中的离群值转换为毫无影响力的数据，因此可以说是一种特别适合用于解决离群值问题的算法。

进行这种处理的前提条件是，原有数据集中数据的分布状态必须服从正态分布（参考 MEMO）。

 MEMO

正态分布

所谓正态分布，是指在距离平均值距离较近的地方，可以很容易地观测到相应的数据，而距离平均值越远，观测到相应数据的可能性也越低。因此，在这样的数据分布中，即使出现了预料之外的离群值也是情理之中的事情，所以需要采取相应的归一化处理消除这类数据的影响。

z-score 可以使用下列公式进行计算。

$$x^i_{z\text{-score}} = \frac{x^i - \sigma}{\mu}$$

式中，σ 为平均值；μ 为标准差。

使用 NumPy 实现这个公式，可以得到类似清单 4.1 中所示的代码。

清单 4.1　用 NumPy 实现 z-score 的计算

```
import numpy as np
def zscore(x, axis=None):
    xmean = x.mean(axis=axis, keepdims=True)
    xstd = np.std(x, axis=axis, keepdims=True)
    zscore = (x-xmean)/xstd
    return zscore
```

上面的函数代码，支持多维数组的处理，支持指定 axis 参数。如果不指定 axis 参数，函数就会计算整个数组中元素的平均值和标准差，并对数组中所有的元素进行相同的处理。

相反，如果指定了axis参数，那么函数就会在所指定的坐标轴（axis）方向上对平均值和标准差进行计算。

从用途上区分，可以指定对整个批次的数据进行归一化，也可以指定为以单个样本为单位进行归一化处理。

具体的使用方法可以参考下面的示例代码。

```
In [1]: import numpy as np

In [2]: def zscore(x, axis = None):
   ...:     xmean = x.mean(axis=axis, keepdims=True)
   ...:     xstd = np.std(x, axis=axis, keepdims=True)
   ...:     zscore = (x-xmean)/xstd
   ...:     return zscore

In [3]: a = np.random.randint(10, size=(2, 5))

In [4]: a                          # 生成10个随机数
Out[4]:
array([[3, 1, 0, 3, 5],
       [4, 8, 1, 2, 5]])

In [5]: zscore(a)
Out[5]:
array([[-0.08804509, -0.968496  , -1.40872145, ➡
        -0.08804509,  0.79240582],
       [ 0.35218036,  2.11308218, -0.968496  , ➡
        -0.52827054,  0.79240582]])

In [6]: zscore(a, axis=1)
Out[6]:
array([[ 0.3441236 , -0.80295507, -1.3764944 , ➡
         0.3441236 ,  1.49120227],
       [ 0.        ,  1.63299316, -1.22474487, ➡
        -0.81649658,  0.40824829]])

In [7]: b = zscore(a, axis=1)

In [8]: b.sum(axis=1)
Out[8]: array([  2.22044605e-16,   5.55111512e-17])
```

```
In [9]: b.std(axis=1)
Out[9]: array([ 1.,  1.])
```

 4.1.3　min-max normalization

　　min–max normalization 是使用数据中的最大值和最小值来对数据进行归一化处理的一种算法。

$$x^i_{minmax} = \frac{x^i - \min}{\max - \min}$$

式中，min 为 x 的最小值；max 为 x 的最大值。

　　经过 min-max normalization 算法的处理，数据就被转换成了最大值为 1、最小值为 0 的数据。对于从一开始最大值和最小值的范围就被明确限制的情况来说是非常有效的一种处理方法。这种算法适合用于处理服从均匀分布（参考 MEMO）的数据集（相反，如果存在离群值，其他值之间的差别就可能变得非常小）。

 MEMO

均匀分布

　　在均匀分布中，即使出现了离群值，该值的出现概率与出现在平均值附近的值的概率被认为是一样的，因此离群值对整个数据集的影响是无法忽视的。

　　接下来，将尝试使用 NumPy 来编程实现这个算法（见清单 4.2）。

清单 4.2　　用 NumPy 实现 min-max normalization 算法

```
import numpy as np
def min_max(x, axis=None):
    min = x.min(axis=axis, keepdims=True)
    max = x.max(axis=axis, keepdims=True)
    result = (x-min)/(max-min)
    return result
```

上述代码的具体使用方法如下。

```
In [10]: import numpy as np

In [11]: def min_max(x, axis=None):
    ...:     min = x.min(axis=axis, keepdims=True)
    ...:     max = x.max(axis=axis, keepdims=True)
    ...:     result = (x-min)/(max-min)
    ...:     return result

In [12]: b = np.random.randint(10, size=(2, 5))

In [13]: b
Out[13]:
array([[0, 1, 5, 8, 9],
       [9, 7, 1, 0, 5]])

In [14]: c = min_max(b)

In [15]: c
Out[15]:
array([[ 0.        ,  0.11111111,  0.55555556, ➡
         0.88888889,  1.        ],
       [ 1.        ,  0.77777778,  0.11111111, ➡
         0.        ,  0.55555556]])

In [16]: d = min_max(b, axis=1)

In [17]: d
Out[17]:
array([[ 0.        ,  0.11111111,  0.55555556, ➡
         0.88888889,  1.        ],
       [ 1.        ,  0.77777778,  0.11111111, ➡
         0.        ,  0.55555556]])
```

🔷 4.1.4　向量的归一化

接下来将介绍对数据大小进行归一化处理的方法。向量的大小也称为范数，用这个范数对向量中的各个元素进行除法运算，就能将向量的范数变为1。也就是说，只要理解了范数的计算方法，编程实现是很简单的事情。

NumPy中已经提供了用于简化范数计算的函数，这个函数就是np.linalg.norm。

使用np.linalg.norm函数，只要简单地指定参数就可以实现对矩阵中的范数的计算。在这里，将使用元素的平方和的平方根作为范数进行处理（见清单4.3）。

清单4.3 使用NumPy和np.linalg.norm编程实现归一化算法

```
import numpy as np
def normalize(v, axis=-1, order=2):
    l2 = np.linalg.norm(v, ord=order, axis=axis, ➡
keepdims=True)
    l2[l2==0] = 1
    return v/l2
```

如果在三维数组中，需要以二维数组为单位进行归一化处理，可以使用axis=(1,2)的形式，对需要进行归一化处理的二维数组的两个坐标轴（axis）的编号进行指定。

下面将使用实际的代码进行确认。

```
In [18]: import numpy as np

In [19]: def normalize(v, axis=-1, order=2):
    ...:     l2 = np.linalg.norm(v, ord=order, ➡
            axis=axis, keepdims=True)
    ...:     l2[l2==0] = 1
    ...:     return v/l2

In [20]: a = np.array([1, 2, 3, 2, 1])

In [21]: b = normalize(a)

In [22]: b
Out[22]: array([ 0.22941573,  0.45883147,  0.6882472 , ➡
                 0.45883147,  0.22941573])

In [23]: (b*b).sum()
Out[23]: 0.99999999999999967

In [24]: c = np.random.randint(10, size=(3,4))
```

```
In [25]: c
Out[25]:
array([[7, 9, 9, 6],
       [4, 3, 4, 2],
       [8, 2, 2, 1]])
```

```
In [26]: d = normalize(c, axis=None) ➡
# 对所有的元素进行归一化处理
```

```
In [27]: d
Out[27]:
array([[ 0.3821709 ,  0.49136258,  0.49136258, ➡
         0.32757506],
       [ 0.21838337,  0.16378753,  0.21838337, ➡
         0.10919169],
       [ 0.43676674,  0.10919169,  0.10919169, ➡
         0.05459584]])
```

```
In [28]: (d*d).sum()
Out[28]: 1.0879576993800013
```

```
In [29]: e = normalize(c, axis=1)
```

```
In [30]: e
Out[30]:
array([[ 0.44539933,  0.57265629,  0.57265629, ➡
         0.38177086],
       [ 0.59628479,  0.4472136 ,  0.59628479, ➡
         0.2981424 ],
       [ 0.93632918,  0.23408229,  0.23408229, ➡
         0.11704115]])
```

```
In [31]: f = np.random.randint(10, size=(2, 3, 4))
```

```
In [32]: normalize(f, axis=(1, 2))
Out[32]:
```

```
array([[[ 0.36412521,  0.41614309,  0.10403577, ➡
          0.26008943],
        [ 0.26008943,  0.46816098,  0.26008943, ➡
          0.10403577],
        [ 0.41614309,  0.10403577,  0.20807155, ➡
          0.41614309]],
       [[ 0.4176141 ,  0.4176141 ,  0.        , ➡
          0.        ],
        [ 0.31321057,  0.26100881,  0.4176141 , ➡
          0.        ],
        [ 0.46981586,  0.15660529,  0.46981586, ➡
          0.15660529]]])
```

以上就是这个函数的使用方法的示例。

MEMO

参考

- numpy.linalg.norm – NumPy v1.14 Manual - NumPy and SciPy
  Documentation
- URL https://docs.scipy.org/doc/numpy-1.14.0/reference/generated/
  numpy.linalg.norm.html

4.2 线性回归的 NumPy 编程

见证了诸如 AlphaGo 和机器翻译等人工智能应用表现出的飞跃性的精度提升，相信很多读者都会想要开始学习机器学习技术。然而，在大学所使用的相关教科书中，充斥着晦涩难懂的术语，想要入门机器学习技术并非易事。

因此，接下来将运用在本书中所学习的 NumPy 知识，通过实际的编程实践，对机器学习的程序具体是如何运行的这一问题进行理解。

本节将以对机器学习中最为基础的线性回归模型的编程实践开始学习的旅程。

4.2.1 何谓线性回归

所谓线性回归，就是对独立变量 X 和其从属变量 y 之间的关系进行求解的过程，用于表示这个关系的对象称为线性回归模型。

通常，这个模型可以使用下列公式进行表示。

独立变量 X 中包含 p 个因子，而这个包含 p 个因子的数据集中的第 i 个数据所对应的从属变量的值则用 y_i 表示。这个 y_i 的值可以使用 X 的函数 g 和它的系数 ω 所组成的多项式进行预测。

$$\omega_0 + \sum_{k=1}^{K} \omega_k g_k (X_{i1}, X_{i2}, \cdots, X_{ip})$$

上面的公式为了简化，省略掉了噪声项。

这里，学习目标是如图 4.1 所示的曲线。

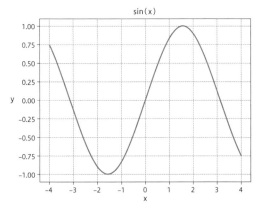

图 4.1　正弦曲线

关于这个曲线，可以使用如下的模型进行学习。

$$f\left(X_i\right) = \omega_0 + \omega_1 X_i + \omega_2 X_i^2 + \omega_3 X_i^3 + \omega_4 X_i^4 + \omega_5 X_i^5$$

这里一个X的值对应一个y的值，因此可以表示为如下的集合：

$$X = (X_1, X_2, \cdots, X_N)$$
$$y = (y_1, y_2, \cdots, y_N)$$

4.2.2　损失函数的设置

首先，需要对损失函数进行设置。所谓损失函数，是将预测模型与目标之间的偏离程度作为指标进行量化的函数。

如果损失函数的输出值较大，就说明模型与目标之间的差异比较大。相反地，如果损失函数的输出值较小，则说明模型与目标之间的差异较小。为了评估目标值（在这里所给出的X和y中，y是目标值）与预测值之间的偏离程度，在这里将使用平方误差来计算。

平方误差是将预测值与目标值之间的各个差值进行平方计算，再进行求和计算所得到的结果。

损失函数L可表示为如下公式：

$$L = \frac{1}{2}\sum_{n=1}^{N}\left(y_n - f\left(X_n\right)\right)^2$$

$$= \frac{1}{2}\sum_{n=1}^{N}\left(y_n - \left(\omega_0 + \omega_1 X_n + \omega_2 X_n^2 + \omega_3 X_n^3 + \omega_4 X_n^4 + \omega_5 X_n^5\right)\right)^2$$

4.2.3 学习的开展

接下来，将对使用这个损失函数进行机器学习的具体方法进行归纳。如果能够成功地找到合适的参数 ω 使损失函数的值变得尽量的小，那么就完成了学习模型的构建。

使用参数 ω_i 进行偏微分计算的结果为0的位置就是损失函数达到最小值的位置。使用参数 ω_i 进行偏微分，可得到如下等式：

$$\frac{\partial L}{\partial \omega_i} = -\sum_{n=1}^{N}\left\{y_n - \left(\omega_0 + \omega_1 X_i + \omega_2 X_i^2 + \omega_3 X_i^3 + \omega_4 X_i^4 + \omega_5 X_i^5\right)\right\}X_n^i$$

如果对各个 ω_i 的值分别进行调整，使偏微分的结果为0，就能得到所求的值。因此，将上面的公式进行变形后可得到如下公式：

$$\sum_{n=1}^{N}y_n X_n^i = \sum_{n=1}^{N}\left(\omega_0 X_n^i + \omega_1 X_n^{i+1} + \omega_2 X_n^{i+2} + \cdots + \omega_5 X_n^{i+5}\right)$$

继续将上述公式进行变形后可得到如下公式：

$$\sum_{n=1}^{N}y_n X_n^i = \omega_0 \sum_{n=1}^{N}X_n^i + \omega_1 \sum_{n=1}^{N}X_n^{i+1} + \omega_2 \sum_{n=1}^{N}X_n^{i+2}$$
$$+ \omega_3 \sum_{n=1}^{N}X_n^{i+3} + \omega_4 \sum_{n=1}^{N}X_n^{i+4} + \omega_5 \sum_{n=1}^{N}X_n^{i+5}$$

根据上述等式，就得到了关于 ω 的线性方程。只要能解开这个线性方程，就能求出使损失函数的值最小化的参数 ω 的组合。

$$A_{ij} = \sum_{n=1}^{N}x_n^{i+j}$$

$$b_i = \sum_{n=1}^{N}y_n X_n^i$$

此时，j为0、1、2、3、4、5中的任意值。如果将矩阵A和向量b设置为上述形式，那么之前的线性方程就可以表示为如下形式：

$$b = A\omega$$

因此，所要求解的参数向量 ω 可以使用下列方程进行求解。

$$\omega = A^{-1}b$$

4.2.4　NumPy代码的编写

● 数学公式的直观实现

首先，创建最初的样本数据。这里将创建的是包含若干噪声的 X 和 y 的组合，共计20个。

```
In [1]: import numpy as np

In [2]: X = np.random.rand(20)*8-4  # -4～4内均匀分布的随机数

In [3]: X
Out[3]:
array([-3.42986572, -1.87588861,  3.84385152, ➡
       -3.89144083, -3.36004416,
       -0.13601145,  0.08145822,  2.09009556, ➡
        1.15716818, -3.4319017 ,
        3.90532335,  0.54195337,  1.92151608, ➡
       -3.24690618, -2.72272102,
       -0.23460238,  0.01666335, -1.98198209, ➡
       -1.4053297 ,  2.11672423])

In [4]: y = np.sin(X) + np.random.randn(20)*0.2 ➡
# 在正弦曲线的值中加入噪声

In [5]: y
Out[5]:
array([ 0.22976285, -0.96395527, -0.75819862, ➡
        0.53248622,  0.22435082,
```

```
        -0.05723606,   0.08135567,   0.80438401, ➡
         1.20464605,   0.26919954,
        -0.31220958,   0.62936553,   0.96179991, ➡
         0.05992766,  -0.32742464,
        -0.35724024,  -0.16981953,  -0.55381051, ➡
        -1.03000768,   0.66376274])
```

将上述数据显示为如图4.2所示的图表。

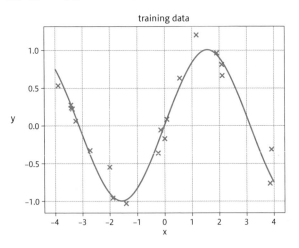

图 4.2   训练数据

图4.2所示的图表可以使用下列代码实现。

```
In [6]: import matplotlib.pyplot as plt
```

```
In [7]: XX = np.linspace(-4, 4, 100) ➡
# 生成将 -4 ~ 4 内的空间均分为 100 等分的数列
```

```
In [8]: plt.xlabel('X')
Out[8]: Text(0.5,0,'X')
```

```
In [9]: plt.ylabel('y')
Out[9]: Text(0,0.5,'y')
```

```
In [10]: plt.title('training data')
Out[10]: Text(0.5,1,'training data')
```

```
In [11]: plt.grid()

In [12]: plt.scatter(X, y, marker='x', c='red')  ➡
# 用marker设置点的形状，c设置颜色，并生成散点图
Out[12]: <matplotlib.collections.PathCollection at  ➡
0x10f8d4978>

In [13]: plt.plot(XX, np.sin(XX))    # 绘制正弦曲线
Out[13]: [<matplotlib.lines.Line2D at 0x10f8dd080>]

In [14]: plt.show()
```

在生成了训练数据后，再用这些数据来创建矩阵*A*。矩阵*A*可使用如下公式表示：

$$A_{ij} = \sum_{n=1}^{N} x_n^{i+j}$$

式中，*n*对应的是数据的数量。如果用NumPy编程实现这个公式，可以得到下面的代码。

```
In [15]: A = np.empty((6,6)) # 创建保存矩阵A的容器

In [16]: for i in range(6):
    ...:     for j in range(6):
    ...:         A[i][j] = np.sum(X**(i+j))

In [17]: A
Out[17]:
array([[  2.00000000e+01,  -1.00419400e+01,  ➡
         1.21634101e+02,
        -1.05451173e+02,   1.33729574e+03,  ➡
        -9.82941108e+02],
       [ -1.00419400e+01,   1.21634101e+02,  ➡
        -1.05451173e+02,
         1.33729574e+03,  -9.82941108e+02,  ➡
         1.68638158e+04],
       [  1.21634101e+02,  -1.05451173e+02,  ➡
         1.33729574e+03,
        -9.82941108e+02,   1.68638158e+04,  ➡
```

```
        -7.94900136e+03],
     [ -1.05451173e+02,    1.33729574e+03, ➡
        -9.82941108e+02,
         1.68638158e+04,  -7.94900136e+03, ➡
         2.25730144e+05],
     [  1.33729574e+03,  -9.82941108e+02, ➡
         1.68638158e+04,
        -7.94900136e+03,   2.25730144e+05, ➡
        -4.36017240e+04],
     [ -9.82941108e+02,    1.68638158e+04, ➡
        -7.94900136e+03,
         2.25730144e+05,  -4.36017240e+04, ➡
         3.11930204e+06]])
```

向量**b**可使用如下公式表示：

$$b_i = \sum_{n=1}^{N} y_n X_n^i$$

具体的实现代码如下。

```
In [18]: b = np.empty(6)

In [19]: for i in range(6):
    ...:        b[i] = np.sum(X**i*y)

In [20]: b
Out[20]:
array([  1.13113887e+00,    3.14356290e+00, ➡
         2.92533385e+00,
        -8.11722863e+01,  -1.01290279e+01, ➡
        -1.56797929e+03])
```

由上可知，要求解的参数向量 ω 可以使用如下方式进行计算。

```
In [21]: omega = np.dot(np.linalg.inv(A), b.reshape(-1,1))
# 使用np.linalg.inv()得到逆矩阵，使用np.dot计算内积


In [22]: omega.shape
Out[22]: (6, 1)
```

这里使用的 **np.linalg.inv** 是用来生成指定矩阵的逆矩阵的函数，**np.dot** 是计算矩阵内积的函数。

至此，就实现了对所构建的模型参数的求解。接下来，将结果绘制出来，以便于确认。

这里使用的 **np.poly1d** 函数是用来生成线性函数的。

```
In [23]: f = np.poly1d(omega.flatten()[::-1])  ⇒
# 生成将 ω 作为系数的多项式

In [24]: XX = np.linspace(-4, 4, 100)

In [25]: plt.xlabel('X')
Out[25]: Text(0.5,0,'X')

In [26]: plt.ylabel('y')
Out[26]: Text(0,0.5,'y')

In [27]: plt.title('trained data')
Out[27]: Text(0.5,1,'trained data')

In [28]: plt.grid()

In [29]: plt.scatter(X, y, marker='x', c='red')
Out[29]: [<matplotlib.lines.Line2D at 0x2a17fd80c50>]

In [30]: plt.plot(XX, f(XX), color='green')
Out[30]: [<matplotlib.lines.Line2D at 0x10bd214e0>]

In [31]: plt.plot(XX, np.sin(XX), color='blue')
Out[31]: [<matplotlib.lines.Line2D at 0x10bcd50b8>]

In [32]: plt.show()
```

上述代码的执行结果如图 4.3 所示。

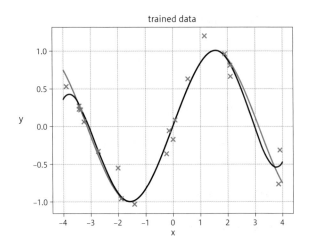

图 4.3 根据训练数据产生的结果

由于本书采用的是双色印刷，用黑色（Black）和蓝色（Cyan）分别表示输出结果，因此可能不容易分辨。其中，蓝色曲线表示的是之前的正弦曲线；黑色曲线表示的是在这里所求出的模型计算出来的正弦曲线。蓝色的小叉表示的是所使用的训练数据。从图 4.3 中显示的结果可以看出，模型对正弦曲线实现了很好的拟合。

4.2.5 函数的多项式拟合

到目前为止，我们用了很长的篇幅进行讲解并展示了示例代码，实际上 NumPy 中提供了可以简化这一系列操作的函数。因此，接下来将对这个函数进行介绍。

NumPy 中可以用于生成拟合的函数是 **np.polyfit**。

```
In [33]: omega_2 = np.polyfit(X, y, 5)


In [34]: omega_2
Out[34]:
array([  5.89345621e-03,   3.95891406e-04,  -1.63132943e-01,
        -1.21168968e-02,   9.97830851e-01,   3.43030250e-02])


In [35]: f_2 = np.poly1d(omega_2)
```

同样地，也可以像图4.3那样将上述代码的执行结果绘制出来。

```
In [36]: f = np.poly1d(omega.flatten()[::-1])

In [37]: XX = np.linspace(-4, 4, 100)

In [38]: plt.xlabel('X')
Out[38]: Text(0.5, 0, 'X')

In [39]: plt.ylabel('y')
Out[39]: Text(0, 0.5, 'y')

In [40]: plt.title('using polyfitfunction')
Out[40]: Text(0.5, 1.0, 'trained data')

In [41]: plt.grid()

In [42]: plt.scatter(X, y, marker='x', c='red')
Out[42]: <matplotlib.collections.PathCollection at ➡
0x2a103830b38>

In [43]: plt.plot(XX, f(XX), color='green')
Out[43]: [<matplotlib.lines.Line2D at 0x2a1038345c0>]

In [44]: plt.plot(XX, np.sin(XX), color='blue')
Out[44]: [<matplotlib.lines.Line2D at 0x2a1038396a0>]

In [45]: plt.show()
```

上述代码执行后会得到如图4.4所示的结果。其中，黑色的曲线是使用**np.polyfit**函数计算得到的结果。

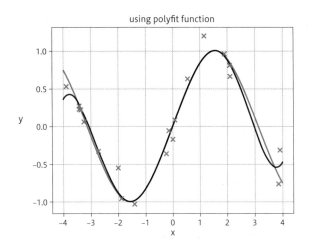

图 4.4　绘制 np.polyfit 拟合的结果

🔵 4.2.6　小结

本节使用NumPy实现了简单的线性回归处理。首先，根据公式使用NumPy函数很直观地对其进行了编程实现，之后还介绍了可以自动完成线性回归计算的NumPy函数。

由于确保了所使用的训练数据的数据量，因此虽然数据量很少，最终生成的模型中并没有出现对训练数据过度拟合的过度学习现象。而在实际应用中，为了防止出现过拟合现象，会在损失函数中加入惩罚项（参考MEMO）。

我们的目的是使用NumPy实现机器学习，因此尽量避免让示例程序变得过于复杂，而在实际开发中，这一问题是无法回避的。

📋 MEMO

将惩罚项添加到损失函数中

在线性回归中比较有名的算法包括将参数的绝对值的和加到损失函数中的Lasso回归算法，以及将参数的平方和加到损失函数中的Ridge回归算法。

MEMO

参考

- numpy.polyfit – NumPy v1.14 Manual - NumPy and SciPy Documentation

  URL https://docs.scipy.org/doc/numpy-1.14.0/reference/generated/numpy.polyfit.html

✎ 读书笔记

4.3 NumPy神经网络编程（基础篇）

接下来，将运用NumPy中所提供的丰富的功能对神经网络进行编程实现。一提到"神经网络"这个词，很容易让人产生这是一个非常复杂的概念的印象。不过，相信通过下面的学习，大家一定会认识到使用NumPy所提供的函数，就可以非常简单地将这些公式转换成相应的程序代码。

4.3.1 开始本节的学习之前

通过不断地将一个个方程式和算法编写成程序代码，可以让自身的编程能力、实验和验证能力得到飞跃性的提升。因为在编写程序代码的过程中，我们能够进一步加深理解，通过从结果中得到的反馈来形成自己的见解。

著名的人工智能围棋程序AlphaGo和根据电子游戏画面来实现游戏对战的强化学习之一的DQN技术（参考MEMO）都借鉴了神经网络的思想。

通过本节的学习，我们将加深对神经网络技术的理解，并尝试使用NumPy编写利用神经网络实现对手写数字进行识别的程序，为今后的学习和研究打下基础。

此外，采用的不是未给出正确答案数据的无监督学习方式，而是对每一幅图像都给出了正确标签的监督学习方式，以推进对机器学习的理解。最后，将对不是以获取正确答案为目标，而是以实现价值最大化为目标的强化学习的实现方法进行讲解。

📋 MEMO

DQN

deep Q-network 的简称，是将属于强化学习算法之一的Q学习在神经网络上实现而得到的模型。关于Q学习的详细内容将在4.8节中进行讲解。

🔷 4.3.2　人类所具有的认知机制

在正式开始讲解神经网络的相关知识之前，首先对人类所具有的认知机制进行介绍。

与在1997年打败了国际象棋冠军的由IBM研发的深蓝这种依靠人工对评估函数进行调节的人工智能程序不同，神经网络是通过对生物的大脑进行模仿来实现人工智能的一种实现方法。神经网络这个概念最早在19世纪40年代就已经出现了，但是由于当时的计算机的处理能力无法实现对如此庞大的计算量的处理，在很长一段时期内，相关的研究和开发工作都处于十分低迷的状态。但是，近年来随着计算机性能的大幅提升，神经网络技术再次受到了广泛的关注。

此外，直接跳过本节中所讲解的内容也不会影响后续的学习，但是通过阅读本节的内容可以进一步加深对神经网络模仿人类大脑的原理的理解，在进行神经网络的程序开发时，从中感受到更多的乐趣和内涵也为未可知。

🔷 4.3.3　对计算机很难，而对人类很简单的问题

首先，请看如图4.5和图4.6所示的两幅照片。

图4.5　男性照片
来源　PAKUTASO

图4.6　女性照片
来源　PAKUTASO

当看到上面两幅照片时，一眼就可以辨别出这两张照片所拍摄的是不同的人物。而且还能判断出图4.5中的照片拍摄的是一位男性，而图4.6中的照片拍摄的是一位女性。甚至连这两个人物大致的年龄，都

可以推测出来。

那么究竟为什么可以从照片中迅速地分辨出这些信息呢？

究竟是怎样对这两幅照片中所拍摄的人物进行区分的呢？

对于人类来说，一瞬间即可解决的问题，如果让计算机来实现，那么首先需要进行怎样的操作呢？是否应当先设置某种标准，然后根据设定标准进行判断呢？如果要设定标准，那么上述那些判断标准又该如何实现呢？相信大家都会觉得这是个十分复杂的问题。

虽然对于计算机来说，无论多大规模的计算都绝对不会出现计算错误，但是要实现像人类那样对人脸进行识别的功能，或者实现任何根据视觉捕捉物体的判断功能，对于计算机来说都是非常困难的问题。

特别是人类在进行识别时，依靠的是大脑内部专门用于解决这一问题而进化出来的一块特别的区域。

经过研究人员多年的努力，已经慢慢地理解了大脑实现这一功能的原理，但是其中的一些奥秘仍然有待揭示。本节将对其中的一部分知识进行讲解。

🔷 4.3.4 大脑中的神经细胞

首先，将对构成大脑的神经细胞的相关知识进行讲解。大脑中的神经细胞可以分为几种不同的种类，下面将对其中最具代表性的细胞进行介绍。

这里将要介绍的是专门用于传递信息和处理信息的神经细胞，在英语中称为neuron（见图4.7）。

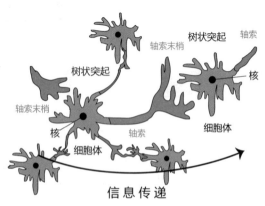

图4.7　神经元（neuron）

图4.7中显示的是经过简化的神经细胞的结构。首先，在细胞体内存在细胞核，而细胞体中细长且形成了枝杈的部分则称为**树状突起**。

细胞体中细长且延伸的部分则称为**轴索**，而它的末端则称为**轴索末梢**。

人的大脑首先是通过这个神经细胞的树突部分接收信息，在细胞体内对信息进行处理，然后将处理的结果通过轴索传递到轴索末梢，并传递给下一个神经细胞。

◎ 神经细胞间的信息传递

接下来，看一下信息在神经细胞之间究竟是怎样进行传递的。

图4.8显示的是经过简化之后的神经细胞之间的信息传递过程。接下来，将从图的左侧开始进行说明。

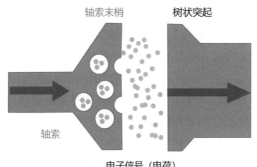

图 4.8　神经细胞间的信息传递

首先，在各个神经细胞内部，电子信号沿着轴索进行传递，并在轴索末梢处被释放出去。然后，由树状突起接收被释放的电子信号，根据细胞所接收到电荷大小的不同，细胞内的电荷也随之发生变化。此时，电荷是以离子的形式被传输的，因此存在着正负两种不同的电荷。

然后，当细胞内积累的电荷超过一定程度时，神经细胞将再次释放电子信号（电荷），并将其传递给下一个神经细胞。将这种当神经细胞内的电荷超过一定的值就释放电荷的行为称为**点火**。

这里非常重要的一点是，神经细胞是根据从无数个神经细胞所接收的电荷的总和决定是否执行点火操作的。而且，这种神经细胞之间的连接数量非常多，一个神经细胞中通常包含1000个以上与其他神经细胞相连并传递信号的连接。

　　而最为神奇的是，大脑就是通过这样单纯的信号传输的组合来实现对复杂问题的思考，以及对各种各样事物的判别的。

◆ 4.3.5　基于视觉的对象识别

　　接下来，将对这些神经细胞是通过怎样的连接来实现对物体识别的基本原理进行简要的介绍。

　　如果能够对基于视觉的物体识别的工作机制有所了解，那么对于今后理解神经网络的含义，特别是在学习卷积神经网络时，会有所帮助。

　　视觉信息的处理涉及身体的多个部位之间的操作，各个身体部位分别负责完成一定的信息检测处理。从眼球的视网膜中的细胞传递过来的信息，首先交给称为初级视觉皮层（V1）的部位进行处理。这个部位的主要作用是对图像中物体的倾斜角度进行识别。这些信息被不断地传递给视觉皮层进行处理。在信息的接收和发送过程中，传递信息的通路并非是单一路径，而是分支为多个路径同时进行传递。最终，这些信息被综合到一起，从而实现了对物体和对象的识别处理。

　　这就是视觉信息的处理路径。可以将其简单地归纳为如图4.9所示的形式。需要注意的是，实际中对信息进行处理的身体部位有几处，图中的数目等信息只是作为参考，实际的视觉信息的连接路径要比图中显示的更为复杂。

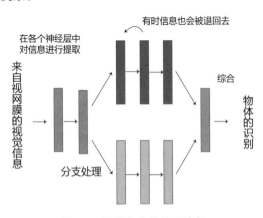

图 4.9　视觉信息的处理路径

　　图4.9中的箭头表示信息的传递方向，各个长方形代表对信息进行处理的不同的大脑部位。通过这种方式，信息经过多个身体部位的处理，最后被综合到一起，并最终形成了对物体进行识别的能力。

　　此外，还有一个起着关键性作用的身体部位，那就是所谓的感受野。

　　大脑在进行视觉信息的处理时，首先会将空间分割为细小的区间，然后再以这些细小的区间为单位对信息进行处理。这个区间就是所谓的感受野（见图4.10）。

　　在实际进行视觉信息处理时，首先以较为狭小的区间为单位对信息进行处理，然后再将处理范围慢慢扩大，并最终实现对复杂信息的提取。这就是大脑处理视觉信息的大致流程。

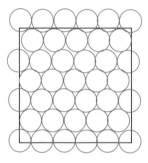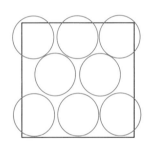

刚开始的感受野较小　　　　　　　之后的感受野较大

图 4.10　感受野的处理

现在,终于到了开始对神经网络的理论进行学习的时候。通过前面对相关理论背景知识的介绍,相信大家在理解下面的内容时会有不同的感受。

首先,对最为简单的神经网络结构进行学习。

4.4.1　神经网络

在4.3节中,对大脑对物体的识别机制进行了粗略的概括。接下来,从本节开始,将对在机器学习领域中,实际应用的神经网络技术进行深入的讲解。

神经网络是对在4.3节中所介绍的大脑中的神经细胞传递信息的机制进行模拟而产生的一种技术。

4.4.2　神经细胞的模拟

现在根据之前所学习的知识,将神经细胞传递信息的机制转换为实际的数据模型。如图4.11所示,绘制了几个独立的神经细胞,也就是图中的节点,然后使用边线将它们连在一起。

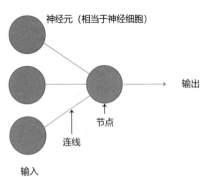

图 4.11　神经细胞示意图(图中的节点)

现在,对接收到信号的神经元进行点火的条件和进行点火操作时所给予的信号进行分析。

首先，假设每个神经元所接收到的输入值分别为x_1、x_2和x_3，从接收这3个值的神经元所产生的输出值用y表示（见图4.12）。

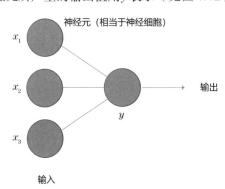

图 4.12　接收了3个输入值的神经元产生的输出值

此时，当从神经元所接收的输入值的总和超过0时，就让y取0以上的值。这句话可能看上去似乎是无用，但是为了尽量简化操作，暂且采取这种方式构建模型。

这里所说的0可以看作神经细胞中的动作电位（达到点火条件所需的电位）。实际在对信号的强弱进行表示时，通常都是使用神经细胞的点火次数来衡量的，这里暂且将数值的大小作为信号的强度。

根据实验结果，目前的研究结论是神经细胞进行响应的方式与Sigmoid函数所产生的曲线非常接近。因此，也将采用Sigmoid函数对神经细胞的行为进行模拟。

Sigmoid函数的定义如下：

$$\sigma(x) = \frac{1}{1 + \exp(-x)}$$

根据这个公式绘制图表，可以得到如图4.13所示的结果。

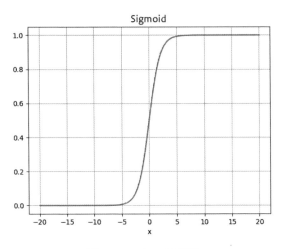

图 4.13　Sigmoid 函数

因此，之前的神经元模型使用Sigmoid函数可以表示为如下形式：

$$y = \sigma\left(x_1 + x_2 + x_3\right)$$

在模型中使用的类似Sigmoid函数根据输入值来决定神经元的输出特性的函数称为激励函数。

4.4.3　参数的导入

至此，虽完成了对神经网络的基本结构的理解。但是，在这里要实现的是使用神经网络完成对某种知识的学习。

因此，需要的是在学习的过程中会发生变化的部分。而现在这个状态，输入的x_1、x_2、x_3在学习时可以看作固定的值，不会发生任何变化。

所以，需要在这些输入值上加入权重，然后通过对权重进行调整来推进学习的进程。

另外，由于Sigmoid函数的基准点位于0点位置上，因此为了对其进行匹配，在输入的总和中还加入了偏置。这里偏置中所使用的负数值实际上代表的是神经细胞中的动作电位。到刚才为止，偏置的值都为0，实际上偏置也可以作为参数进行调整。

接下来，将对这两种参数进行调整（见图4.14）。

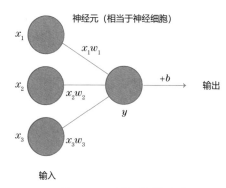

神经元（相当于神经细胞）

x_1

x_1w_1

x_2

x_2w_2

$+b$ 输出

y

x_3

x_3w_3

输入

图 4.14　两种不同的参数

因此，输出值 y 可以表示为下列公式：

$$y = \sigma\left(x_1w_1 + x_2w_2 + x_3w_3 + b\right)$$

将上述公式替换成矢量形式，设 $\vec{x} = (x_1, x_2, x_3)$，表示为内积形式，可以转换成如下公式：

$$y = \sigma(\vec{x} \cdot \vec{w} + b)$$

在其他相关书籍中，通常都使用 $\vec{w} \cdot \vec{x} + b$ 形式的公式来表示，而这里由于是使用 NumPy 进行实现，将内积的顺序颠倒了过来。不过，公式的含义是完全相同的。

这就是神经网络的基本雏形。下面将开始对参数进行学习操作。

4.4.4　损失函数的设置

在正式开始学习之前，还有一项准备工作需要处理，那就是需要设置用于表示学习的成果与理想的状态之间究竟有多大差距的函数。这个函数通常称为损失函数。

用 t_n 来表示输入向量 $y\left(\vec{x}^n\right)$ 所对应的目标值。

那么，首先想到的损失函数会是什么样的呢？到 4.3 节为止，学习了神经网络中的最为基本的模型，将模型的输出值与 t_n 的差值进行求和计算，应该就是需要的损失函数。

因此，损失函数 L 可表示为如下公式：

$$L = \sum_{n=1}^{N} \left\| t_n - y\left(\vec{x}^n\right) \right\|$$

通常，在进行学习中，往往不是使用一组输入值和目标值进行学习，而是需要使用多组数据（这里假设需要使用N组数据）进行学习。因此，将它们的总和作为损失函数。

虽然这样做也没什么问题，但是如果跳到后面的章节会发现，其中的实现使用的是如下公式，即差值的平方和。

$$L = \frac{1}{2N}\sum_{n=1}^{N}\left\| t_n - y\left(\vec{x}^n\right)\right\|^2$$

这里之所以使用$\frac{1}{2}$，是为了方便之后进行微分计算，并没有其他特殊的理由，本质上是属于可有可无的东西。

另外，之所以要乘以$\frac{1}{N}$，也是为了确保无论N的取值为多大，都能够将所产生的L的值调整到在同一阶数内收敛。

最终目标就是要让设置的这个损失函数的值尽量接近于0。

4.4.5 学习的开展

现在对学习的推进方式进行说明。

根据随着各个参数的变化，损失函数的输出值会发生怎样的变化来决定如何对参数进行调整的。首先，尝试只对一个参数进行调整，而相应的损失函数所产生的输出值的变化情况则需要通过计算才能知道。这一计算方法在数学中称为偏微分。

当保持其他参数不变，只对一个参数进行调整时，可使用如下公式对损失函数的变化情况进行表示。

$$\frac{\partial L}{\partial w_i}$$

例如，在4.4.3小节中，如果是神经网络的状态，那么包含的参数就是w_1、w_2、w_3和b 4项。其中，w_1可表示为如下形式。

$$\frac{\partial L}{\partial w_1} = \frac{1}{N}\sum_{n=1}^{N}\left(\sigma\left(\vec{x}^n\cdot\vec{w}+b\right)-t_n\right)\frac{\mathrm{d}\sigma}{\mathrm{d}w_1}$$

$$= \frac{1}{N}\sum_{n=1}^{N}\left\{\left(\sigma(a_n)-t_n\right)\sigma(a_n)\left(1-\sigma(a_n)\right)x_1\right\}$$

$$\left(a_n = \vec{x}^n\cdot\vec{w}+b\right)$$

等式的右边是通过微分计算就能得到的结果，虽然公式看上去不是那么漂亮，但是不影响对原理的理解。

但是，请不要忘记，最后还要将结果与 x_1 相乘。而作为偏置的 b 是不与 x_1 等值相乘的，偏置 b 相当于是乘以1。

$$\frac{\partial L}{\partial b} = \frac{1}{N} \sum_{n=1}^{N} \left\{ \left(\sigma(a_n) - t_n \right) \sigma(a_n) \left(1 - \sigma(a_n) \right) \right\}$$

当参数的变化分别为 Δw_i 和 Δb 时，损失函数 L 的变化 ΔL 可以表示为如下的公式：

$$\Delta L = \frac{\partial L}{\partial w_1} \Delta w_1 + \frac{\partial L}{\partial w_2} \Delta w_2 + \frac{\partial L}{\partial w_3} \Delta w_3 + \frac{\partial L}{\partial b} \Delta b$$

根据上述公式，为了确保 ΔL 的值为负数，将使用学习率 $\eta (> 0)$，因此可以得到：

$$\Delta w_i = -\eta \frac{\partial L}{\partial w_i} \quad (i = 1, 2, 3)$$

$$\Delta b = -\eta \frac{\partial L}{\partial b}$$

那么，ΔL 可以转换为如下形式：

$$\Delta L = -\eta \left\{ \left(\frac{\partial L}{\partial w_1} \right)^2 + \left(\frac{\partial L}{\partial w_2} \right)^2 + \left(\frac{\partial L}{\partial w_3} \right)^2 + \left(\frac{\partial L}{\partial b} \right)^2 \right\} \leq 0$$

这样一来，偏微分部分的结果都取平方值，因此计算得到的损失函数的输出值就会减小。

NumPy 神经网络编程（实践篇）

本节将对到 4.4 节为止所讲解的内容使用 NumPy 进行实际的编程实践。通过对简单的网络模型的构建，进一步加深对神经网络技术的理解。

4.5.1　NumPy 代码的编写

本节将使用 NumPy 构建一个可以对鸢尾花（Iris）的品种进行自动分类的神经网络模型。这个鸢尾花数据集在机器学习的研究和实践中经常被用到，其中包含萼片的长度和宽度，花瓣的长度和宽度 3 种不同种类的鸢尾花（Iris setona、Iris virginica、Iris versicolor）的数据，每种花各包含 50 组样本数据。其中数据的测量单位为厘米。

接下来，将使用这个数据集中的 Iris setona 和 Iris virginica 两种花的共 4 个数据进行分类处理。

4.5.2　数据集的准备

首先，请从相关网站中下载包含鸢尾花数据集的文件。

● 鸢尾花数据集

URL　https://archive.ics.uci.edu/ml/machine-learmng-databases/iris/iris.data

在 macOS 的终端窗口中，输入下列命令即可完成对数据文件的下载。如果使用的是 Windows 平台，请直接从上述网址中下载数据文件。

［终端窗口］

```
$ wget https://archive.ics.uci.edu/ml/machine-learning-➡
databases/iris/iris.data
```

请先移动到保存这一数据文件的目录中，然后再启动 Python。这里为了读取下载的数据文件，将使用到 Pandas 软件库。请使用下列命令安装 Pandas 软件包[1]。

※1 指定版本号的方法请参考 1.1.3 小节。

［终端窗口］

```
$ pip install pandas
```

　　Pandas是在对数据进行整理时经常使用到的一个模块，经常用于
NumPy数值处理的开始阶段。

　　首先，将对数据进行读取。

```
In [1]: import numpy as np
   ...: import pandas as pd
   ...: import matplotlib.pyplot as plt
   ...: from mpl_toolkits.mplot3d import Axes3D

   ...: df = pd.read_csv('iris.data', header=None) ➡
         # 读入之前下载的iris.data文件
   ...: print(df) # 显示文件的内容
   ...: y = df.iloc[0:100,4].values ➡
         # 从数据的内容可以看出，开头的100组数据是Iris setona和 ➡
           Iris virginica的部分，将其中的标签数据单独提取出来
   ...: y = np.where(y=='Iris-setona', -1, 1) # 如果标签是 ➡
         Iris setona就转换为-1，如果标签是Iris virginica就转换为1
   ...: X = df.iloc[0:100,[0, 1, 2, 3]].values ➡
         # 1~4号数据是在学习中需要使用的，因此将其提取出来
```

　　上述程序的执行结果如下。

```
        0    1    2    3               4
0     5.1  3.5  1.4  0.2     Iris-setosa
1     4.9  3.0  1.4  0.2     Iris-setosa
2     4.7  3.2  1.3  0.2     Iris-setosa
3     4.6  3.1  1.5  0.2     Iris-setosa
4     5.0  3.6  1.4  0.2     Iris-setosa
5     5.4  3.9  1.7  0.4     Iris-setosa
6     4.6  3.4  1.4  0.3     Iris-setosa
7     5.0  3.4  1.5  0.2     Iris-setosa
8     4.4  2.9  1.4  0.2     Iris-setosa
9     4.9  3.1  1.5  0.1     Iris-setosa
10    5.4  3.7  1.5  0.2     Iris-setosa
（略）
141   6.9  3.1  5.1  2.3  Iris-virginica
```

```
142   5.8   2.7   5.1   1.9   Iris-virginica
143   6.8   3.2   5.9   2.3   Iris-virginica
144   6.7   3.3   5.7   2.5   Iris-virginica
145   6.7   3.0   5.2   2.3   Iris-virginica
146   6.3   2.5   5.0   1.9   Iris-virginica
147   6.5   3.0   5.2   2.0   Iris-virginica
148   6.2   3.4   5.4   2.3   Iris-virginica
149   5.9   3.0   5.1   1.8   Iris-virginica

[150 rows x 5 columns]
```

输出结果中的数据是按照表 4.1 所示的顺序排列的。

表 4.1　数据的排列顺序

1	2	3	4	5
数据编号	萼片的长度	萼片的宽度	花瓣的长度	花瓣的宽度

◈ 4.5.3　训练数据和测试数据的划分

接下来，将上面的数据划分为训练用数据和用于确认学习是否成功的测试用数据。由于两种花的样本数据各有 50 组，因此将其中的 40 组作为训练用数据，将剩余的 10 组作为测试用数据。判断学习是否成功的方法是对 10 组测试用数据的分类精度进行评估。

```
In [2]: X_train = np.empty((80, 4)) ⇒
          # 创建用于存放数据的空数组
    ...: X_test = np.empty((20, 4))
    ...: y_train = np.empty(80)
    ...: y_test = np.empty(20)
    ...: X_train[:40],X_train[40:] = X[:40],X[50:90]
    ...: X_test[:10],X_test[10:] = X[40:50],X[90:100]
    ...: y_train[:40],y_train[40:] = y[:40],y[50:90]
    ...: y_test[:10],y_test[10:] = y[40:50],y[90:100]
```

由此可见，在监督学习中通过将数据划分为训练用数据和测试用数据，就可以对模型是否对训练用数据进行了过度的学习而导致过拟合问题的出现进行确认。

如果模型出现了过拟合现象，那么虽然模型对于训练用数据集可以产生非常好的分类结果，但是对于测试用数据集则可能会出现非常明显的分类效果下降的问题。

接下来，对数据的内容进行确认。尽管总共有4个数据，但是由于四维空间是无法绘制成图表的，因此将根据萼片和花瓣的尺寸对数据进行分别绘制（参考MEMO）。

📝 **MEMO**

散点图的绘制

在绘制散点图时，有很多选项可供设置。下面的示例代码可以对绘制的颜色（color）、形状（marker）等参数进行指定，还可以为绘制图本身设置标签（label），这样当程序绘制图例时，就会自动为其设置正确的标签名称。

```
In [3]: plt.title('Sepal')              # 萼片
   ...: plt.xlabel('length[cm]')
   ...: plt.ylabel('width[cm]')
   ...: plt.scatter(X_train[:40, 0], X_train[:40, 1],⮠
        marker='x', color='blue', label='Iris setosa')
   ...: plt.scatter(X_train[40:, 0], X_train[40:, 1],⮠
        marker='o', color='red', label='Iris virginica')
   ...: plt.legend()
   ...: plt.show()
   ...:
   ...: # 接下来是花瓣
   ...: plt.title('Petal')              # 花瓣
   ...: plt.xlabel('length[cm]')
   ...: plt.ylabel('width[cm]')
   ...: plt.scatter(X_train[:40,2], X_train[:40, 3],⮠
        marker='x', color='blue', label='Iris setosa')
   ...: plt.scatter(X_train[40:, 2], X_train[40:, 3],⮠
        marker='o', color='red', label='Iris virginica')

   ...: plt.legend()
   ...: plt.show()
```

执行上述代码后会看到如图4.15所示的散点图。

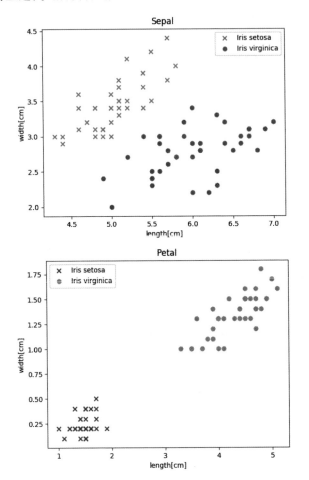

图 4.15　萼片和花瓣尺寸的散点图

从图4.15中可以看到，虽然只是其中的两个数据，但是很明显，可以非常容易地对数据进行线性分类。不过，由于目标是使用神经网络实现自动分类，因此最终将依据全部的4个数据对数据进行分类处理。

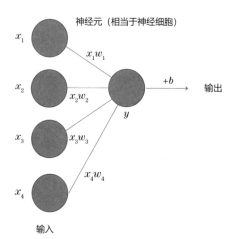 4.5.4 神经网络的构建

　　因此，下面将对4.4节中所学习的神经网络模型进行修改，将输入数据的数量增加一个，最终可以得到如图4.16所示的示意图。

图 4.16　修改后的神经网络

接下来，对这个模型进行编程实现。

```
In [4]: def sigmoid(x):
   ...:     return 1/(1+np.exp(-x))
   ...:
   ...: def activation(X, w, b):
   ...:     return sigmoid(np.dot(X, w)+b)
   ...:
   ...: def loss(X, y, w, b):
   ...:     dif = y - activation(X, w, b)
   ...:     return np.sum(dif**2/(2*len(y)),➡
           keepdims=True)
   ...:
   ...: def accuracy(X, y, w, b):
   ...:     pre = predict(X, w, b)
   ...:     return np.sum(np.where(pre==y, 1, 0))/len(y)
   ...:
   ...: def predict(X, w, b):
   ...:     result = np.where(activation(X, w, b)<0.5, ➡
           0.0, 1.0)
```

```
...:        return result
...:
...: def update(X, y, w, b, eta):
     # 对权重进行更新，其中eta为学习率
...:        a = (activation(X, w, b)-y)*activation(X,
       w, b)*(1-activation(X, w, b))
...:        a = a.reshape(-1, 1)
...:        w -= eta * 1/float(len(y))*np.sum(a*X, axis=0)
...:        b -= eta * 1/float(len(y))*np.sum(a)
...:        return w, b
...:
...: def update_2(X, y, w, b, eta): # 将w和b的值分别稍微
     # 调大时，用偏微分计算输出值的变化情况
...:        h = 1e-4
...:        loss_origin = loss(X, y, w, b)
...:        delta_w = np.zeros_like(w)
...:        delta_b = np.zeros_like(b)
...:        for i in range(4):
...:            tmp = w[i]
...:            w[i] += h      # 将参数中的一个值稍微调大一点
...:            loss_after = loss(X, y, w, b)
...:            delta_w[i] = eta*(loss_after - loss_
           origin)/h
...:            w[i] = tmp
...:        tmp = b
...:        b += h
...:        loss_after = loss(X, y, w, b)
...:        delta_b = eta*(loss_after - loss_origin)/h
...:        w -= delta_w      # 更新参数值
...:        b -= delta_b
...:        return w, b
```

在上面的程序清单中，定义了两种模式的**update**函数（分别为
update和**update_2**）。第一个**update**函数是直接使用在4.4节中所讲解
的偏微分的求解公式实现的。

第二个**update_2**函数并非像**update**函数那样，通过分析数据的方
式求取输出值，而是将参数值稍做调整，然后再计算损失函数L的值是
增加还是减少。另外，容易忽视的一点是，计算结果需要除以微小变化

量 h。此外，还需要对学习率 **eta** 进行设置。

类似这样需要手动进行设置的参数称为超参数。这里的 **eta** 是在 4.4 节中所学习的 η 编写为程序代码后的形式，因此并非是新的概念。

接下来，使用这些定义好的函数进行实际的学习。

```
In [5]: weights_1 = np.ones(4)/10  # w的初始值全部设为0.1
   ...: bias_1 = np.ones(1)/10      # b的初始值也设为0.1
   ...: weights_2 = np.ones(4)/10
   ...: bias_2 = np.ones(1)/10
   ...: for _ in range(15):          # 先让模型进行15次学习
   ...:     weights_1, bias_1 = update(X_train, ⇒
            y_train, weights_1, bias_1, eta=0.1)
   ...:     weights_2, bias_2 = update(X_train, ⇒
            y_train, weights_2, bias_2, eta=0.1)
   ...:     print('acc_1  %f, loss_1 %f, acc_2 %f, ⇒
            loss_2 %f' % ( accuracy(X_test, y_test, ⇒
            weights_1, bias_1), \
   ...:     loss(X_train, y_train, weights_1, bias_1)\
            ,accuracy(X_test, y_test, weights_2, ⇒
            bias_2), loss(X_test, y_test, weights_2, ⇒
            bias_2)))
   ...: print('weights_1 = ', weights_1, 'bias_1 = ', ⇒
        bias_1)
   ...: print('weights_2 = ', weights_2, 'bias_2 = ', ⇒
        bias_2)
```

上述代码的执行结果如下。

```
acc_1  0.500000, loss_1 0.137683, acc_2 0.500000, ⇒
loss_2 0.137981
acc_1  0.500000, loss_1 0.127070, acc_2 0.500000, ⇒
loss_2 0.127983
acc_1  0.500000, loss_1 0.118759, acc_2 0.500000, ⇒
loss_2 0.120177
acc_1  0.500000, loss_1 0.112744, acc_2 0.500000, ⇒
loss_2 0.114531
```

```
acc_1  0.500000, loss_1 0.108418, acc_2 0.500000, ➡
loss_2 0.110474
acc_1  0.500000, loss_1 0.105108, acc_2 0.500000, ➡
loss_2 0.107378
acc_1  0.500000, loss_1 0.102345, acc_2 0.500000, ➡
loss_2 0.104804
acc_1  0.500000, loss_1 0.099871, acc_2 0.500000, ➡
loss_2 0.102508
acc_1  0.800000, loss_1 0.097558, acc_2 0.800000, ➡
loss_2 0.100368
acc_1  0.900000, loss_1 0.095350, acc_2 0.900000, ➡
loss_2 0.098327
acc_1  1.000000, loss_1 0.093219, acc_2 1.000000, ➡
loss_2 0.096359
acc_1  1.000000, loss_1 0.091155, acc_2 1.000000, ➡
loss_2 0.094452
acc_1  1.000000, loss_1 0.089152, acc_2 1.000000, ➡
loss_2 0.092600
acc_1  1.000000, loss_1 0.087208, acc_2 1.000000, ➡
loss_2 0.090799
acc_1  1.000000, loss_1 0.085319, acc_2 1.000000, ➡
loss_2 0.089047
weights_1 =  [-0.05802281 -0.08174334  0.19659068 ➡
0.15205468] bias_1 =  [ 0.05802357]
weights_2 =  [-0.05802281 -0.08174334  0.19659068 ➡
0.15205468] bias_2 =  [ 0.05802357]
```

从上面的执行结果可以看出，无论使用 **update** 还是 **update_2**，都能够很好地完成学习。此外，参数的值似乎也并没有发生非常大的变化。

在对数据进行分析的过程中进行微分计算，基本上与 **update_2** 中对某个参数值进行微小的调整，并对计算结果所发生的变化进行计算的方式是类似的。

如果要进行积分运算，只需要将这些数据简单相加即可。

不过，这里所实现的模型，可以使用数学公式表示用于数据分析的微分（特别是偏微分）的值，因此也实现了 **update** 函数，并利用这一函数进行了实际的学习操作。

⬢ 4.5.5　小结

本节使用4.3节和4.4节中所讲解的神经网络的结构，实现了对两种不同种类的鸢尾花数据的分类处理。

虽然实现的是最简单的一种神经网络，但是神经网络的魅力正是在于只要简单地增加神经元的数量，并且使用更多层的网络层，就能实现对更为复杂的数据的学习。

从4.6节开始，将实现结构更为复杂的神经网络，并对作为防止神经网络的计算量出现膨胀问题的解决方案之一的误差反向传播算法进行讲解。

4.6 NumPy 神经网络编程（深度学习篇）

在本节将对使用 NumPy 和神经网络技术实现手写文字识别的最终的理论进行学习。

将对之前学习的神经网络的结构进行扩展，构建出包含多个层级的神经网络。

在完成了对多层神经网络的基础知识的学习后，将继续学习手写文字识别的实现。

◆ 4.6.1　神经网络的深度化与误差反向传播算法

手写数字的文字识别需要使用称为 MNIST（包含 0 ~ 9 的数字图像数据）的数据集。其中，输入数据的格式为 28 像素 × 28 像素的（共 784 像素）的图像数据。

另外，还将使用可以大幅缩短学习时间的误差反向传播算法的相关知识（参考 MEMO）。

📝 MEMO

TensorFlow Playground

TensorFlow Playground 也 称 为 A Neural Network Playground，是 由 Daniel Smilkov 和 Shan Carter 共同开发的，用于理解神经网络原理的教材。

在 TensorFlow Playground 网站中可以很简单地实现各种各样的神经网络模型，而且可以立即看到程序的执行结果。有时间请一定要体验一下这个精彩的网站。

◆ 4.6.2　神经网络的深度化

在 4.4 节中，所学习的神经网络是具有如图 4.17 所示结构的神经网络。

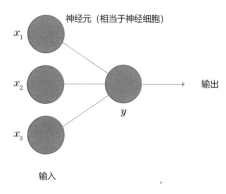

图 4.17　基本的神经网络结构

　　这个网络模型是由两层神经网络构成的，位于左侧的是输入层，位于右侧的是输出层。下面将在两个方向上对其进行扩展。

● 增加各网络层的神经元数量

　　可以通过为每个网络层增加更多神经元的方式来对网络进行扩展。例如，将输入层中的神经元的数量增加到 5 个，将输出层中神经元的数量增加到 3 个，就会得到如图 4.18 所示的网络结构。

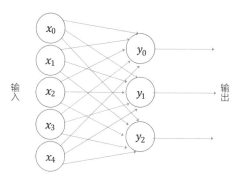

图 4.18　增加各网络层中的神经元

　　在这个网络结构中，输出值的数量就变成了 3 个，根据这 3 个输出值生成对某种结果的输出。例如，要从某种特征中对 3 种水果进行分类时，这 3 个输出值就分别对应分类结果可能为这 3 种水果的概率。

　　对于本节中将要解决的手写文字识别问题，输入数据是 28 像素 × 28

像素的图像数据, 共784个输入对应到输入层。而用于表示所输入数据是属于0~9中某个数字的概率的输出神经元, 则总共需要创建10个。

实际上, 通过这种以网络层为单位对神经元进行配置的方式, 再加上灵活运用矩阵运算, 就能实现模型的构建。

这里使用 w_{21} 来表示 x_2 对应 y_1 的权重。也就是说, x_i 对应 y_j 的权重用 w_{ij} 表示, 因此权重矩阵 W 可表示为下列形式:

$$W = \begin{pmatrix} w_{00} & w_{01} & w_{02} \\ w_{10} & w_{11} & w_{12} \\ w_{20} & w_{21} & w_{22} \\ w_{30} & w_{31} & w_{32} \\ w_{40} & w_{41} & w_{42} \end{pmatrix}$$

因此, 对于输出结果 $\vec{y}$, 可使用偏置向量 $\vec{b} = (b_0, b_1, b_2)$ 表示为如下形式:

$$\vec{y} = \sigma(\vec{x}W + \vec{b})$$

如果是单个的元素, 如 y_0 则可以表示为如下形式:

$$y_0 = \sigma\left(x_0 w_{00} + x_1 x_{10} + x_2 w_{20} + x_3 w_{30} + x_4 w_{40} + b_0\right)$$

式中, $\sigma(x)$ 为 Sigmoid 函数。

$$\sigma(x) = \frac{1}{1 + \exp(-x)}$$

因此, 综合上述公式, 就能够使用上述 W 矩阵进行表示。这样用 NumPy 来实现网络模型就变得很简单。

● 增加网络层数量

接下来, 模型中将增加网络层的数量。增加网络层的具体方法是在输出层和输入层之间插入称为隐藏层 (也称为中间层) 的网络层。

在之前的网络模型中增加一个包含4个神经元的隐藏层, 可得到如图4.19所示的网络结构。

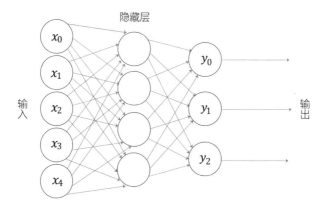

图 4.19　插入一个包含 4 个神经元的隐藏层

对于中间层所产生的输出 $\vec{x_2}$，使用权重矩阵 $\boldsymbol{W_1}$ 和偏置向量 $\vec{b_1}$ 可表示为如下形式：

$$\vec{x_2} = \sigma\left(\vec{x_1}\boldsymbol{W_1} + \vec{b_1}\right)$$

因此，输出就变成了如下形式：

$$\vec{y} = \sigma\left(\vec{x_2}\boldsymbol{W_2} + \vec{b_2}\right)$$
$$= \sigma\left\{\sigma\left(\vec{x_1}\boldsymbol{W_1} + \vec{b_1}\right)\boldsymbol{W_2} + \vec{b_2}\right\}$$

学习的基本方针是保持不变的，那就是让损失函数 L 的输出值最小化。如果目标向量用 $\vec{t_n}$ 表示，则损失函数 L 可用如下公式表示。

$$L = \frac{1}{2N} \sum_{n=1}^{N} \left\|\vec{y_n} - \vec{t_n}\right\|^2$$

权重的更新则使用学习率 η 来实现。

$$w_{ij} = -\eta \frac{\partial L}{\partial w_{ij}}$$

$$b_j = -\eta \frac{\partial L}{\partial b_j}$$

为了更加直观地理解在网络层中增加神经元的操作和对网络层本身进行调整的操作，建议使用 TensorFlow Playground 网站中提供的工具进行尝试。

🏀 4.6.3　误差反向传播算法

至此，我们就完成了对神经网络进行扩展操作部分的讲解。用于手写识别的网络模型中，输入层的神经元数量为784个，隐藏层中神经元数量为1000个，输出层中神经元数量为10个。

然而，虽然模型中只包含3层网络层，但是参数的总数量为(784 × 1000+1000)+(1000 × 10+10)=795010这一庞大的数字。如果要对这么多的偏微分一个个进行计算，每完成一次运算就需要耗费相当长的时间。

为了能够高速完成对误差值的计算，就需要使用误差反向传播算法。

所谓误差反向传播算法，简单地说就是使用微分连锁律对损失函数所对应的各个参数进行偏微分计算。根据微分连锁律可知，下列关系是成立的。

$$\frac{\partial L}{\partial w} = \frac{\partial L}{\partial y}\frac{\partial y}{\partial w}$$

如果利用计算图表示，会更方便理解。

所谓计算图就是将某个数学公式用图表的形式绘制出来的一种分析方法，节点（顶点）部分表示运算类型，边线（分支）表示传递的数值。例如，等式1+2=3可以用如图4.20所示的计算图来表示。

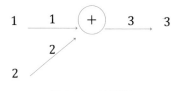

图 4.20　计算图

对于算式（1+2）×（3+4）则可以用图4.21来表示。

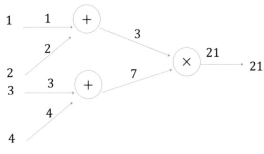

图 4.21　计算 (1+2)×(3+4)

此时，如果将各个边线中值的变化对其所连接的节点所产生的影响进行计算，就是偏微分的计算。

例如，如果将3+4的结果所产生的边线的值7更改为8，最终的结果就会由21增加3，变为24。这一增加的比例就可以作为边线的偏微分值。

如果为每个值都设置名称，如开头的输入值设置为 $a=1$、$b=2$、$c=3$、$d=4$，(1+2)的结果设置为 P，(3+4)的结果设置为 Q，最终的结果设置为 R，此时，前面提到的7的值的变化1，则 R 的值就变化3，可以用 $\frac{\partial R}{\partial Q}=3$ 来表示。

只要将这些值连接在一起，最终就可以根据 a、b、c、d 的值的变化情况来计算 R 的最终变化（见图4.22）。

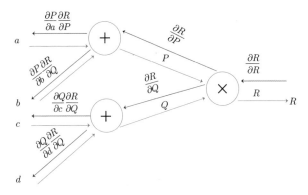

图 4.22　计算 R 的最终变化

像这样，计算图向左移动，不断地将偏微分的值相乘的做法称为微分连锁律。

从直观上看，就是连续地进行分数的乘法运算，最终再乘以偏微分的值，就得到了最后的结果。

下面看一个更加复杂的例子。例如，等式 $L = \sigma(w^2)$ 成立，则可以表示为如图4.23所示的计算图。

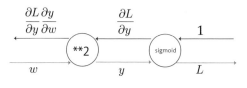

图 4.23　计算 $L = \sigma(w^2)$

其中，下侧显示的是正向传播中的运算，上侧显示的是反向传播中计算的偏微分的值。

$$\frac{\partial L}{\partial y} = L(1 - L)$$

$$\frac{\partial y}{\partial w} = 2w$$

将上述等式结合在一起就可以得到如下公式。

$$\frac{\partial L}{\partial w} = 2wL(1 - L)$$

这就是误差反向传播算法。

实际上，之前在数据分析中所使用的偏微分计算（4.5.4小节中最开始的代码中所实现的 **update** 函数）就利用了误差反向传播的计算结果。

那么，在这里所创建的神经网络模型如果要用公式表示，应该写成怎样的形式呢？

请参考图4.24和图4.25所示，虽然这两幅计算图看上去有些复杂，实际上是很容易理解的。

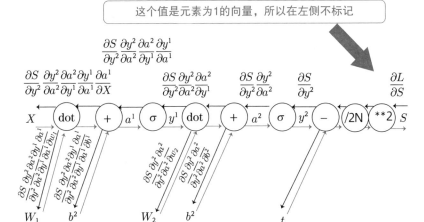

图 4.24　创建的神经网络模型的公式示例①

$$\frac{\partial L}{\partial S}$$

$$S \underbrace{\text{sum}} \quad L$$

图 4.25　创建的神经网络模型的公式示例②

下面对其中的偏微分的值逐个进行分析。为了明确与内积运算的区别，将采用只在对应元素之间进行乘法运算的哈达玛积⊙来表示。

$$\frac{\partial S}{\partial y^2} = \frac{1}{N}\left(\overrightarrow{y^2} - \vec{t}\right)$$

$$\frac{\partial \overrightarrow{y^2}}{\partial a^2} = \overrightarrow{y^2} \odot \left(1 - \overrightarrow{y^2}\right)$$

$$\frac{\partial \overrightarrow{a^2}}{\partial W^2} = \overrightarrow{y^1}^{\mathrm{T}}$$

$$\frac{\partial \overrightarrow{a^2}}{\partial \overrightarrow{b^2}} = 1$$

$$\frac{\partial \overrightarrow{a^2}}{\partial \overrightarrow{y^1}} = W_2^{\mathrm{T}}$$

$$\frac{\partial \overrightarrow{y^1}}{\partial \overrightarrow{a^1}} = \overrightarrow{y^1} \odot (1 - \overrightarrow{y^1})$$

$$\frac{\partial \overrightarrow{a^1}}{\partial W_1} = X^{\mathrm{T}}$$

$$\frac{\partial \overrightarrow{a^1}}{\partial b^2} = 1$$

从上述等式中可以看到，根据微分连锁律就可以实现对偏微分值的计算。矩阵中在偏微分值所处的位置上对输出结果进行内积乘法运算即可。注意在进行内积计算时，要按照矩阵的shape（形状）的顺序进行计算，不要弄错顺序。

完成了偏微分值的计算后，再乘以学习率η，再从参数中减去这一计算结果，就实现了对参数的更新操作。

● 计算时间缩短的原因

那么，究竟为什么使用误差反向传播算法就能缩短计算时间呢？

采用数值微分（当对参数稍作调整时，用于观测相应的损失函数的输出值的变化情况的方法）方式实现，需要根据参数中所设置的次数反复执行对损失函数的计算。而现实情况是，在这里所使用的神经网络中，包含79万个以上的参数。如果对所有这些参数都进行更新，每次更新都需要执行79万次以上的矩阵运算。

与此相对，使用误差反向传播算法，损失函数只需要进行一次计算即可。之后，只要对中间过程中的输出值进行记录，就可以使用这一值的组合实现对参数值的更新操作。

4.6.4 小结

本小节进行了实现手写数字识别的前期准备工作。首先，对神经网络的结构进行了扩展，然后为了缩短计算时间，引入了误差反向传播算法。

在4.7节中，将运用这些知识，正式开始用于手写数字数据分类的网络模型的构建操作。

MEMO

参考

● TensorFlow Playground

URL https://playground.tensorflow.org

✏ 读书笔记

4.7 NumPy神经网络编程（文字识别篇）

本节将对使用 NumPy 实现神经网络编程系列的最后一步进行讲解。

到目前为止，对神经网络的理论进行了简单的讲解，并使用 NumPy 实现了一些基本的组件。虽然刚开始接触可能会觉得有些难以理解，但是相信大家在不断地接触学习的过程中，已经对其中的原理有所领会了。

本节将尝试使用NumPy编程实现对 MNIST 数据集中文字的识别进行处理。

4.7.1 基于NumPy的实现（MNIST）

数据集的准备

首先，需要准备用于进行文字识别处理的数据集。

需要使用的是手写的 0 ~ 9 数字的图像所组成的用于分类的数据集。这里将手写数字识别作为网络开展学习的目标。

下面将采用MNIST作为手写数字的数据集。MNIST 是 Mixed National Institute of Standards and Technology database 的缩写。这个数据集中包含28像素 ×28像素的数据及其对应数字的标签所组成的数据对，共计7万组数据（其中，6万组数据是用于学习的，剩余的1万组数据是用于测试的）。这个数据集的文件可以在MNIST网站中下载，具体方法如下。

如果是在终端中进行下载，可以使用如下下载命令。

[终端窗口]

```
$ wget http://yann.lecun.com/exdb/mnist/train-images-➡
idx3-ubyte.gz
$ wget http://yann.lecun.com/exdb/mnist/train-labels-➡
idx1-ubyte.gz
```

462

```
$ wget http://yann.lecun.com/exdb/mnist/t10k-images-➡
idx3-ubyte.gz
$ wget http://yann.lecun.com/exdb/mnist/t10k-labels-➡
idx1-ubyte.gz
```

如果是通过 Web 浏览器下载，可以直接访问下列超链接。

● train-images-idx3-ubyte.gz

URL http://yann.lecun.com/exdb/mnist/train-images-idx3-ubyte.gz

● train-labels-idx1-ubyte.gz

URL http://yann.lecun.com/exdb/mnist/train-labels-idx1-ubyte.gz

● t10k-images-idx3-ubyte.gz

URL http://yann.lecun.com/exdb/mnist/t10k-images-idx3-ubyte.gz

● t10k-labels-idx1-ubyte.gz

URL http://yann.lecun.com/exdb/mnist/t10k-labels-idx1-ubyte.gz

请将上述4个文件全部下载到本地的计算机，然后保存到任意的文件夹中。此外，需要注意的是，后面编写的代码在执行时，必须确保当前目录与保存文件的目录相同。

◉ 执行程序的准备

请将清单4.4中的代码保存到 **load_mnist.py** 文件中，并在终端中执行这段代码。

清单 4.4　load_mnist.py

```python
import pickle
import numpy as np
import gzip

key_file = {
    'x_train':'train-images-idx3-ubyte.gz',
    't_train':'train-labels-idx1-ubyte.gz',
    'x_test':'t10k-images-idx3-ubyte.gz',
    't_test':'t10k-labels-idx1-ubyte.gz'
}

def load_label(file_name):
```

```
    file_path = file_name
    with gzip.open(file_path, 'rb') as f:
        # 开头的8字节数据并非是需要的内容，因此跳过
        labels = np.frombuffer(f.read(), np.uint8,offset=8)
    one_hot_labels = np.zeros((labels.shape[0], 10))
    for i in range(labels.shape[0]):
        one_hot_labels[i, labels[i]] = 1
    return one_hot_labels

def load_image(file_name):
    file_path = file_name
    with gzip.open(file_path, 'rb') as f:
        # 需要跳过图像本身的16字节的内容
        images = np.frombuffer(f.read(), np.uint8, offset=16)
    return images

def convert_into_numpy(key_file):
    dataset = {}

    dataset['x_train'] = load_image(key_file['x_train'])
    dataset['t_train'] = load_label(key_file['t_train'])
    dataset['x_test'] = load_image(key_file['x_test'])
    dataset['t_test'] = load_label(key_file['t_test'])

    return dataset

def load_mnist():
    # 读取mnist并将其输出为NumPy数组
    dataset = convert_into_numpy(key_file)
    # 指定数据类型为float32
    dataset['x_train'] = dataset['x_train'].astype(➡
    np.float32)
     dataset['x_test'] = dataset['x_test'].astype(➡
     np.float32)
    dataset['x_train'] /= 255.0
    # 简单的归一化处理
    dataset['x_test'] /= 255.0
```

```
dataset['x_train'] = dataset['x_train'].reshape(➡
-1, 28*28)
dataset['x_test']  = dataset['x_test'].reshape(➡
-1, 28*28)
return dataset
```

在MNIST数据集中保存了用于训练的28像素×28像素的784个手写数字的像素数据，标签数据就是训练用数据的数字（0~9的任意数字）。

在程序清单4.4中，使用**load_label**函数将标签数据解压缩，并将其转换为独热向量。

独热向量是分类对象的索引值为1，其余的值为0的一种数据。例如，如果想表示0~9的10种分类中的3，3排在第4位，因此它的独热向量就是**[0, 0, 0, 1, 0, 0, 0, 0, 0, 0]**。这样就可以创建用于计算分类为每种数字的概率的神经元，并对它们的输出值的差进行确认。

● 执行程序的读入

在将**load_mnist.py**保存到下载的数据文件所在的目录中后，启动Python的命令行解释器，然后执行下列语句，以完成数据的读取操作。

```
In [1]: import load_mnist as lm
   ...: dataset = lm.load_mnist()
```

● 图像的显示

既然已经下载了数据集文件，那不妨尝试一下利用matplotlib来显示其中的内容（参考MEMO）。

```
In [2]: import matplotlib.pyplot as plt
   ...:
   ...: for i in range(20):
   ...:     plt.subplot(4, 5, i+1)
   ...:     plt.imshow(dataset['x_train'][i,:].➡
        reshape(28, 28))
   ...:
   ...:     plt.show()
```

MEMO

matplotlib及其功能

在matplotlib中使用subplot函数，就能实现对多个图表画面同时进行绘制。调用**subplot (全体的行数，全体的列数，当前需要绘制图表的位置)** 就能对当前正在绘制的图表的位置进行指定。在指定位置时，是按照从左上角开始0、1、2、3、4，然后接着是下一行5、6、7、8、9这样的顺序来指定位置编号的。

另外，matplotlib 同时也提供了显示图像的功能，调用 **plt.imshow** 即可将绘制的结果显示出来。这个函数不仅可以指定单色图像，同时也支持对 RGB 图像的显示。

上述代码的执行结果如图 4.26 所示。

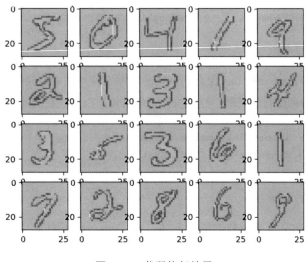

图 4.26　代码执行结果

下面将尝试让计算机自动对这些手写数字进行识别分类。

4.7.2　网络的构建

至此，已经实现了对数据集文件的读取操作，接下来将继续进行对神经网络模型的构建操作。

● 执行程序的准备

请将清单4.5中的代码保存到 **neuralnet.py** 文件中。这里输入向量 $\vec{x}$ 中元素的个数为 $28 \times 28 = 784$ 个，在编写代码时请注意。

清单 4.5　　neuralnet.py（将神经元的数量保存在数组中并作为参数输入）

```python
import numpy as np

# 使用类似shape_list = [784, 100, 10]的语句，将每个网络层中神
# 经元的数量作为数组进行输入
def make_params(shape_list):
    weight_list = []
    bias_list = []
    for i in range(len(shape_list)-1):
        # 将服从标准正态分布的随机数作为初始值
        weight = np.random.randn(shape_list[i], shape_
list[i+1])
        # 将初始值全部设置为0.1
        bias = np.ones(shape_list[i+1])/10.0
        weight_list.append(weight)
        bias_list.append(bias)
    return weight_list, bias_list
```

输入层中神经元数量为784个，隐藏层中神经元数量为100个，输出层中神经元数量为10个。在正式开始构建模型之前，需要先准备好相关的函数。

此外，为了让网络的学习过程更加有效率，可以采用一次性计算多个样本数据的方法。那么，究竟需要怎么做才能实现一次性计算多个样本数据呢？很简单，只需要将输入矩阵X的shape（形状）设置为（**样本数量，784**）即可。当样本数量为10时，矩阵的shape为 **(10, 784)**。

另外，关于参数的初始值问题，这里在对权重参数进行初始化时，使用了服从标准正态分布的随机数。之所以这样做，是因为人们从大量的研究中总结出了"采用服从标准正态分布的数据，学习起来更简单"这一经验规则。

● 模型函数的准备

接下来，将开始准备用于进行模型中运算的函数。这个函数是用于神经网络中的正向传播计算的函数。如果要实现误差反向传播，只需要想办法对中间的计算结果进行记录即可。

在下面的实现代码中，创建了对到损失函数为止的所有的结果进行记录的函数。如果从计算时间的角度考虑，应当尽量避免让程序进行没有意义的计算，但是这里的目的是编程实现这个网络模型，因此更加注重代码的可读性（见清单4.6）。

清单 4.6　　neuralnet.py（模型的函数部分）

```python
def sigmoid(x):              # Sigmoid函数
    return 1/(1+np.exp(-x))

def inner_product(X, w, b):  # 在这里将内积与偏置相加
    return np.dot(X, w)+ b

def activation(X, w, b):
    return sigmoid(inner_product(X, w, b))

# 返回保存了每个网络层的计算结果的数组
def calculate(X, w_list, b_list, t):
    val_list = {}
    a_1 = inner_product(X, w_list[0], b_list[0]) ➡
# (N, 1000)
    y_1 = sigmoid(a_1)                 # (N, 1000)
    a_2 = inner_product(y_1, w_list[1], b_list[1]) ➡
# (N, 10)
    # 这是原本想要得到的值 (N,10)
    y_2 = sigmoid(a_2)
    # 在这里加入简单的归一化处理
    y_2 /= np.sum(y_2, axis=1, keepdims=True)
    S = 1/(2*len(y_2))*(y_2 - t)**2
    L = np.sum(S)
    val_list['a_1'] = a_1
    val_list['y_1'] = y_1
    val_list['a_2'] = a_2
```

```
    val_list['y_2'] = y_2
    val_list['S'] = S
    val_list['L'] = L
    return val_list

# 在这里进行预测
def predict(X, w_list, b_list, t):
    val_list = calculate(X, w_list, b_list, t)
    y_2 = val_list['y_2']
    result = np.zeros_like(y_2)
    # 相当于样本数
    for i in range(y_2.shape[0]):
        result[i, np.argmax(y_2[i])] = 1
    return result
```

接下来，将根据指定的输入值对手写数字进行预测的**predict**函数，计算损失的**loss**函数，以及最为重要的更新参数的**update**函数进行编程实现（见清单4.7）。

其中，**update**函数的实现虽然看上去有些复杂，实际上就是将4.6节中的反向传播的计算图（见图4.24和图4.25）转换成了代码而已。

清单 4.7　　neuralnet.py（损失函数部分）

```
def accuracy(X, w_list, b_list, t):
    pre = predict(X, w_list, b_list, t)
    result = np.where(np.argmax(t, axis=1)==np.argmax(➡
    pre, axis=1), 1, 0)
    acc = np.mean(result)
    return acc
def loss(X, w_list, b_list, t):
    L = calculate(X, w_list, b_list, t)['L']
    return L

# eta为学习率，这里将实现参数的更新操作
def update(X, w_list, b_list, t, eta):
    val_list = {}
    val_list = calculate(X, w_list, b_list, t)
    a_1 = val_list['a_1']
    y_1 = val_list['y_1']
```

```
a_2 = val_list['a_2']
y_2 = val_list['y_2']
S = val_list['S']
L = val_list['L']
dL_dS = 1.0
dS_dy_2 = 1/X.shape[0]*(y_2 - t)
dy_2_da_2 = y_2*(1.0 - y_2)
da_2_dw_2 = np.transpose(y_1)
da_2_db_2 = 1.0
da_2_dy_1 = np.transpose(w_list[1])
dy_1_da_1 = y_1 * (1 - y_1)
da_1_dw_1 = np.transpose(X)
da_1_db_1 = 1.0
# 从这里开始进行参数的更新操作
dL_da_2 =  dL_dS * dS_dy_2 * dy_2_da_2
b_list[1] -= eta*np.sum(dL_da_2 * da_2_db_2, axis=0)
w_list[1] -= eta*np.dot(da_2_dw_2, dL_da_2)
dL_dy_1 = np.dot(dL_da_2, da_2_dy_1)
dL_da_1 = dL_dy_1 * dy_1_da_1
b_list[0] -= eta*np.sum(dL_da_1 * da_1_db_1, axis=0)
w_list[0] -= eta*np.dot(da_1_dw_1, dL_da_1)
return w_list, b_list
```

请将上述函数全部保存到 **neuralnet.py** 文件中。

🔷 4.7.3 网络的训练

　　至此，完成了所有的前期准备工作。下面将正式开始对模型进行训练。具体采用的训练方式并非是将全部 60000 个数据一次性读入，然后对参数进行更新，而是将数据分割为很多小尺寸的批，分批次进行训练。

　　批次的选择方法是利用随机数随机地进行选取。这样做的目的之一就是防止因过度学习所导致的过拟合问题的发生。

　　请再次确认 **load_mnist.py** 和 **neuralnet.py** 这两个文件与之前下载的 MNIST 数据集文件是保存在同一目录中。然后，启动 Python 的命令行解释器，并执行如下代码。

```
In [3]: import numpy as np
   ...: import neuralnet as nl
   ...: import load_mnist
   ...:
   ...: dataset = load_mnist.load_mnist()
   ...: X_train = dataset['x_train']
   ...: t_train = dataset['t_train']
   ...: X_test = dataset['x_test']
   ...: t_test = dataset['t_test']
   ...:
   ...: weight_list, bias_list = nl.make_params([784, ➡
        100, 10])
   ...: # 指定进行多少次学习
   ...: train_time = 10000
   ...: # 指定每次学习使用多少个样本数据
   ...: batch_size = 1000
   ...: # 创建用于记录精度和损失的变化情况的数组
   ...: total_acc_list = []
   ...: total_loss_list = []
   ...: for i in range(train_time):
   ...:
   ...:     # 生成batch_size个0～59999内的随机整数
   ...:     ra = np.random.randint(60000, size=batch_size)
   ...:     # 在这里进行参数的更新操作。eta为学习率，用于决定
   ...:     # 参数按照多大比例进行更新
   ...:     # 将学习率设置为2.0
   ...:     # 在实际中往往需要反复尝试才能确定学习率
   ...:     x_batch, t_batch = X_train[ra,:], t_train[ra,:]
   ...:     weight_list, bias_list = nl.update(x_batch, ➡
        weight_list, bias_list, t_batch, eta=2.0)
   ...:     # 每学习5次对学习进度进行确认
   ...:     if (i+1)%100 == 0:
   ...:         acc_list = []
   ...:         loss_list = []
   ...:         for k in range(10000//batch_size):
   ...:             x_batch, t_batch = X_test[k*batch_➡
                size:(k+1)*batch_size, :], t_test➡
                [k*batch_size:(k+1)*batch_size, :]
```

```
    ...:                    acc_val = n1.accuracy(x_batch,  ➡
                           weight_list, bias_list, t_batch)
    ...:                    loss_val = n1.loss(x_batch, weight_ ➡
                           list, bias_list, t_batch)
    ...:                    acc_list.append(acc_val)
    ...:                    loss_list.append(loss_val)
    ...:                # 计算精度的平均值
    ...:                acc = np.mean(acc_list)

    ...:                # 计算损失总和
    ...:                loss = np.mean(loss_list)
    ...:                total_acc_list.append(acc)
    ...:                total_loss_list.append(loss)
    ...:                print("Time: %d, Accuracy: %f, Loss: %f" ➡
                       %(i+1, acc, loss))
```

上述代码的执行结果如下。

```
Time: 100, Accuracy: 0.418000, Loss: 0.387939
Time: 200, Accuracy: 0.601200, Loss: 0.271992
Time: 300, Accuracy: 0.691300, Loss: 0.214235
Time: 400, Accuracy: 0.747500, Loss: 0.179992
Time: 500, Accuracy: 0.776800, Loss: 0.159846
Time: 600, Accuracy: 0.797100, Loss: 0.146920
Time: 700, Accuracy: 0.809000, Loss: 0.138399
Time: 800, Accuracy: 0.818900, Loss: 0.131923
Time: 900, Accuracy: 0.826800, Loss: 0.125436
Time: 1000, Accuracy: 0.833900, Loss: 0.121262
（略）
Time: 9000, Accuracy: 0.920200, Loss: 0.059654
Time: 9100, Accuracy: 0.920800, Loss: 0.059522
Time: 9200, Accuracy: 0.920300, Loss: 0.059381
Time: 9300, Accuracy: 0.921400, Loss: 0.059228
Time: 9400, Accuracy: 0.920800, Loss: 0.059040
Time: 9500, Accuracy: 0.921200, Loss: 0.058764
Time: 9600, Accuracy: 0.921600, Loss: 0.058775
Time: 9700, Accuracy: 0.922000, Loss: 0.058741
Time: 9800, Accuracy: 0.922700, Loss: 0.058325
Time: 9900, Accuracy: 0.923100, Loss: 0.058011
Time: 10000, Accuracy: 0.922100, Loss: 0.057993
```

从上述结果中可以看到，网络模型的预测精度在慢慢提高。可以使用如下代码对上述执行结果进行可视化处理（参考MEMO）。

```
In [4]: import matplotlib.pyplot as plt
   ...: plt.subplot(211)
   ...: plt.plot(np.arange(0, train_time, 100),total_
   acc_list)
   ...: plt.title('accuracy')

   ...: plt.subplot(212)
   ...: plt.plot(np.arange(0, train_time, 100), total_
   loss_list)
   ...: plt.title('loss')
   ...: plt.tight_layout()
   ...: plt.show()
```

上述代码的执行结果如图4.27所示。

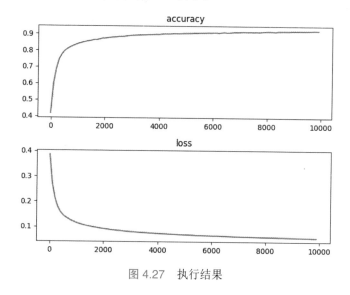

图 4.27　执行结果

从图4.27中可以看到，损失函数的值在非常平稳地下降，而且模型的精度也在不断提升。最终，模型的精度达到了90%以上。

MEMO

可视化代码

在利用matplotlib实现的可视化代码中，使用了plt.tight_layout()函数，目的是防止图表之间出现重叠的问题，同时还能解决图表的标题没有正确显示出来的问题。

4.7.4　小结

本节运用到目前为止所学习的知识完成了对神经网络模型的编程实现。相信通过对本节内容的学习，大家已经知道对于简单的神经网络模型，完全可以做到从零开始编程实现。

这里并没有采用TensorFlow这类框架来实现被黑盒化的神经网络模型，而是直接利用NumPy通过非常简单的代码就完成了对网络模型的实现，因为这样更有助于对神经网络内部所执行的运算及其原理进行理解。

虽然这些示例程序是用NumPy的代码编写的，但是实际中运用这些代码进行实践也是种非常好的练习，因此建议大家在参考本书内容的基础上，进一步尝试编写属于自己的神经网络程序。

4.8 NumPy神经网络编程（强化学习篇）

本节将对机器学习中专门用于让机器自己摸索出期望答案的强化学习的相关知识进行学习。

这里将使用NumPy对Q学习和策略梯度算法这两种算法进行编程实践。

4.8.1 何谓OpenAI Gym

OpenAI Gym是由OpenAI（参考MEMO）所提供的一个专门用于体验强化学习技术的学习平台。这个平台主要用于对各类算法的性能进行评估，其中还包含了各种各样的游戏程序，可以很简单地在Python环境中执行。

这里将要讲解的强化学习技术，就是使用了平台所提供的程序中的CartPole这款游戏。

> 📝 **MEMO**
>
> OpenAI
>
> OpenAI是一个专门研究人工智能相关技术的非营利性组织。

● CartPole

CartPole是一款通过左右移动底座来避免连接在底座上的棒子倒掉的游戏。当棒子（Pole）超过一定的角度倒掉时，游戏就失败了。具体的游戏画面如图4.28所示。

棒子快要倒了

图4.28　CartPole

实际上，当输入1（将底座推向右边）或0（将底座推向左边）时，游戏就会返回当时底座的位置、速度、角度和棒子的角度、速度等环境信息。

游戏的概要信息如下。

● 状态

从环境中所输出的状态 s 包含以下4种变量，见表4.2。

表4.2　状态 s

编　号	名　称	最小值	最大值
0	底座的速度	-2.4	2.4
1	底座的速度	$-\inf$	inf
2	棒子的角度	$-41.8°$	41.8°
3	棒子的角度	$-\inf$	inf

● 行动

在某一状态 s 中可以采取的行动 $A(s)$ 见表4.3。

表4.3　行动 $A(s)$

编　号	名　称
0	将底座推向左边
1	将底座推向右边

● 报酬

报酬是当棒子处于没有倒下的状态时，每个时间片可以获取1.0的报酬额。

4.8.2　游戏的安装与执行

首先，需要安装 OpenAI Gym 软件包。

在终端窗口中执行下列命令即可自动安装所需的基本软件包。

[终端窗口]

```
$ pip install gym
```

接下来，启动Python的命令行解释器并执行下列代码。
首先，需要导入gym软件包。

```
In [1]: import gym
   ...: env = gym.make("CartPole-v0")
```

对状态进行初始化。

```
In [2]: observation = env.reset()
```

CartPole允许玩家采取的行动是将底座往右推（按1键）和将底座往左推（按0键），因此将动作值代入变量 **action** 中，并执行游戏。

```
In [3]: action = 1 # 先尝试往右推底座
        observation, reward, done, info = env.➡
        step(action) # 执行step函数就会返回采取行动后的状态、报
                     # 酬、游戏是否已经结束、信息4个变量
```

如果想要查看游戏的状态，可以调用 **env.render** 方法。

```
In [4]: env.render()
```

需要注意的是，这些代码只有实际执行时才能真正确认其产生的结果。那么，接下来就执行下列简单的代码。

```
In [5]: import numpy as np
   ...: observation = env.reset()
   ...:
   ...: for k in range(100):
   ...:     env.render()
   ...:     # 用0或1随机执行
   ...:     observation, reward, done, info=env.➡
            step(np.random.randint(1))
   ...:     # 游戏结束时需要调用env.close方法
   ...: env.close()
```

只要执行上述代码就会看到，棒子几乎立马就会倒下。接下来，将对网络模型进行训练使其掌握可以保持不让棒子倒下的移动底座的方法。

🔷 4.8.3 Q学习

● 何谓Q学习

所谓的Q学习（Q-learning），是指当状态为s时根据所采取的行动a，来表示能获取多大程度价值的价值函数$Q(s, a)$。本节将对这个价值函数$Q(s, a)$进行训练。

Q学习的思想实际上很简单，就是尽量选择能够让这个价值函数产生更高输出值的行动。另外，有种观点是在进行学习的时候，多少夹杂一些随机的行为将会取得更好的效果。这种算法称为 ε – 贪婪算法。

在最基本的Q学习模型中，是使用表格对这个价值函数的输出值进行表示的。

例如，如果存在10个状态，而每个状态又对应两个行动选项，那么就可以使用10×2的表格对这个价值函数的输出值进行表示。

现在需要学习的这个游戏中，存在4个状态变量，而每个变量又分为4种不同状态，因此所有的状态加在一起，总共有4^4=256种不同的状态分类。在这256种不同的状态中，根据是往右推还是往左推，分别对其所对应的价值进行更新（见图4.29）。

共 256 种状态

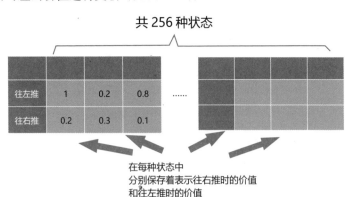

图 4.29　使用表格显示价值函数值的示例

上述价值函数的更新操作通常都是根据如下公式实现的。

$$Q(s_t, a_t) \leftarrow (1-\alpha)Q(s_t, a_t) + \alpha\left(r_{t+1} + \gamma \max_{a_{t+1}} Q(s_{t+1}, a_{t+1})\right)$$

从上述公式可以看到，在下一个状态的价值函数中输出值最大的一项加上了衰减系数，与下一个状态中所得到的报酬r_{t+1}相加所得到的结果，再按照一定比例γ相加，进行更新。

对当前的价值进行更新时，是在下一个状态的价值函数中输出值最大的一项上乘以一个衰减系数，然后与下一个状态中所得到的报酬r_{t+1}相加所得到的结果，再按照一定的比例与当前状态的价值相加。

● Q学习的编程实现

接下来，将开始实际的编程。

首先，创建一个用于保存价值的表（table）（见清单4.8）。

```
q_table = np.random.uniform(low=-1, high=1,size=(4 ** 4,➡
    env.action_space.n))


def bins(clip_min, clip_max, num):
    return np.linspace(clip_min, clip_max, num + 1)[1:-1]


def digitize_state(observation):
    # 将各个值转换为4个离散值
    cart_pos, cart_v, pole_angle, pole_v=observation
    digitized = [np.digitize(cart_pos, bins=bins(➡
2.4, 4)),
    np.digitize(cart_v, bins=bins(-3.0,3.0, 4)),
    np.digitize(pole_angle, bins=bins -0.5, 0.5, 4)),
    np.digitize(pole_v, bins=bins(-2.0,2.0, 4))]
    # 转换为0~255的数
    return sum([x * (4 ** i) for i, x in numerate(digitized)])
```

接下来是实现之前的Q学习公式。

$$Q(s_t, a_t) \leftarrow (1-\alpha)Q(s_t, a_t) + \alpha\left(r_{t+1} + \gamma \max_{a_{t+1}} Q(s_{t+1}, a_{t+1})\right)$$

根据上述公式，编写根据状态选择下一步行动的函数。

首先，将编写在通过现在的价值函数选择具有最大价值的某个行动后，再根据公式进行更新的函数，并将之前进行随机选择的地方，替换成新定义的函数（见清单4.9）。

清单4.9　cartpole1.py（完成）

```
import gym
import numpy as np

env = gym.make('CartPole-v0')

goal_average_steps = 195
max_number_of_steps = 200
num_consecutive_iterations = 100
num_episodes = 5000
last_time_steps = np.zeros(num_consecutive_iterations)

q_table = np.random.uniform(low=-1, high=1, size=(4 ** ➡
4, env.action_space.n))

def bins(clip_min, clip_max, num):
    return np.linspace(clip_min, clip_max, num + 1)[1:-1]

def digitize_state(observation):
    cart_pos, cart_v, pole_angle, pole_v = observation
    digitized = [np.digitize(cart_pos, bins=bins(-2.4, ➡
2.4, 4)),
                 np.digitize(cart_v, bins=bins(-3.0, ➡
3.0, 4)),
                 np.digitize(pole_angle, bins=bins(➡
-0.5, 0.5, 4)),
                 np.digitize(pole_v, bins=bins(-2.0, ➡
2.0, 4))]
    return sum([x * (4 ** i) for i, x in enumerate(➡
digitized)])
```

```
def get_action(state, action, observation, reward):
    next_state = digitize_state(observation)
    next_action = np.argmax(q_table[next_state])

    # 更新Q表格
    alpha = 0.2
    gamma = 0.99
    q_table[state, action] = (1 - alpha) * q_table[➡
state, action] +\
            alpha * (reward + gamma * q_table[next_➡
state, next_action])

    return next_action, next_state
step_list = []
for episode in range(num_episodes):
    # 环境的初始化
    observation = env.reset()

    state = digitize_state(observation)
    action = np.argmax(q_table[state])

    episode_reward = 0
    for t in range(max_number_of_steps):
        # 绘制CartPole
        env.render()

        # 执行行动并获取反馈
        observation, reward, done, info = env.step(action)

        # 选择下一个行动
        action, state = get_action(state, action, ➡
observation, reward)
        episode_reward += reward

        if done:
            print('%d Episode finished after %f time ➡
steps / mean %f' % (episode, t + 1,
                last_time_steps.mean()))

            last_time_steps = np.hstack((last_time_➡
steps[1:], [episode_reward]))
```

```
        step_list.append(last_time_steps.mean())
        breakepisode)
  # 如果最近的100次记录达到195以上，就说明学习成功了
  if (last_time_steps.mean() >= goal_average_steps):
      print('Episode %d train agent successfuly!' % episode)
      break
# 下面是绘制图表的代码
import matplotlib.pyplot as plt
plt.plot(step_list)
plt.xlabel('episode')
plt.ylabel('mean_step')
plt.show()
```

● Q 学习的执行

请将清单4.9中的代码保存到 **cartpole1.py** 文件中，然后在终端窗口中执行。

［终端窗口］

```
$ python cartpole1.py
```

step 数的变化推移如图4.30所示。

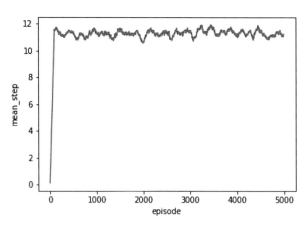

图 4.30　step 数的变化推移

从图4.30中可以看到，学习进展得并不是很顺利。无论游戏进行

了多少局（episode），每次总是玩了几步（step）就产生了很大的倾斜，导致游戏结束，然后又不得不重新开始新的一局。其中的原因是，尽管智能体选择了它认为最为合适的行动，而实际的行动范围却受到了限制。

如果智能体要将自身还未掌握的行动作为下一步行动的选项，那么就不得不在探索的过程中不断地学习和掌握新的知识才行。然而，如果一味探索新的知识，就会导致无法合理运用之前所学习到的知识，结果就是获得的报酬一直无法得到提升。这个问题也称为探索和利用困境（exploration–exploitation dilemma）。

解决这一问题的方法就是在"利用"和"探索"的交织中，摸索前行的同时，还必须要确保获取相应的报酬。接下来，将尝试使用 ε – 贪婪算法解决这一问题。所谓 ε - 贪婪算法，就是按照一定的概率随机地选择下一步所采取的行动的一种算法。

● 引入 ε -贪婪算法

将 **get_action** 函数的实现代码修改为如清单 4.10 中的形式。

清单 4.10　　　cartpole2.py（cartpole1.py 的修改）

```
（略）
def get_action(state, action, observation, reward):
    next_state = digitize_state(observation)

    epsilon = 0.2
    if  epsilon <= np.random.uniform(0, 1):
        next_action = np.argmax(q_table[next_state])
    else:
        next_action = np.random.choice([0, 1])

    # Q表格的更新
    alpha = 0.2
    gamma = 0.99
    q_table[state, action] = (1 - alpha) * q_table[➡
state, action] +\
            alpha * (reward + gamma * q_table[➡
next_state, next_action])

    return next_action, next_state
（略）
```

◉ 执行修改后的算法

请在终端窗口中执行清单4.10中的代码。智能体将按照一定的概率进行探索以确保自身能获取新的经验。执行结果如图4.31所示。

[终端窗口]

```
$ python cartpole2.py
```

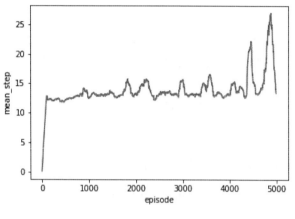

图 4.31　执行结果

从图4.31中可以看到，模型的输出变得更加平衡。但是，在进行了5000局的游戏之后，仍然没能够求出正确的答案。

◉ 提高学习初期阶段的探索频率

由于在学习刚开始时不确定性较高，为了改进模型的性能，将修改代码，采用更高的频率进行探索，随着学习的进行充分利用已有的经验。由于函数的参数也增加了，因此也需要对调用 **get_action** 函数的地方进行修改。

　　　cartpole3.py（cartpole2.py 的修改）

（略）

```
def get_action(state, action, observation, reward, episode):
    next_state = digitize_state(observation)

    epsilon = 0.5 * (0.99 ** episode)
    if  epsilon <= np.random.uniform(0, 1):
        next_action = np.argmax(q_table[next_state])
    else:
        next_action = np.random.choice([0, 1])

    # Q表格的更新
    alpha = 0.2
    gamma = 0.99
    q_table[state, action] = (1 - alpha) * q_table[➡
    state, action] + \alpha * (reward + gamma * q_table[➡
    next_state, next_action])

    return next_action, next_state
```
（略）

```
        # 行动的选择
        action, state = get_action(state, action, ➡
        observation, reward, episode)
        episode_reward += reward
```
（略）

　　在终端窗口中执行清单4.11中的代码。结果如图4.23所示。

［终端窗口］

```
$ python cartpole3.py
```

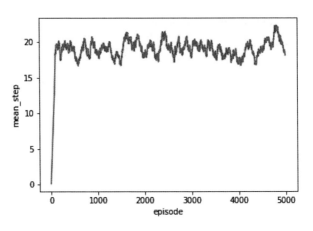

图 4.32　执行结果

从图 4.32 中可以看到，相比之前的结果，step 数有所增加。很显然，这个模型仍然还有有待改进的空间。

● 添加惩罚项

最后，将在由于无法取得平衡而导致游戏失败的时候，为模型添加惩罚项。在失败后将报酬值设置为负数，并将最后对局中的报酬保存部分的代码修改为 $t+1$（见清单 4.12）。

清单 4.12　　cartpole4.py（cartpole3.py 的修改）

```
（略）
        # 执行行动并获取反馈信息
        observation, reward, done, info=env.step(action)

        # 添加惩罚项
        if done:
            reward = -200

        # 行动的选择
        action, state = get_action(state, action, ➡
observation, reward, episode)

        if done:
```

```
            print('%d Episode finished after %f time ➡
steps / mean %f' % (episode, t + 1,
                last_time_steps.mean()))
            last_time_steps = np.hstack((last_time_ ➡
steps[1:], [t + 1]))
            step_list.append(last_time_steps.mean())
            break
```
（略）

请在终端窗口中执行清单4.12中的代码。在添加了惩罚项之后，模型应当会记住错误的行为，加快学习的速度。执行结果如图4.33所示。

[终端窗口]

```
$ python cartpole4.py
```

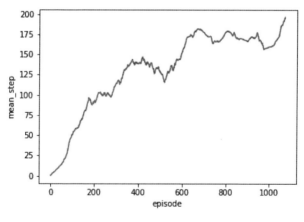

图 4.33　执行结果

从图4.33中可以看出，模型运行得非常成功。在大约1000次对局前后，step数超过了195步。

将到目前为止对代码的所有修改都集中到清单4.13中。

清单 4.13　　cartpole4.py（完成版）

```python
# coding: utf-8
import gym  # 导入gym和NumPy模块
import numpy as np

# 将相当于环境的对象保存到env中
env = gym.make('CartPole-v0')

# 目标是保持连续195步以上棒子不倒
goal_average_steps = 195
# 最大步数
max_number_of_steps = 200
# 评估范围的对局数
num_consecutive_iterations = 100
num_episodes = 5000
last_time_steps = np.zeros(num_consecutive_iterations)

# 创建用于保存价值函数的输出值的表格
# np.random.uniform返回指定范围内的均匀分布的随机数
q_table = np.random.uniform(low=-1, high=1, size=(➡
4**4, env.action_space.n))

def bins(clip_min, clip_max, num):
    # np.linspace返回指定范围内的等间距数列
    return np.linspace(clip_min, clip_max, num + 1)[1:-1]

def digitize_state(observation):
    # 将各个值转换为4个离散值
    # np.digitize是将指定的数值归类到bins所指定的基数的函数。返
    # 回的是基数的索引
    cart_pos, cart_v, pole_angle, pole_v=observation
    digitized = [np.digitize(cart_pos, bins=bins(➡
-2.4, 2.4, 4)),
                 np.digitize(cart_v, bins=bins(➡
-3.0, 3.0, 4)),
                 np.digitize(pole_angle, bins=bins(➡
-0.5, 0.5, 4)),
                 np.digitize(pole_v, bins=bins(➡
-2.0, 2.0, 4))]
```

```
    # 转换为0～255的数
    # 可以使用带索引的循环语句
    return sum([x* (4**i) for i, x in enumerate(digitized)])


def get_action(state, action, observation, reward, episode):
    next_state = digitize_state(observation)
    epsilon = 0.5 * (0.99** episode)
    # 如果均匀随机数比0.2还要大
    if epsilon <= np.random.uniform(0, 1):
        # 将q_table中下一次所采取的行动当中具有最高价值的行动保存
        # 到next_action中
        next_action = np.argmax(q_table[next_state])
    else:
        # 换言之就是按照20%的概率随机采取行动
        next_action = np.random.choice([0, 1])


    # 更新Q表格
    alpha = 0.2
    gamma = 0.99
    q_table[state, action] = (1 - alpha) * q_table[➡
state, action] + \
            alpha * (reward + gamma * q_table[➡
next_state, next_action])
    return next_action, next_state

step_list = []
for episode in range(num_episodes):
    # 环境的初始化
    observation = env.reset()

    state = digitize_state(observation)
    action = np.argmax(q_table[state])

    episode_reward = 0
    for t in range(max_number_of_steps):
        # 绘制CartPole
```

```
            env.render()

            # 采取action时的环境、报酬、游戏状态是否为结束、调试信息
            # 等有用的信息
            observation, reward, done, info=env.step(action)
            # 添加棒子倒下时的惩罚项
            if done:
                reward -= 200
            # 选择下一个行动
            action, state = get_action(state, action, ➡
observation, reward, episode)
            episode_reward += reward


            if done:
                print('%d Episode finished after %f time ➡
steps / mean %f' %
                    (episode, t + 1, last_time_steps.mean()))
                last_time_steps = np.hstack((last_time_➡
steps[1:], [t+1]))
                # 将持续的步数保存到步数列表的最后。np.hstack是用于连
                # 接数组的函数
                step_list.append(last_time_steps.mean())
                break
        # 如果最近的100次记录达到195以上，就说明学习成功了
        if (last_time_steps.mean() >= goal_average_steps):
            print('Episode %d train agent successfully!' % episode)
            break

# 下面是绘制图表的代码
import matplotlib.pyplot as plt
plt.plot(step_list)
plt.xlabel('episode')
plt.ylabel('mean_step')
plt.show()
```

🔷 4.8.4　np.digitize

　　由于这个函数到目前为止都没有讲过，因此在这里将对此函数做

简要的说明。

np.digitize函数的作用是将连续的值保存到离散的值中。

np.digitize

```
np.digitize(x, bins, right=False)
```

● np.digitize 函数的参数

np.digitize函数中所使用的参数见表4.4。

表4.4 np.digitize 函数的参数

参数名	类 型	概 要
x	array_like（类似数组的对象）	指定需要分配到基数中的值（或者是保存着数值的数组）
bins	一维数组	指定基数（bins）的数组
right	bool值	（可以省略）默认值为False，用于指定间隔是包括右边还是左边，默认是间隔不包含右边（right==False）

● np.digitize 函数的返回值

np.digitize 函数返回与 x 具有相同 shape（形状）的数组，其中分别保存着每个值所对应的基数的索引值。

4.8.5 策略梯度算法

接下来，将尝试使用策略梯度算法解决与之前相同的问题。

策略梯度算法是以多次对局的结果为单位对参数进行更新的算法，经常与神经网络结合在一起使用（不是将单次对局而是将多次对局的结果作为一个批次，使用其中的信息对模型的参数进行更新）。

策略梯度算法是让网络学习如何将所设置的报酬函数的输出值最大化的一种算法。在监督学习中使用的是损失函数，而在强化学习中并不知道理想的状态应当是怎样的，因此需要使用能够对某个状态的理想程度进行评估的函数来替代损失函数。除此之外，此算法的设计思想与监督学习并没有太大区别。

这里将使用从**观测**中得到的4个参数（底座的位置、底座的速度、棒子的角度、棒子的速度）让模型学习向右推底座的概率。

在这里所使用的报酬函数是非常简单的。具体方法是对每次对局中所完成的步（step）数进行记录，如果步数超过200报酬就为−1；如果没能超过200，那么就从这次对局的步数中减去200，将得到的结果作为报酬。因此，第t次对局的报酬R_t的定义如下。

$$R_t = \begin{cases} -1, & \text{对局中的步数} \geq 200 \\ \text{对局中的频数} - 200, & \text{对数次数} < 200 \end{cases}$$

● 报酬函数的支付方式

在这里虽然不会对报酬进行实际的处理，但是将对最常用的报酬函数的支付方式进行简要的介绍。当前步数的报酬r_t与衰减率γ乘以n步之前的报酬$\gamma^n r_{t+n}$相加。

步（step）数本身的报酬主要是根据步数计算的，但是如果棒子倒下（这种情况下，调用**env.step(action)**函数得到的**done**值为**True**），就只能得到非常少的报酬（在Q学习中设置的是−200）。

具体的报酬计算公式如下：

$$R_t = \sum_{n=0}^{N} \gamma^n r_{t+n}$$

式中，R_t代表当前步数的报酬。

● 参数的更新

对每个参数W使用偏微分进行更新。

输出$p(x)$的代码部分指的是清单4.13中的实现。

输出$p(x)$的代码中的**calculate(X, w)**函数的返回值，也就是报酬用R_t表示，可得到如下公式。

$$W \leftarrow W + \eta \frac{R_t}{\partial W}$$

将使用误差的反向传播对上述公式进行计算。

这里的 η 代表学习率。有关这部分的知识已经讲解过了，请参考之前的内容。这里使用的不是损失函数，而是通过将报酬最大化来推动学习的前进，因此不是从参数中减去偏微分所得到的值，而是将二者相加，除此之外，与之前的实现并没有什么不同。

在实现的时候，我们是使用带有偏移值开始游戏对局的，对于其中偏移的部分将作为参数自身的误差进行处理。

● 编程实现

接下来，进行简单的编程实现，这里没有使用作为偏置的参数 b，因此实现代码是比较简单的。

这个神经网络是不包括中间层（隐藏层）的单层结构（见图 4.34），不使用激励函数，最后的输出值如果超过 0，就将底座往右推；如果没有超过 0，就将底座往左推。

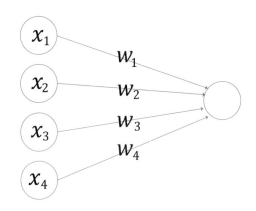

图 4.34　神经网络的结构

清单 4.14　cartpole5.py（使用策略梯度算法实现）

```
import gym
import numpy as np
import matplotlib.pyplot as plt
```

```python
def do_episode(w, env):
    done = False
    observation = env.reset()
    num_steps = 0

    while not done and num_steps <= max_number_of_steps:
        action = take_action(observation, w)
        observation, _, done, _ = env.step(action)
        num_steps += 1
    # 在这里给与报酬，简单的说就是将（连续完成的步数-最大步数）➡
作为报酬给予
    step_val = -1 if num_steps >= max_number_of_steps ➡
else num_steps - max_number_of_steps
    return step_val, num_steps

# 如果值超过0，就返回1
def take_action(X, w):
    action = 1 if calculate(X, w) > 0.0 else 0
    return action

def calculate(X, w):
    # 返回值不是数组，而是一个数值
    result = np.dot(X, w)
    return result

def make_params(shape_list):
    weight_list = []
    for i in range(len(shape_list)-1):
        weight = np.random.randn(shape_list[i], ➡
shape_list[i+1])
        weight_list.append(weight)
    return weight_list

env = gym.make('CartPole-v0')

# env.render()
# 如果需要观察游戏的状态，则执行env.render()语句即可

eta = 0.2
# 更新参数用的标准差
```

```
sigma = 0.05

# 进行学习的最大对局数
max_episodes = 5000
max_number_of_steps = 200
# 输入的参数数量
n_states = 4
num_batch = 10
# 评估范围内的对局数
num_consecutive_iterations = 100

w = np.random.randn(n_states)
reward_list = np.zeros(num_batch)
reward_h = []
last_time_steps = np.zeros(num_consecutive_iterations)
# 记录过去100次对局中完成的步数的平均值作为学习进度信息
mean_list = []

for episode in range(max_episodes//num_batch):
    N = np.random.normal(scale=sigma,size=(num_batch, ➡
w.shape[0]))
    # 用于修改参数值的值，这个是误差值
    for i in range(num_batch):
        w_try = w + N[i]
        reward, steps = do_episode(w_try, env)
        if i == num_batch-1:
            print('%d Episode finished after %d steps ➡
/ mean %f' %(episode*num_batch, steps, last_time_steps.➡
mean()))
        last_time_steps = np.hstack((last_time_➡
steps[1:], [steps]))
        reward_list[i] = reward
        mean_list.append(last_time_steps.mean())
    # 平均步数超过195就停止学习
    if last_time_steps.mean() >= 195: break

    std = np.std(reward_list)
    if std == 0: std = 1
    # 对报酬值进行归一化处理
    A = (reward_list - np.mean(reward_list))/std
```

```
    # 在这里对参数进行更新
    w_delta = eta /(num_batch*sigma) * np.dot(N.T, A)
    # 乘以 sigma 用于调整幅度
    w += w_delta


env.close()

# 绘制并显示图表
plt.plot(mean_list)
plt.xlabel("episode")
plt.ylabel("mean_step")
plt.show()
```

请在终端窗口中执行清单 4.14 中的代码，并确认执行结果。

[终端窗口]

```
$ python cartpole5.py
```

```
0 Episode finished after 10 steps / mean 0.900000
10 Episode finished after 10 steps / mean 1.880000
20 Episode finished after 10 steps / mean 2.840000
30 Episode finished after 10 steps / mean 3.810000
40 Episode finished after 10 steps / mean 4.770000
50 Episode finished after 10 steps / mean 5.760000
60 Episode finished after 10 steps / mean 6.770000
70 Episode finished after 9 steps / mean 7.760000
80 Episode finished after 10 steps / mean 8.710000
90 Episode finished after 9 steps / mean 9.700000
100 Episode finished after 10 steps / mean 9.780000
110 Episode finished after 9 steps / mean 9.760000
120 Episode finished after 10 steps / mean 9.780000
130 Episode finished after 10 steps / mean 9.780000
140 Episode finished after 9 steps / mean 9.780000
150 Episode finished after 10 steps / mean 9.750000
160 Episode finished after 10 steps / mean 9.750000
170 Episode finished after 8 steps / mean 9.750000
180 Episode finished after 10 steps / mean 9.780000
```

```
190 Episode finished after 10 steps / mean 9.790000
200 Episode finished after 10 steps / mean 9.810000
210 Episode finished after 10 steps / mean 9.840000
220 Episode finished after 9 steps / mean 9.840000
230 Episode finished after 11 steps / mean 9.860000
（略）
500 Episode finished after 10 steps / mean 9.830000
510 Episode finished after 10 steps / mean 9.850000
520 Episode finished after 10 steps / mean 9.840000
530 Episode finished after 10 steps / mean 9.850000
540 Episode finished after 43 steps / mean 13.790000
550 Episode finished after 200 steps / mean 30.580000
560 Episode finished after 51 steps / mean 46.600000
570 Episode finished after 200 steps / mean 64.110000
580 Episode finished after 200 steps / mean 83.130000
590 Episode finished after 200 steps / mean 102.150000
600 Episode finished after 200 steps / mean 121.160000
610 Episode finished after 200 steps / mean 140.170000
620 Episode finished after 200 steps / mean 159.180000
630 Episode finished after 200 steps / mean 178.190000
640 Episode finished after 200 steps / mean 193.250000
650 Episode finished after 200 steps / mean 195.500000
```

将上述结果绘制成图表，可得到如图4.35所示的结果。

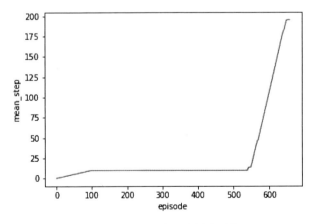

图 4.35　将执行结果绘制成图表

从图4.35中可以看到，对包含20次对局的批次进行最大1000次循环处理，函数在大约2000次对局之内实现了收敛。由此可见网络模型成功地完成了学习。

4.8.6　小结

本节对运用NumPy解决强化学习的问题进行了讲解，并对解决强化问题中具有代表性的算法（Q学习和策略梯度算法）进行了学习。除了这两种算法之外，还存在很多其他的算法，而且算法的实现方法和使用方法也有很大不同。建议大家在完成本章的学习之后，继续尝试编写自己设计的网络模型和算法。

> **📝 MEMO**
>
> **参考**
>
> ● numpy.digitize — NumPy v1.14 Manual - NumPy and SciPy Documentation
>
> URL https://docs.scipy.org/doc/numpy-1.14.0/reference/generated/numpy.digitize.html